软件开发视频大讲堂

Go语言从入门到精通

明日科技　编著

清華大学出版社
北　京

内 容 简 介

《Go 语言从入门到精通》从初学者角度出发，通过通俗易懂的语言、丰富多彩的实例，详细介绍了 Go 语言的基础、进阶提高和高级应用知识。全书分为 4 篇，共 19 章，包括初识 Go 语言、Go 语言基础、Go 语言基本数据类型与运算符、流程控制、复合数据类型、函数、指针、结构体、接口、错误处理、并发编程、包管理、标准库、编译与测试工具、反射、MySQL 数据库编程、文件处理、网络编程和 Go 语言在爬虫中的应用等内容。所有知识都结合具体实例进行讲解，涉及的程序代码给出了详细的注释。全书共计 98 个应用实例，学练结合，读者可以轻松领会 Go 语言的开发精髓，快速提升开发技能。

另外，本书除了纸质内容，还配备了 100 集教学视频和 PPT 电子课件。

本书可作为Go 语言零基础入门者的自学用书，也可作为高等院校软件开发相关专业的教学参考用书，还可供企业实际开发人员查阅参考。

图书在版编目（CIP）数据

Go 语言从入门到精通 / 明日科技编著. —北京：清华大学出版社，2024.2
（软件开发视频大讲堂）
ISBN 978-7-302-65165-9

Ⅰ. ①G… Ⅱ. ①明… Ⅲ. ①程序语言—程序设计 Ⅳ. ①TP312

中国国家版本馆 CIP 数据核字（2024）第 020922 号

责任编辑：贾小红
封面设计：刘 超
版式设计：文森时代
责任校对：马军令
责任印制：宋 林

出版发行：清华大学出版社
网 址：https://www.tup.com.cn，https://www.wqxuetang.com
地 址：北京清华大学学研大厦 A 座 **邮 编：**100084
社 总 机：010-83470000 **邮 购：**010-62786544
投稿与读者服务：010-62776969，c-service@tup.tsinghua.edu.cn
质量反馈：010-62772015，zhiliang@tup.tsinghua.edu.cn
印 装 者：天津安泰印刷有限公司
经 销：全国新华书店
开 本：203mm×260mm **印 张：**20 **字 数：**532 千字
版 次：2024 年 3 月第 1 版 **印 次：**2024 年 3 月第 1 次印刷
定 价：89.80 元

产品编号：101075-01

前　言

Preface

丛书说明：“软件开发视频大讲堂”丛书第1版于2008年8月出版，因其编写细腻、易学实用、配备海量学习资源和全程视频等，在软件开发类图书市场上产生了很大反响，绝大部分品种在全国软件开发零售图书排行榜中名列前茅，2009年多个品种被评为“全国优秀畅销书”。

“软件开发视频大讲堂”丛书第2版于2010年8月出版，第3版于2012年8月出版，第4版于2016年10月出版，第5版于2019年3月出版，第6版于2021年7月出版。十五年间反复锤炼，打造经典。丛书迄今累计重印680多次，销售400多万册，不仅深受广大程序员的喜爱，还被百余所高校选为计算机、软件等相关专业的教学参考用书。

“软件开发视频大讲堂”丛书第7版在继承前6版所有优点的基础上，进行了大幅度的修订。第一，根据当前的技术趋势与热点需求调整品种，拓宽了程序员岗位就业技能用书；第二，对图书内容进行了深度更新、优化，如优化了内容布置，弥补了讲解疏漏，将开发环境和工具更新为新版本，增加了对新技术点的剖析，将项目替换为更能体现当今IT开发现状的热门项目等，使其更与时俱进，更适合读者学习；第三，改进了教学微课视频，为读者提供更好的学习体验；第四，升级了开发资源库，提供了程序员“入门学习→技巧掌握→实例训练→项目开发→求职面试”等各阶段的海量学习资源；第五，为了方便教学，制作了全新的教学课件PPT。

虽然编程语言众多，但却各有各的擅长。有些编程语言虽然执行效率高，但是开发和编译效率低，如C++；还有些编程语言虽然执行效率低，但是开发和编译效率高，如Java。那么，有没有一种语言既有很高的执行效率，又有很高的开发和编译效率呢？有，那就是Go语言。由于Go语言的创始人认为Go语言的运行速度、开发速度和学习速度都像挖洞速度特别快的囊地鼠，因此，Go语言的吉祥物就是囊地鼠。随着Go语言的不断发展和更新，Go语言可以应用于区块链开发、后台服务、云计算/云服务后台、分布式系统、网络编程等领域。

本书内容

本书提供了Go语言从入门到编程高手所需要的各类知识，共分为4篇。

第1篇：基础知识。本篇介绍了初识Go语言、Go语言基础、Go语言基本数据类型与运算符、流程控制、复合数据类型等入门知识，结合大量的图示、实例、视频等，读者可快速掌握Go语言开发基础，为深入学习Go语言奠定根基。

第2篇：进阶提高。本篇介绍了函数、指针、结构体、接口、错误处理、并发编程等Go语言进阶知识，学习完本篇内容，读者将能够熟练地编写Go语言程序。

第3篇：高级应用。本篇介绍了包管理、标准库、编译与测试工具、反射、MySQL数据库编程、文件处理、网络编程等 Go 语言核心知识。学习完本篇内容，读者将能够开发小型的 Go 应用项目。

第 4 篇：项目实战。本书最后将运用 go-colly 框架编写一个爬虫项目，引领读者真实体验 Go 语言项目开发的全过程，提升实际开发能力。

本书的大体结构如下图所示。

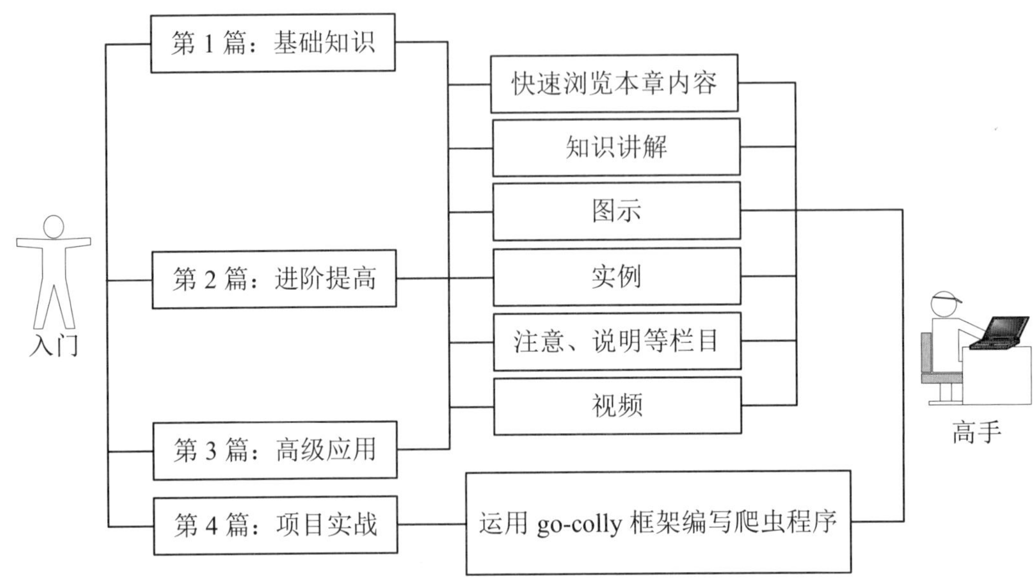

本书特点

- ☑ **由浅入深，循序渐进。**本书以零基础入门读者和初、中级程序员为对象，先从 Go 语言基础语法知识学起，再学习 Go 语言中非常重要的接口、并发编程、包管理、标准库、编译与调试、反射、数据库编程、网络编程等进阶和高级应用技术，最后运用 go-colly 框架编写一个爬虫项目。本书知识讲解由浅入深，全面详尽，掌握书中内容，读者就能够读懂 Go 代码，写出符合 Go 语言思维和惯例的高质量代码，并能够设计出 Go 项目。
- ☑ **微课视频，讲解详尽。**为便于读者直观感受 Go 程序开发的全过程，书中重要章节配备了教学微课视频（共 100 集，时长 8 小时），使用手机扫描章节标题一侧的二维码，即可观看学习。。这些同步教学视频可为读者扫除学习障碍，使大家体验 Go 语言的强大，感受编程的快乐，增强深入学习的信心。
- ☑ **基础知识+应用实例+项目实战，实战为王。**通过例子学习是最好的学习方式，本书核心知识的讲解通过“一个知识点、一个示例、一个结果、一段评析”的模式，详尽透彻地讲述实际开发中所需的各类知识。全书共计 98 个应用实例，并附有一个爬虫实战项目，为初学者打造“边学边练、杜绝枯燥”的强化实战学习环境，使读者能真正掌握 Go 语言开发技术。
- ☑ **精彩栏目，贴心提醒。**本书精心设计了“注意”“说明”等提示栏目，通过它们，读者可轻松理解 Go 语言中一些抽象的概念，绕过开发陷阱，掌握各类实用技巧。

读者对象

- ☑ 初、中级程序开发人员
- ☑ 高等院校软件开发相关专业的师生
- ☑ 参加实习的“菜鸟”级程序员
- ☑ 期待进入互联网大厂的开发人员
- ☑ 培训机构相关就业方向的师生
- ☑ 做毕业设计的学生

本书学习资源

本书提供了大量的辅助学习资源，读者需刮开图书封底的防盗码，扫描并绑定微信后，获取学习权限。

☑ 同步教学微课

学习书中知识时，扫描章节名称处的二维码，可在线观看教学视频。

☑ 学习答疑

关注清大文森学堂公众号，可获取本书的电子教案、PPT 课件、视频等资源，加入本书的学习交流群，参加图书直播答疑。

清大文森学堂

读者扫描图书封底的“文泉云盘”二维码，或登录清华大学出版社网站（www.tup.com.cn），可在对应图书页面下查阅各类学习资源的获取方式。

致读者

本书由明日科技 Go 项目开发团队策划并组织编写。明日科技是一家专业从事软件开发、教育培训以及软件开发教育资源整合的高科技公司，其编写的教材既注重选取软件开发中的必需、常用内容，又注重内容的易学、方便以及相关知识的拓展，深受读者喜爱。其编写的教材多次荣获“全行业优秀畅销品种”“中国大学出版社优秀畅销书”等奖项，多个品种长期位居同类图书销售排行榜的前列。

在编写本书的过程中，我们始终本着科学、严谨的态度，力求精益求精，但疏漏之处在所难免，敬请广大读者批评指正。

感谢您购买本书，希望本书能成为您编程路上的领航者。

“零门槛”编程，一切皆有可能。

祝读书快乐！

编　者

2024 年 2 月

目 录

Contents

第1篇 基础知识

第 2 篇　进 阶 提 高

第 3 篇　高级应用

第 4 篇　项 目 实 战

第 1 篇 基础知识

本篇讲解初识 Go 语言、Go 语言基础、Go 语言基本数据类型与运算符、流程控制、复合数据类型等内容，结合大量图示、实例、视频等，使读者快速掌握 Go 语言的基础知识，为以后的学习奠定坚实的基础。

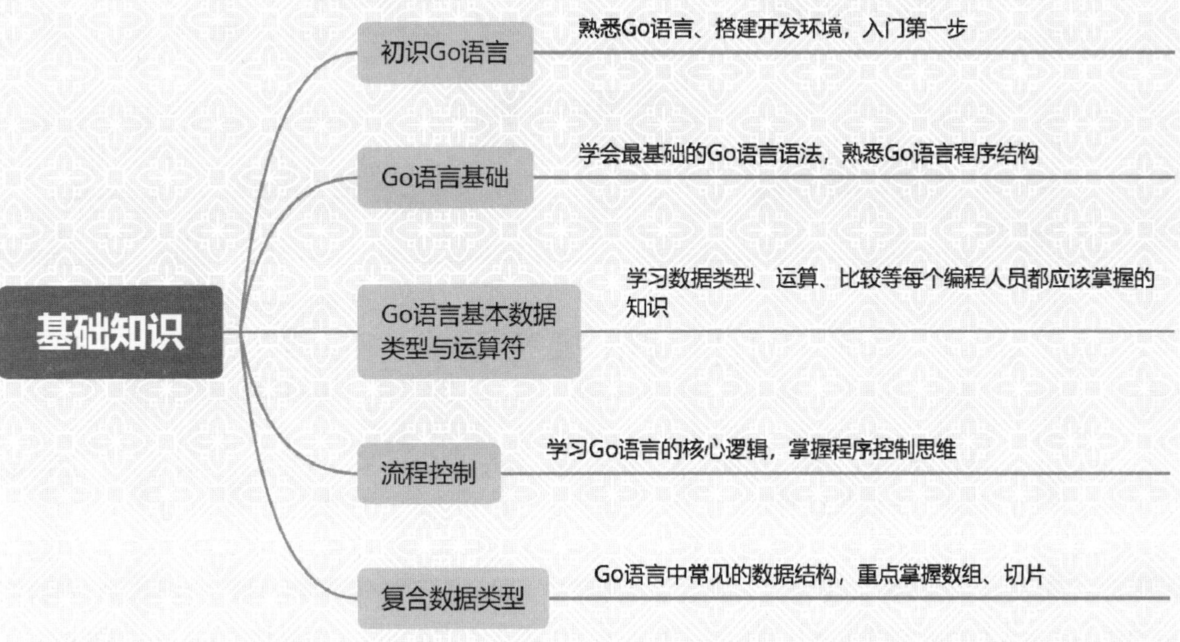

第 1 章

初识 Go 语言

Go 语言的主要设计者有 3 个人，他们都是计算机科学领域的杰出人物，即肯 • 汤普森（Ken Thompson）、罗伯 • 派克（Rob Pike）和罗伯特 • 格利茨默（Robert Griesemer）。为了避开在 C++开发中等待编译完成的过程，并满足谷歌的需求，他们凭借各自的经验和智慧，耗时两年设计出 Go 语言，并让 Go 语言具备了动态语言的便利性。

本章的知识架构及重难点如下。

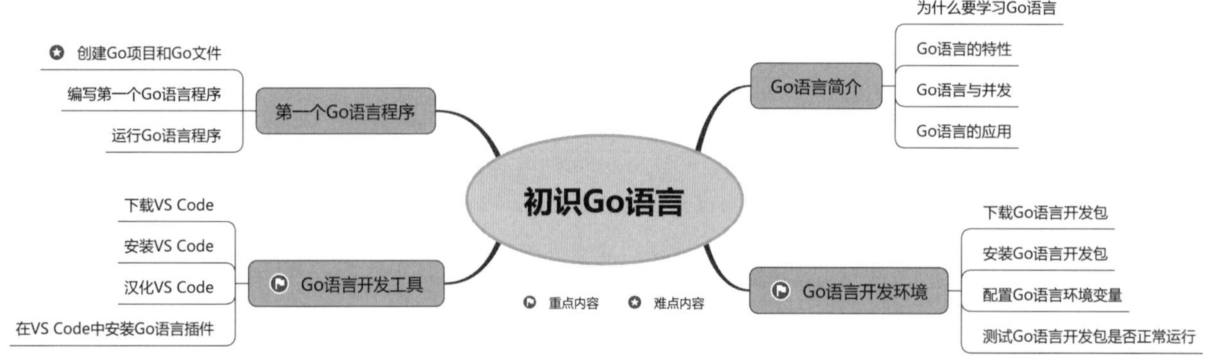

1.1 Go 语言简介

Go 语言（又称 Golang）起源于 2007 年，正式对外发布于 2009 年。开发 Go 语言是为了在不损失应用程序性能的前提下降低代码的复杂性。Go 语言是类 C 语言，而且是经过重大改进的类 C 语言。Go 语言继承了 C 语言的表达式、基础数据类型、调用参数传值、指针等。此外，Go 语言具有很好的编译后机器码的运行效率，并且它有与现有操作系统的无缝适配等特性。使用 Go 语言不仅能够访问底层操作系统，还能够进行网络编程和并发编程。了解了上述关于 Go 语言的概括内容后，下面开始学习 Go 语言。

1.1.1 为什么要学习 Go 语言

Go 语言没有类和继承的概念，这与 Java 或 C++不同。此外，Go 语言具备清晰易懂的轻量级类型系统，使其在类型之间没有层级关系。这是因为设计者在设计 Go 语言时，同时借鉴了 Pascal 语言、Oberon 语言和 C 语言，并取其精华。因此，Go 语言是一门混合型的编程语言。

Go 语言不仅具有 Python 等动态语言的开发速度，而且具备 C、C++等编译型语言的性能和安全性，还具备“部署简单、并发性良好、语言设计良好、执行性能好”等优势。

在 Go 语言正式对外发布之前，如果需要编写系统程序或者网络程序，那么开发者经常面临这样一个问题：是使用执行效率高、编译速度较慢的 C++，还是使用编译速度快、执行效率较低的.NET 或者 Java，抑或是使用一门开发难度低、执行效率一般的动态编程语言呢？

在 Go 语言正式对外发布之后，开发者发现 Go 语言能够在编译速度、执行效率和开发难度上找到很好的平衡点，进而达到“快速编译，高效执行，易于开发”的目的。

Go 语言使用自带的编译器编译代码。编译器将源代码编译成二进制（或字节码）格式；在编译代码时，编译器检查错误、优化性能并输出可在不同平台上运行的二进制文件。Go 语言支持交叉编译，例如，在 Linux 系统的计算机上使用 Go 语言能够开发可以在 Windows 系统的计算机上运行的应用程序。这使得 Go 语言成为一门跨系统平台的编程语言。

1.1.2　Go 语言的特性

明确 Go 语言的设计初衷后，下面具体介绍 Go 语言的主要特性。

☑　语法简单

Go 语言的语法规则严谨，没有歧义，没有变异用法，这使每位开发者编写的代码都大致相同，让应用程序具有良好的可维护性。

☑　并发模型

Go 语言从根本上让一切都并发化。在运行 Go 语言应用程序时，使用 goroutine 运行一切。goroutine 是 Go 语言的重要特征。goroutine 让 Go 语言通过语法实现并发编程变得更容易，无须处理回调，而且不用关注线程切换。

☑　内存分配

将一切并发化带来一个难题：如何实现高并发下的内存分配和管理，为此，Go 语言使用为并发而设计的高性能内存分配组件 tcmalloc。

☑　标准库

Go 语言标准库极其丰富，在不借助第三方扩展插件的情况下，能够完成大部分基础功能的开发工作。此外，Go 语言还拥有许多优秀的第三方资源，这让 Go 语言从近年来几门新出现的编程语言中脱颖而出。

☑　工具链

完整的工具链对于日常开发极为重要。Go 语言无论是在编译、格式化、错误检查、帮助文档等方面，还是在第三方包下载、更新等方面都有对应的工具。

1.1.3　Go 语言与并发

早期的 CPU 都是以单核的形式顺序执行机器指令的。顺序是指所有的指令都以串行的方式执行，在同一时刻有且仅有一个 CPU 在执行机器指令。随着处理器由单核时代向多核时代发展，编程语言也逐步向并发的方向发展。

Go 语言就是在时代发展的背景下产生的支持并发的一门编程语言。Go 语言从底层原生支持并发，开发者无须使用第三方库就能够轻松地在编写程序时分配 CPU 资源。

Go 语言是在 goroutine 的基础上实现并发的。goroutine 被视为一种虚拟线程，但 goroutine 不是线程。Go 语言在运行应用程序时会参与调度 goroutine，把 goroutine 合理地分配给每个 CPU，进而最大限度地使用 CPU。

在多个 goroutine 之间，Go 语言使用通道（channel）进行通信（通道是一种内置的数据结构）。也就是说，Go 语言使用通道能够在不同的 goroutine 之间同步发送消息。

如果把并发设计为生产者和消费者的模式，那么就要把在不同 goroutine 之间同步发送的消息放入通道，把并发设计为生产者和消费者的模式如图 1.1 所示。

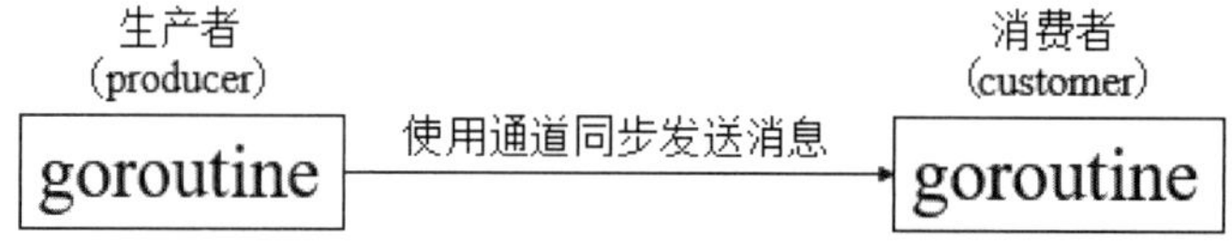

图 1.1　把并发设计为生产者和消费者的模式

1.1.4　Go 语言的应用

Go 语言从发布 1.0 版本以来，因其简单、高效、并发的特性受到广大开发者的关注，进而被广泛使用。鉴于 Go 语言的设计初衷和特性，其主要应用领域如下。

☑　服务器编程。如处理日志、数据打包、虚拟机处理、文件系统等。

☑　分布式系统、数据库代理、中间件等。

☑　网络编程。如 Web 应用、API 应用、下载应用等。Go 语言非常适合完成网络并发服务，在这个领域内被广泛应用；其内置的 net/http 包基本上把日常应用程序开发所需的网络功能都实现了。

☑　数据库操作。

☑　云平台领域。Go 语言发布后，很多公司（尤其是云计算公司）开始用它重构云平台的基础架构，如阿里中间件、聚美优品、斗鱼直播、人人车、招财猫、美餐网等。

1.2　Go 语言开发环境

搭建 Go 语言的开发环境要在 Go 语言的官网上下载 Go 语言开发包。Go 语言开发包可以安装在 Linux 系统、FreeBSD 系统、Mac OS 系统和 Windows 系统上。本节将以 Windows 系统为例，讲解搭建 Go 语言开发环境的具体步骤。

1.2.1　下载 Go 语言开发包

打开浏览器，输入网址 https://golang.google.cn/dl/后按 Enter 键，即可打开如图 1.2 所示的 Go 语言

官网首页。

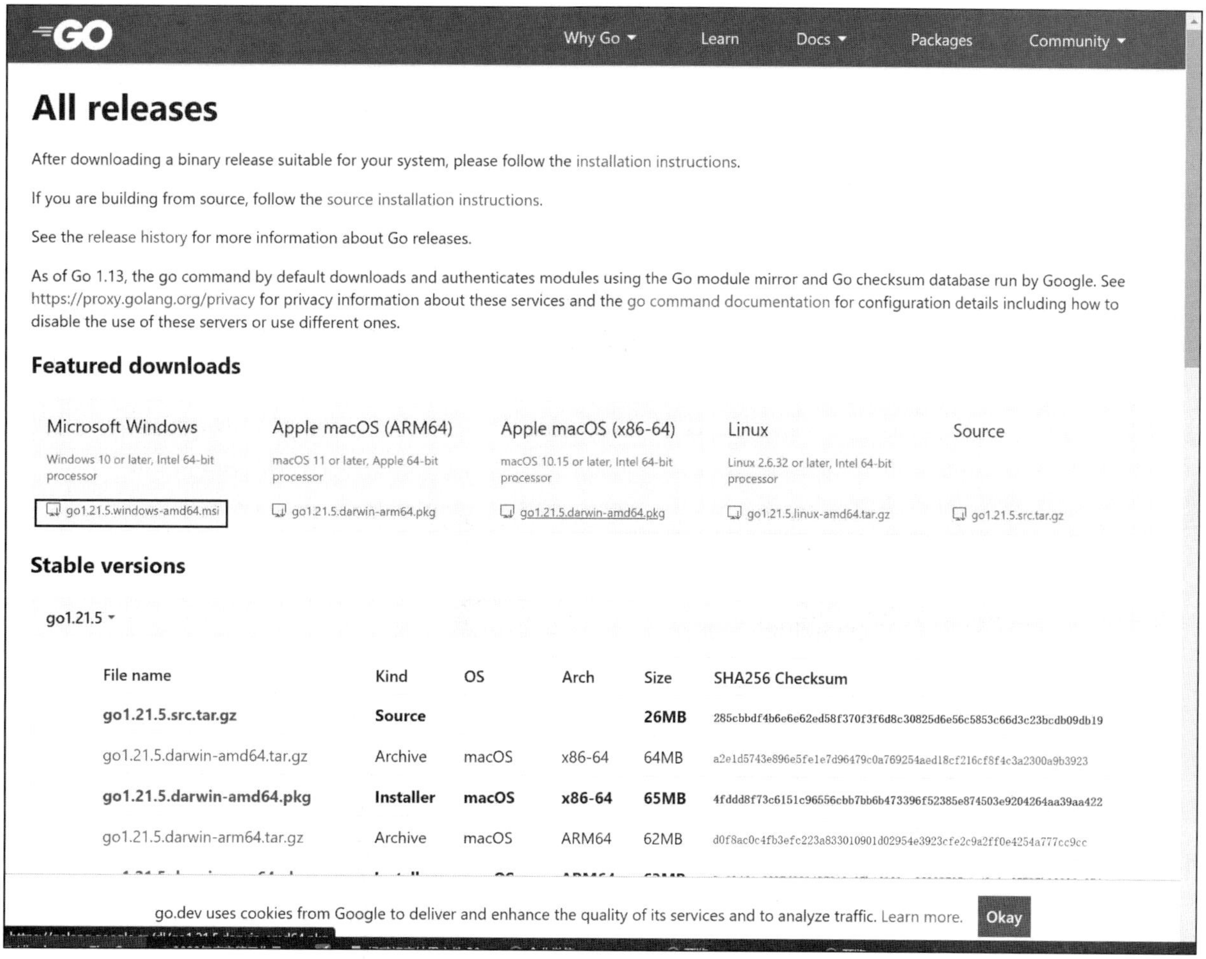

图 1.2　Go 语言官网的下载页面

说明

因为 Go 语言官网持续更新，并且通常更新的版本会向下兼容，所以读者根据自己的计算机系统下载最新版本的 Go 语言开发包即可。

笔者当前的 CPU 系统是 64 位 Windows 系统，所以要下载 64 位的 Go 语言开发包。单击图 1.2 中使用矩形边框标记的超链接，弹出如图 1.3 所示的“新建下载任务”对话框，笔者把 64 位 Go 语言开发包下载到 D:\GO 路径下，单击“下载”按钮。

图 1.3　“新建下载任务”对话框

说明

如果当前 CPU 系统是 32 位 Windows 系统，那么就需要下载能够安装在 32 位 Windows 系统上的 Go 语言开发包。使用鼠标滚轮向下滚动 Go 语言官网的首页，找到与 64 位 Windows 系统同版本的 32 位 Windows 系统的 Go 语言开发包，单击如图 1.4 所示的超链接即可。

▾ go1.20.2

File name	Kind	OS	Arch	Size	SHA256 Checksum
go1.20.2.src.tar.gz	**Source**			**25MB**	**4d0e2850d197b4ddad3bdb0196300179d095bb3aefd4dfbc3b36702c3728f8ab**
go1.20.2.darwin-amd64.tar.gz	Archive	macOS	x86-64	95MB	c93b8ced9517d07e1cd4c362c6e2d5242cb139e29b417a328fbf19aded08764c
go1.20.2.darwin-amd64.pkg	**Installer**	**macOS**	**x86-64**	**96MB**	**6660a9bd2692ec2b50957508d5348b863d161ab2635a1e9b34dc3e6695806c4d**
go1.20.2.darwin-arm64.tar.gz	Archive	macOS	ARM64	92MB	7343c87f19e79c0063532e82e1c4d6f42175a32d99f7a4d15e658e88bf97f885
go1.20.2.darwin-arm64.pkg	**Installer**	**macOS**	**ARM64**	**92MB**	**97485724a7801e5c8f87f60990b881a617571d27919f9e8ff7f6d5a7907489be**
go1.20.2.linux-386.tar.gz	Archive	Linux	x86	96MB	ee240ed33ae57504c41f04c12236aeaa17fbeb6ea9fcd096cd9dc7a89d10d4db
go1.20.2.linux-amd64.tar.gz	**Archive**	**Linux**	**x86-64**	**95MB**	**4eaea32f59cde4dc635fbc42161031d13e1c780b87097f4b4234cfce671f1768**
go1.20.2.linux-arm64.tar.gz	Archive	Linux	ARM64	91MB	78d632915bb75e9a6356a47a42625fd1a785c83a64a643fedd8f61e31b1b3bef
go1.20.2.linux-armv6l.tar.gz	Archive	Linux	ARMv6	93MB	d79d56bafd6b52b8d8cbe3f8e967caaac5383a23d7a4fa9ac0e89778cd16a076
go1.20.2.windows-386.zip	Archive	Windows	x86	109MB	31838b291117495bbb93683603e98d5118bfabd2eb318b4d07540bfd524bab86
go1.20.2.windows-386.msi	Installer	Windows	x86	96MB	3f1b12fb69ea18c72721ba9014003ccb50117435a9bd1d187da2129ecb7ebdf2
go1.20.2.windows-amd64.zip	Archive	Windows	x86-64	109MB	fe439f0e438f7555a7f5f7194ddb6f4a07b0de1fa414385d19f2aeb26d9f43db

图 1.4　32 位 Windows 系统的 Go 语言开发包

1.2.2　安装 Go 语言开发包

按照下载路径 D:\GO，即可在 D 盘下的 Go 文件夹中找到如图 1.5 所示的 64 位的 Go 语言开发包。双击 Go 语言开发包。

打开如图 1.6 所示的 Go 语言开发包的安装对话框后，单击 Next 按钮。

D:\GO

名称

go1.20.2.windows-amd64.msi

图 1.5　64 位的 Go 语言开发包

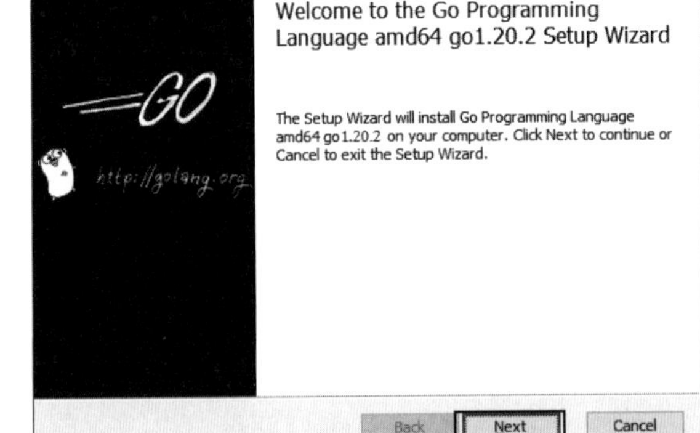

图 1.6　用于安装 64 位 Windows 系统的 Go 语言开发包的对话框

打开如图 1.7 所示的 End-User License Agreement（用户许可协议）对话框后，先选中 I accept the terms in the License Agreement 复选框，再单击 Next 按钮。

打开如图 1.8 所示的 Destination Folder（目标文件夹）对话框，单击 Change 按钮把目标文件夹路径设置为 D:\GO，再单击 Next 按钮。

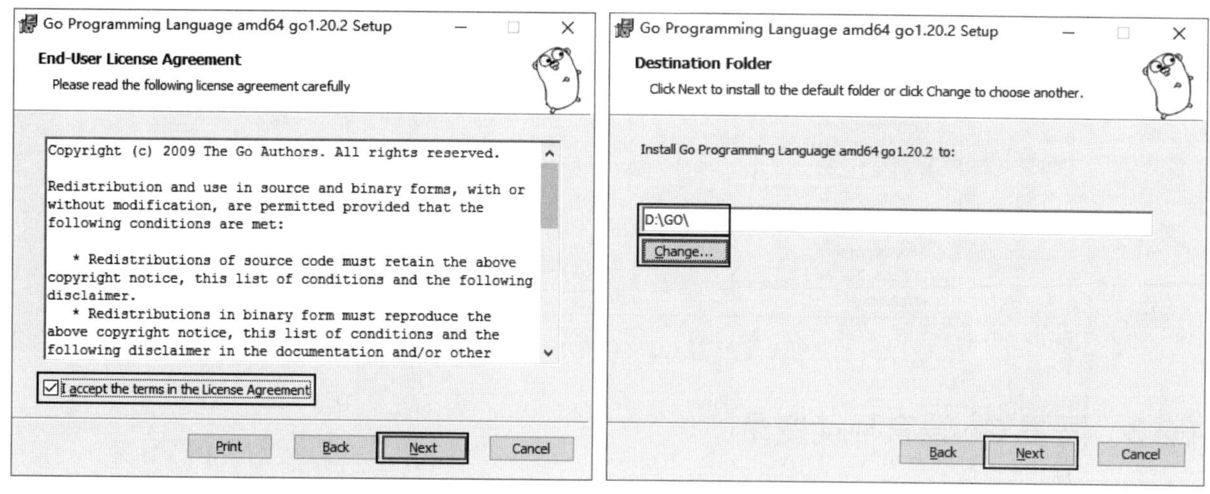

图 1.7　“用户许可协议”对话框　　　图 1.8　“目标文件夹”对话框

打开如图 1.9 所示的 Ready to install Go Programming Language amd64 go1.20.2（准备安装 Go 语言开发包）对话框后，单击 Install 按钮。

Go 语言开发包安装完毕后，弹出如图 1.10 所示的完成安装 Go 语言开发包的对话框，单击 Finish 按钮。

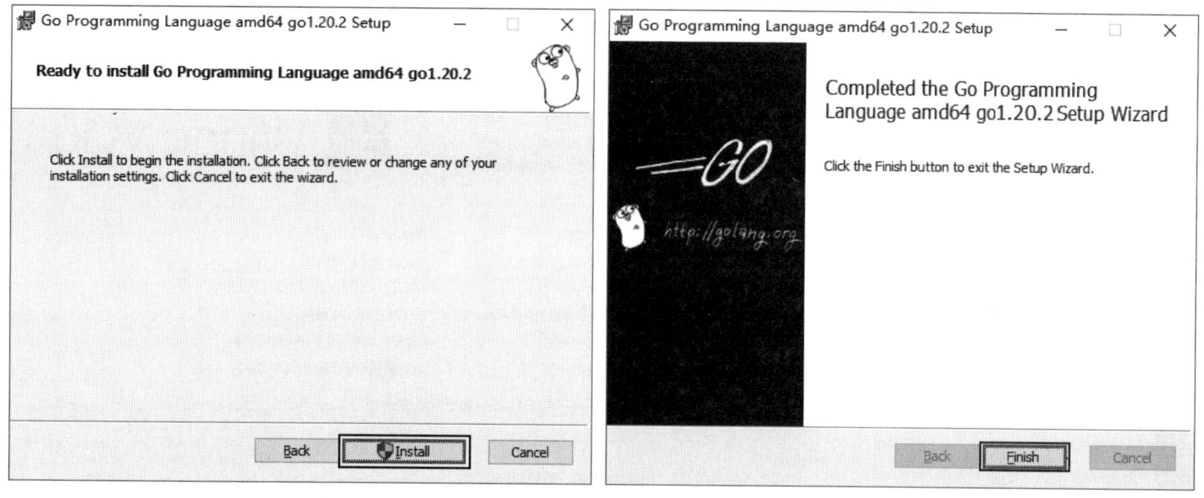

图 1.9　“准备安装 Go 语言开发包”对话框　　　图 1.10　完成安装 Go 语言开发包的对话框

再次打开如图 1.11 所示的 D 盘下的 Go 文件夹，发现新生成了许多文件和文件夹。其中，api 文件夹的主要内容是 Go 语言每个版本的 api 变更差异；bin 文件夹是 Go 语言的编译器、文档工具和格式化工具；doc 文件夹是英文版的 Go 语言文档；lib 文件夹是 Go 语言可以引用的一些库文件；src 文件夹是标准库的源码；test 文件夹是 Go 语言用于测试的实例。

D:\GO

名称	修改日期	类型	大小
api	2023/3/9 17:01	文件夹	
bin	2023/3/9 17:01	文件夹	
doc	2023/3/9 17:01	文件夹	
lib	2023/3/9 17:01	文件夹	
misc	2023/3/9 17:01	文件夹	
pkg	2023/3/9 17:01	文件夹	
src	2023/3/9 17:01	文件夹	
test	2023/3/9 17:01	文件夹	
codereview.cfg	2023/3/3 18:19	Configuration 源...	1 KB
CONTRIBUTING.md	2023/3/3 18:19	MD 文件	2 KB
go1.20.2.windows-amd64.msi	2023/3/9 16:58	Windows Install...	97,712 KB
LICENSE	2023/3/3 18:19	文件	2 KB
PATENTS	2023/3/3 18:19	文件	2 KB
README.md	2023/3/3 18:19	MD 文件	2 KB
SECURITY.md	2023/3/3 18:19	MD 文件	1 KB
VERSION	2023/3/3 18:19	文件	1 KB

图 1.11　在 D 盘下的 Go 文件夹中新生成的文件和文件夹

1.2.3　配置 Go 语言环境变量

在 Windows 10 系统的桌面上，找到并右击“此电脑”图标，在弹出的快捷菜单中选择“属性”命令，如图 1.12 所示。

在如图 1.13 所示的对话框的左侧，单击“高级系统设置”超链接。

图 1.12　选择“属性”命令　　　　图 1.13　单击“高级系统设置”超链接

在如图 1.14 所示的“系统属性”对话框中，单击“环境变量”按钮。

如图 1.15 所示，单击“新建”按钮，分别输入变量名 GOROOT 和变量值 D:\GO，再单击“确定”按钮。这样就成功地把 Go 语言开发包的安装路径添加到环境变量中了。

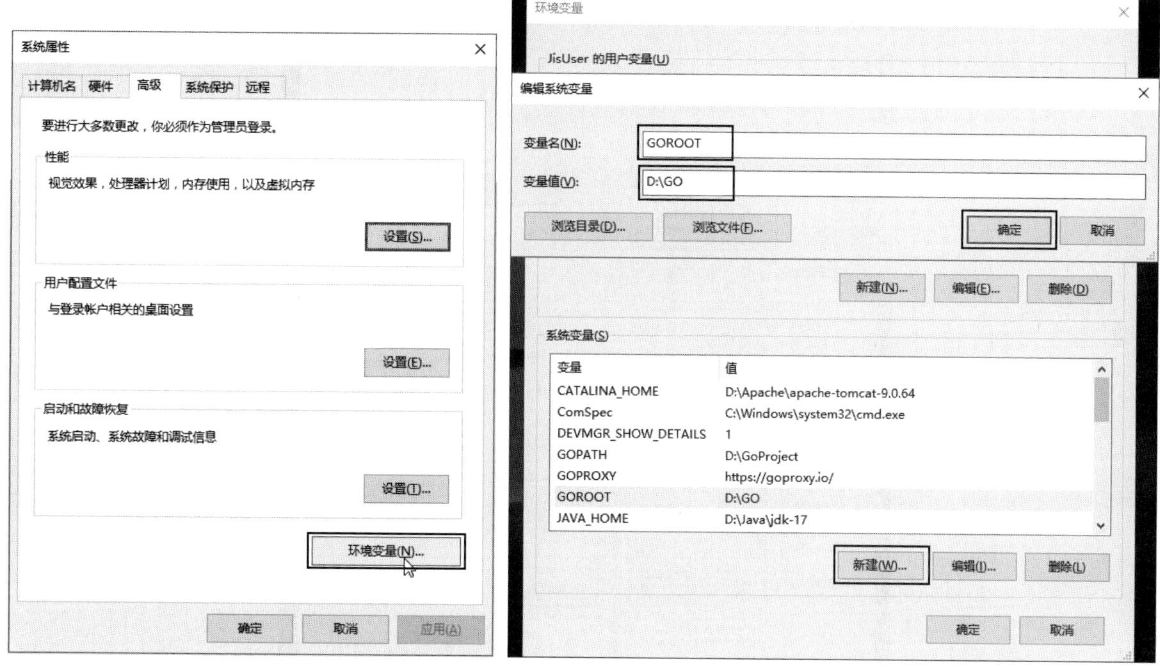

图 1.14　打开“环境变量”对话框　　　　图 1.15　新建环境变量 GOROOT

如图 1.16 所示，先单击“新建”按钮，分别输入变量名 GOPATH 和变量值 D:\GoProject，再单击“确定”按钮。这样就成功地把开发 Go 项目的路径添加到环境变量中了。

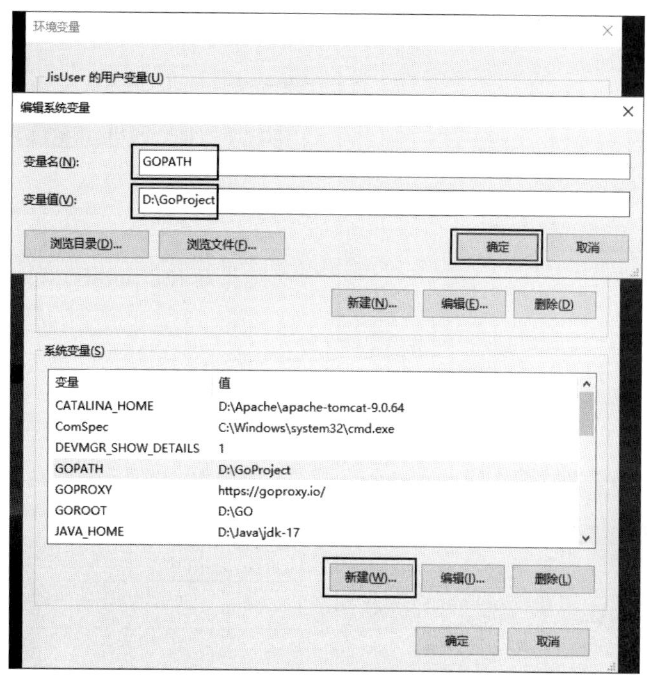

图 1.16　新建环境变量 GOPATH

如图 1.17 所示，先单击“新建”按钮，分别输入变量名 GOPROXY 和变量值 https://goproxy.io，

再单击“确定”按钮。这样就把用于下载第三方包的 GOPROXY 代理添加到环境变量中了。

图 1.17　新建环境变量 GOPROXY

如图 1.18 所示，在“环境变量”对话框中双击环境变量 Path。

如图 1.19 所示，单击“新建”按钮，分别把 D:\GO、D:\GO\bin、%GOROOT%\bin 和%GOPATH%\bin 添加到 Path 中。

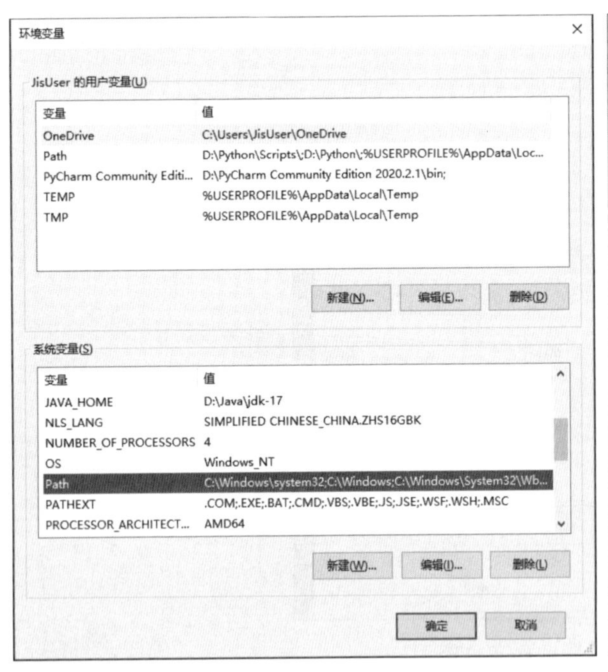

图 1.18　打开环境变量 Path

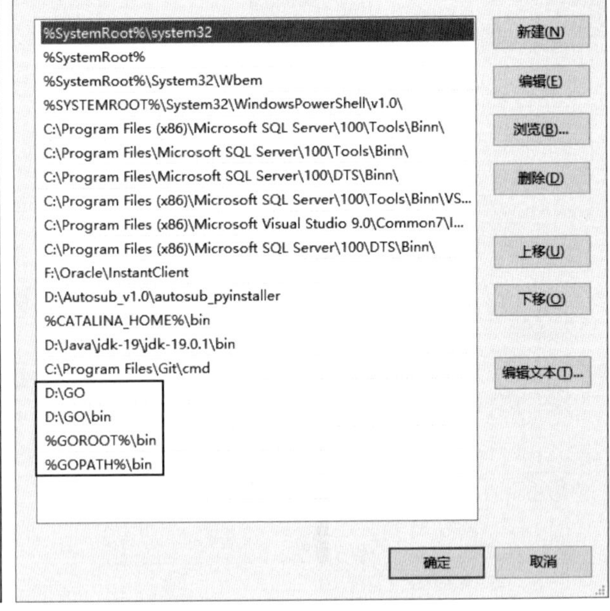

图 1.19　编辑环境变量 Path

最后，逐一单击“确定”按钮，返回上一级。这样 Go 语言环境变量就配置成功了。

1.2.4　测试 Go 语言开发包是否正常运行

Go 语言开发包安装完毕后，需要测试它能否正常运行。在 Windows 系统下先单击桌面左下角的⊞图标；再在下方的搜索框中输入 cmd，如图 1.20 所示；然后按 Enter 键，打开命令提示符对话框。

在命令提示符对话框中输入 go env 命令，按 Enter 键后，将显示如图 1.21 所示的 Go 语言开发包的相关信息，这说明 Go 语言开发包已经安装成功。

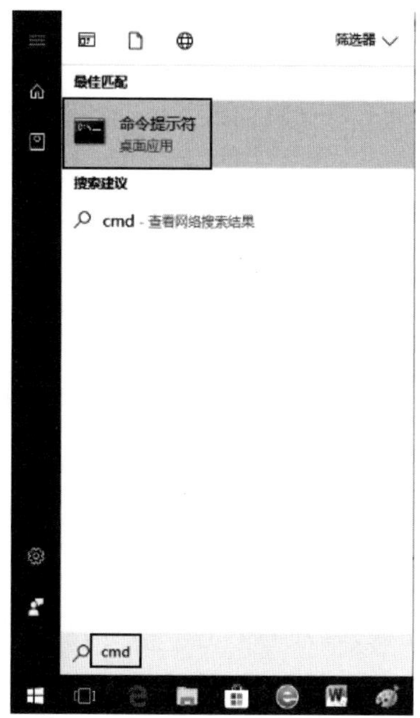

图 1.20　打开命令提示符对话框

图 1.21　显示 Go 语言开发包的相关信息

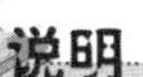

说明

“set GO111MODULE=on”这个配置项让 Go 语言使用 Module，禁止 Go 命令行在 GOPATH 目录下查找源文件。Module 是相关 Go 包的集合，是源代码交换和版本控制的单元。Go 命令行支持使用 Module 记录和解析对其他模块的依赖性。也就是说，Module 可以替代 GOPATH，指定 Go 命令行查找源文件。

1.3　Go 语言开发工具

Go 语言开发工具主要是为 Go 语言提供编码辅助和内置工具。那么，Go 语言开发工具应该具备哪些主要特点呢？

☑ 语法高亮。
☑ 匹配括号和括号补全。
☑ 查找和替换功能。
☑ 检查编译错误。
☑ 在 Linux 系统、Mac OS 系统和 Windows 系统下正常工作。
☑ 通过第三方库扩展或者替换某个功能。
☑ 代码自动补全和代码折叠。
☑ 运行程序和调试程序。

下面推荐几款常用的 Go 语言开发工具。

☑ Goland。它是由 JetBrains 公司开发的商业 Go 语言开发工具（需付费）。
☑ LiteIDE。它是一款非常好用的、轻量级的 Go 语言开发工具。对代码编写、自动补全和程序的运行调试都能很好地支持。
☑ GoClipse。它是一款 Eclipse 插件，虽然使用它需要安装 JDK，但它拥有 Eclipse 的诸多功能。
☑ VS Code（Visual Studio Code）。它是一款由微软开发的、跨平台的免费开发工具，不但具有语法高亮、代码自动补全、代码重构等功能，而且内置命令行工具和 Git 版本控制系统，还可以通过内置的“扩展商店”安装扩展插件以拓展其功能。

本书把 VS Code 作为 Go 语言开发工具。本节将介绍如何在 Windows 系统下下载、安装和汉化 VS Code。

1.3.1 下载 VS Code

打开浏览器，输入网址 https://code.visualstudio.com/按 Enter 键，即可打开如图 1.22 所示的 VS Code 官网首页。单击 Download 按钮。

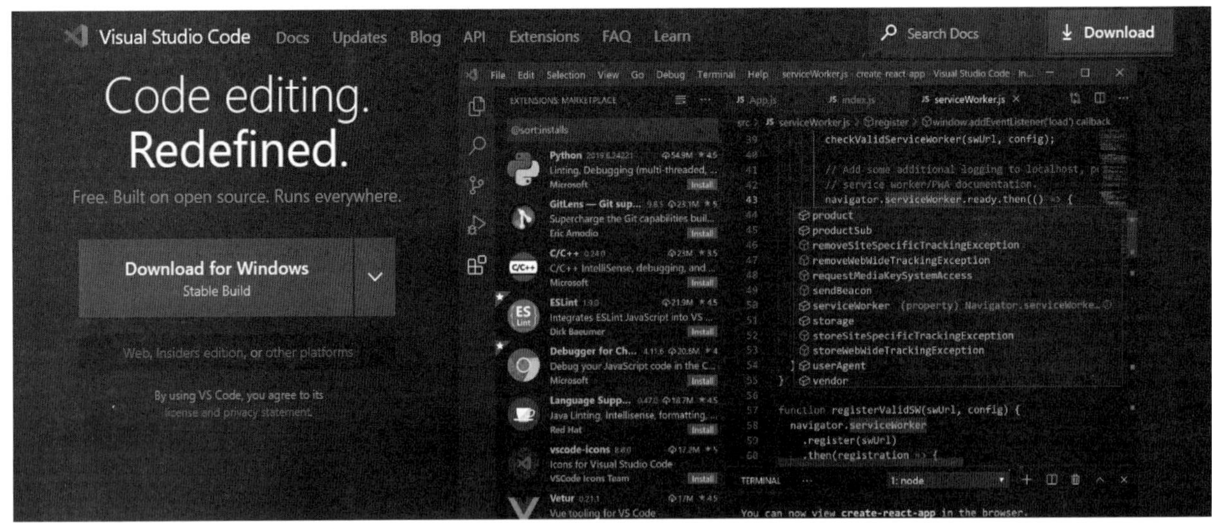

图 1.22　VS Code 官网首页

打开如图 1.23 所示的 VS Code 下载页面，单击 Windows 系统版块下方与 System Installer 标签对应

的 64 bit 按钮。

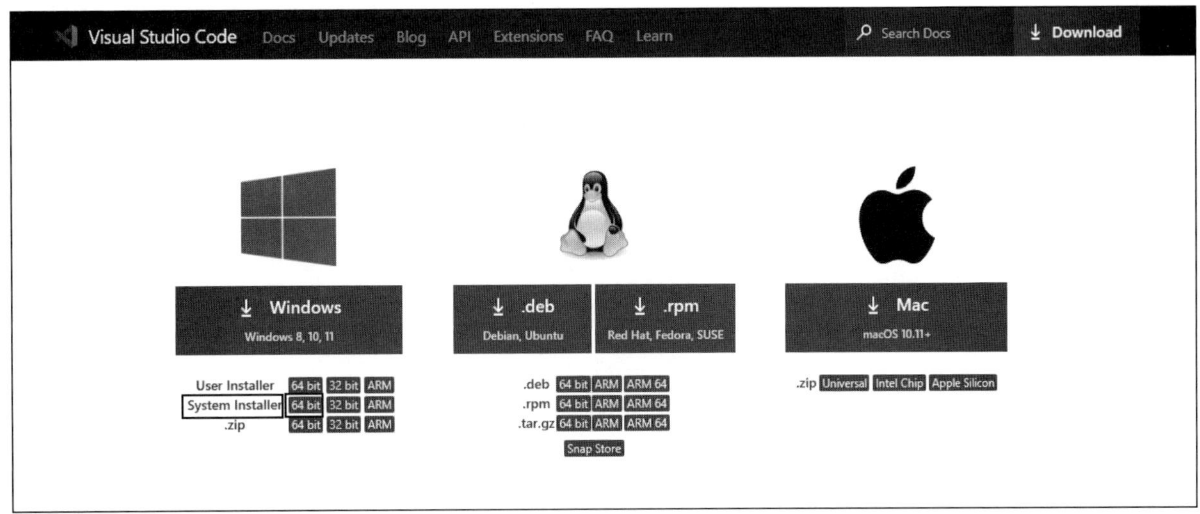

图 1.23　VS Code 的下载页面

说明

如果当前 CPU 系统是 32 位 Windows 系统，就要单击 Windows 系统版块下方与 System Installer 标签对应的 32 bit 按钮。

这时，弹出如图 1.24 所示的“新建下载任务”对话框，笔者把 64 位 Windows 系统的 VS Code 下载到 D:\VSCode 路径下。

图 1.24　“新建下载任务”对话框

1.3.2　安装 VS Code

按照下载路径 D:\VSCode，可在 D 盘的 VS Code 文件夹中找到如图 1.25 所示的 64 位 VS Code 安装包。双击该安装包。

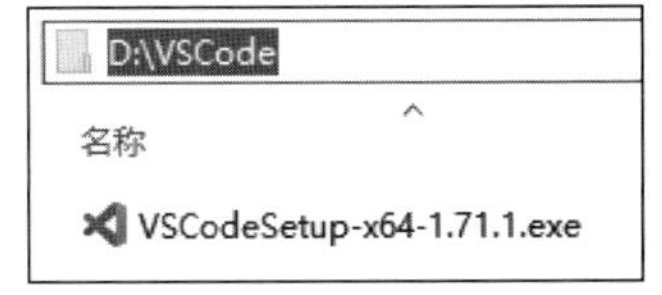

图 1.25　64 位 Windows 系统的 VS Code 安装包

弹出如图 1.26 所示的“许可协议”对话框，选中

“我同意此协议”单选按钮，单击“下一步”按钮。

弹出如图 1.27 所示的“选择目标位置”对话框，单击“浏览”按钮，设置安装路径为 D:\VSCode\Microsoft VS Code，再单击“下一步”按钮。

弹出如图 1.28 所示的“选择开始菜单文件夹”对话框，“选择开始菜单文件夹”的默认设置为 Visual Studio Code。此处不做修改，单击“下一步”按钮。

弹出如图 1.29 所示的“选择附加任务”对话框，选中所有复选框，单击“下一步”按钮。

图 1.26 “许可协议”对话框

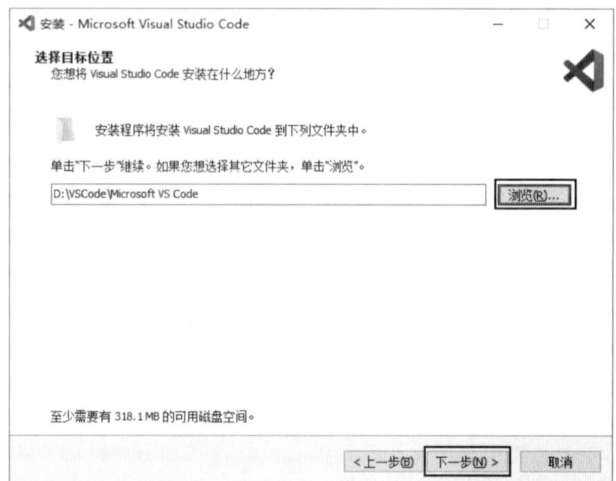

图 1.27 “选择目标位置”对话框

图 1.28 “选择开始菜单文件夹”对话框

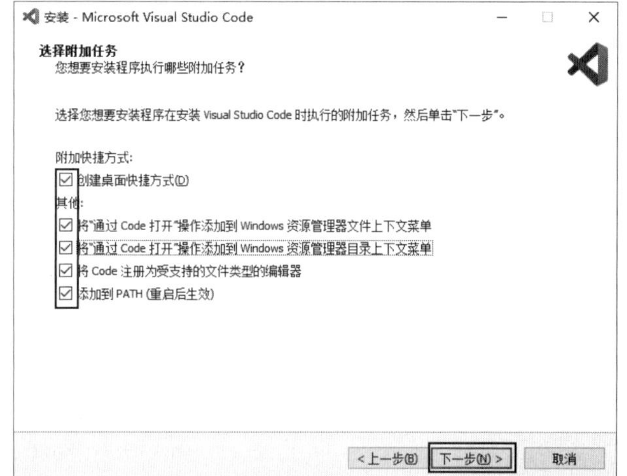

图 1.29 “选择附加任务”对话框

弹出如图 1.30 所示的“准备安装”对话框，检查 VS Code 的安装路径、开始菜单文件夹和附加任务是否与之前设置的内容一致。检测无误后，单击“安装”按钮。

Go 语言开发工具包安装完后，弹出如图 1.31 所示的“Visual Studio Code 安装完成”对话框，选中“运行 Visual Studio Code”复选框，单击“完成”按钮。

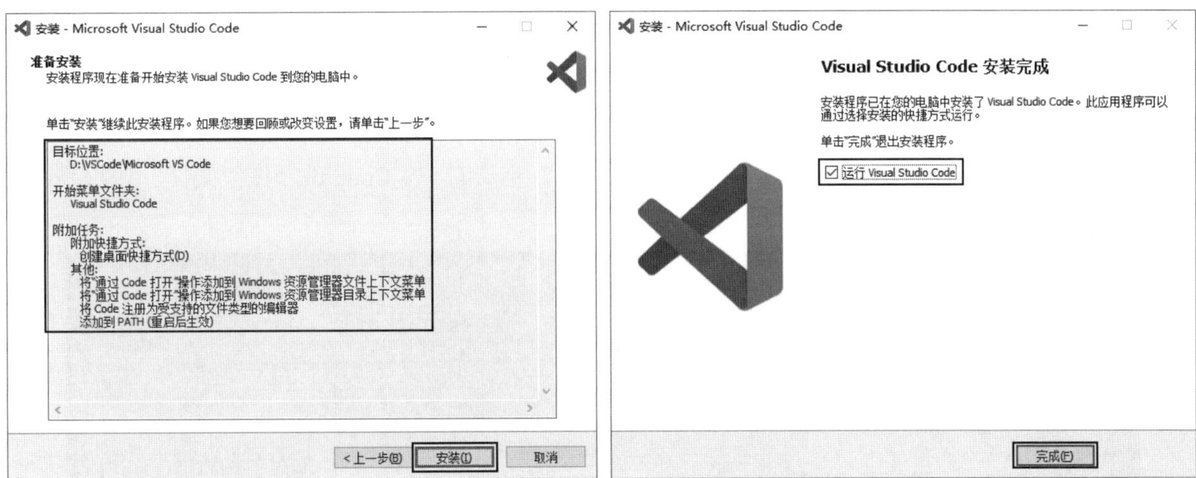

图 1.30　“准备安装”对话框　　　　图 1.31　“Visual Studio Code 安装完成”对话框

1.3.3　汉化 VS Code

关闭 VS Code 的安装程序后，VS Code 自动运行，VS Code 界面如图 1.32 所示。这时，在 VS Code 界面的右下角弹出“安装语言包并将显示语言更改为中文（简体）”窗口。单击“安装并重启”按钮，即可对 VS Code 执行汉化操作。

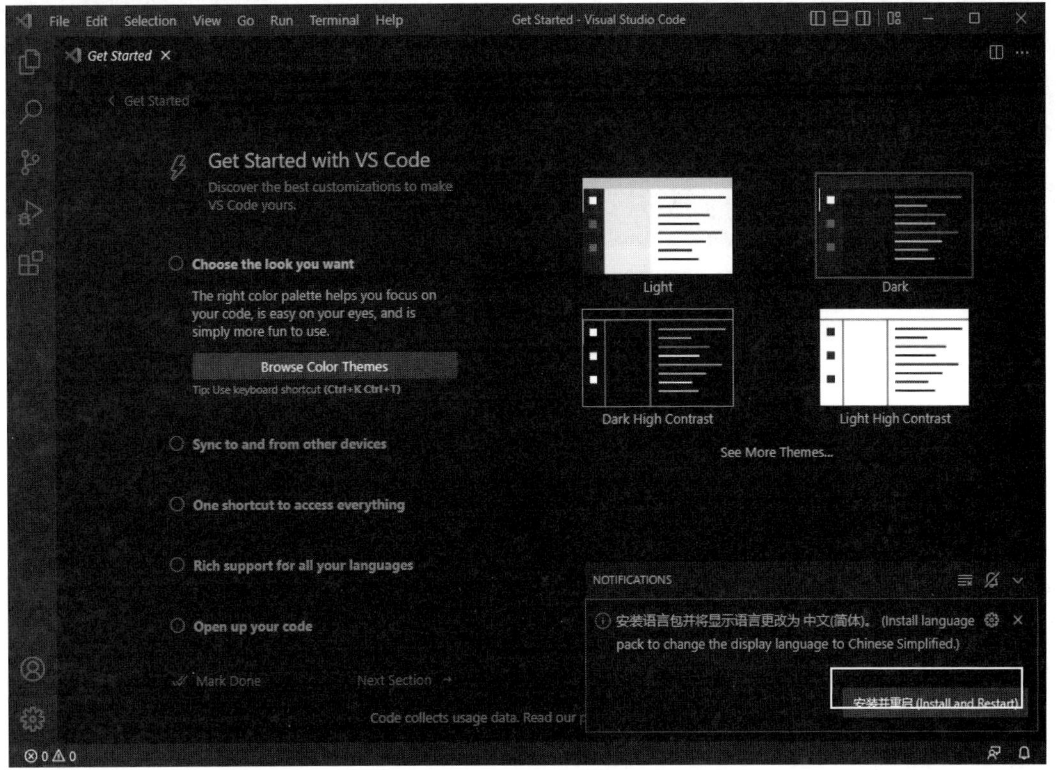

图 1.32　VS Code 界面

说明

如果 VS Code 界面中的弹窗消失，单击 VS Code 界面右下角的“通知”图标即可显示弹窗。

VS Code 的汉化需要持续一段时间。在这段时间内，不要对 VS Code 进行任何操作。VS Code 成功汉化后，弹出如图 1.33 所示的 VS Code 界面。

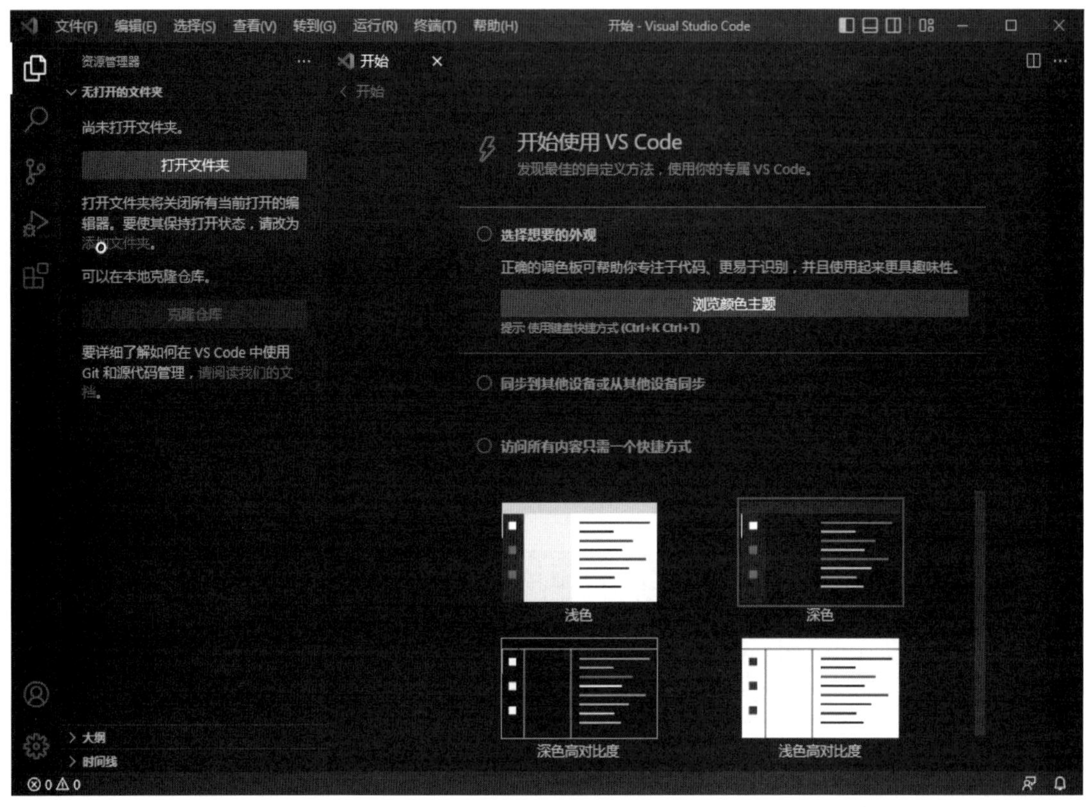

图 1.33　汉化后的 VS Code 界面

1.3.4　在 VS Code 中安装 Go 语言插件

虽然 VS Code 默认不支持 Go 语言，但是开发者可以从 VS Code 的扩展商店里安装 Go 语言插件，使 VS Code 支持 Go 语言。

如图 1.34 所示，在汉化后的 VS Code 界面中，单击“扩展商店”图标，在搜索文本框中输入 go，按 Enter 键。在 VS Code 界面的左侧显示的搜索结果中找到 Go 语言插件，单击与其对应的“安装”按钮。

VS Code 成功安装 Go 语言插件后，显示如图 1.35 所示的界面。

图 1.34　搜索并安装 Go 语言插件

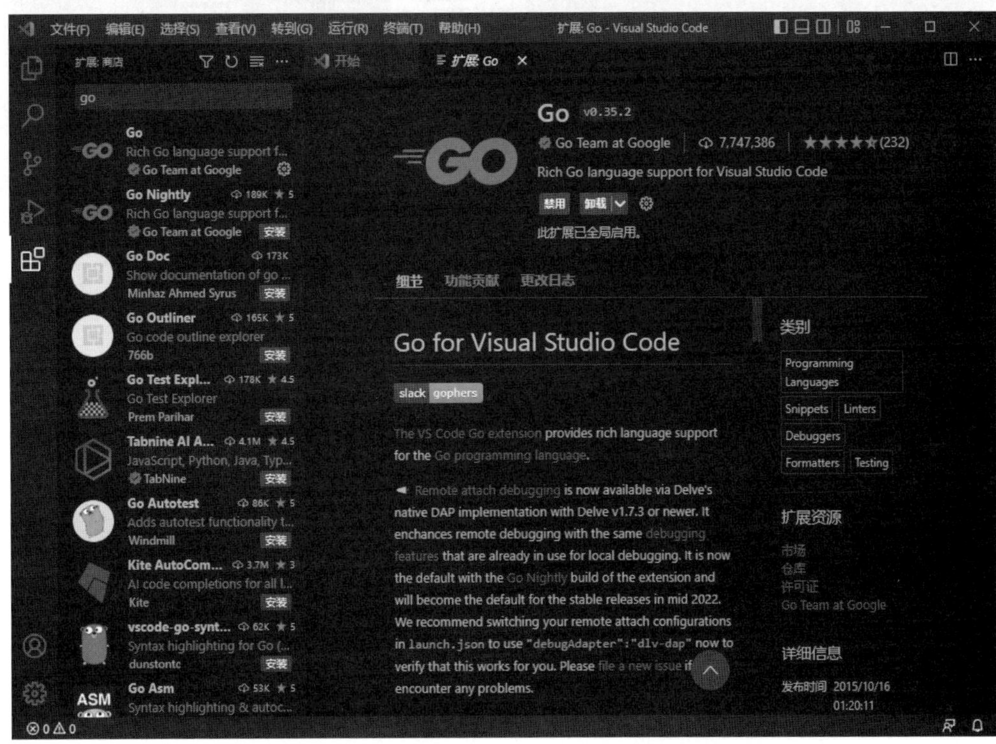

图 1.35　VS Code 成功安装 Go 语言插件后的界面

1.4 第一个 Go 语言程序

前几节介绍了如何下载、安装 Go 语言开发环境，以及如何下载、安装、汉化开发工具 VS Code，还在 VS Code 中安装了 Go 语言插件。下面讲解如何使用 VS Code 编写第一个 Go 语言程序。

1.4.1 创建 Go 项目和 Go 文件

关闭并重新打开 VS Code 后，VS Code 显示如图 1.36 所示的界面。选择“开始”命令。

图 1.36 选择“开始”命令

在如图 1.37 所示的界面中，选择“新建文件”命令。

跳转到如图 1.38 所示的界面，选择文本框下方的“文本文件”命令。

在如图 1.39 所示的界面中，选择“选择语言”命令。

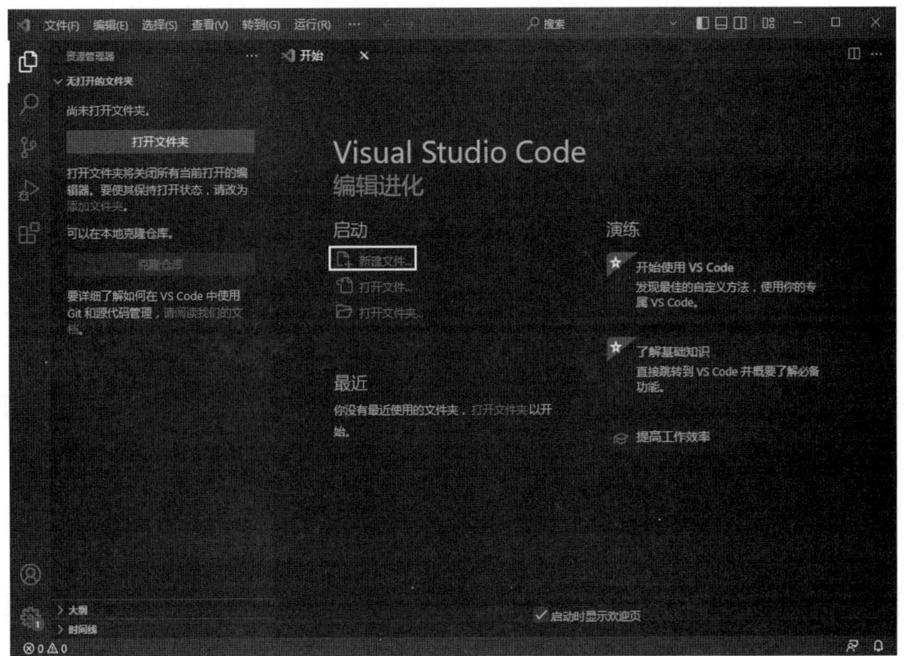

图 1.37　选择“新建文件”命令

图 1.38　选择“文本文件”命令

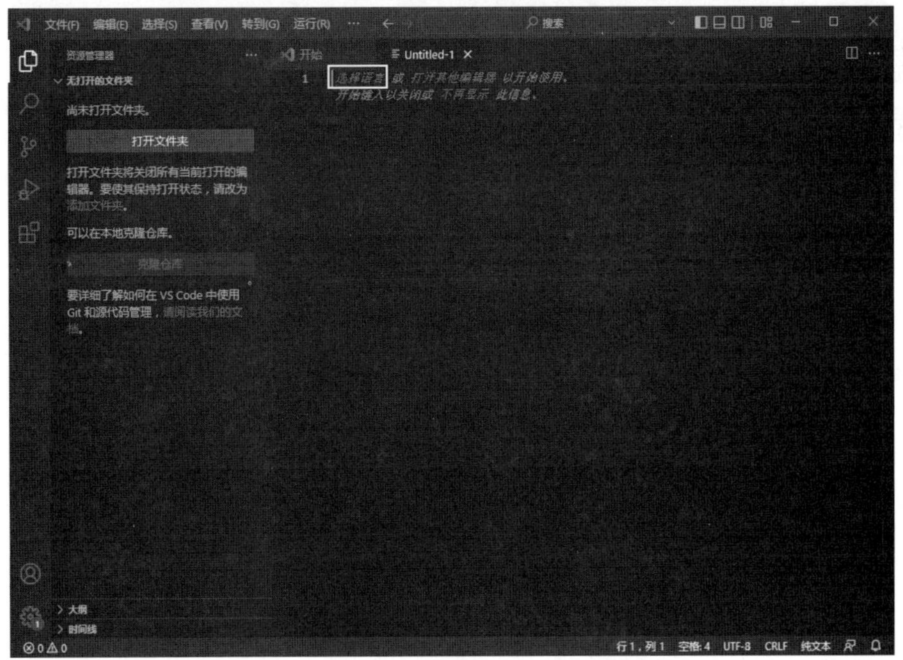

图 1.39　选择“选择语言”命令

跳转到如图 1.40 所示的界面后，选择“Go (go)”命令。

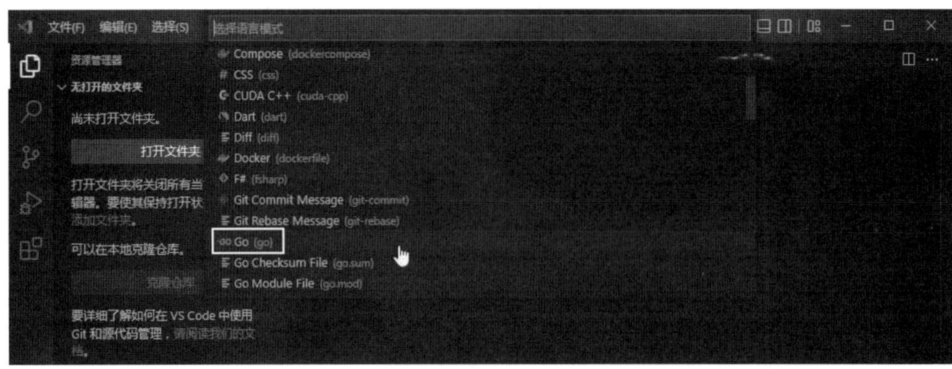

图 1.40　选择“Go (go)”命令

跳转到如图 1.41 所示的界面后，在界面的右下角弹出一个窗口。这个窗口的提示内容是“需要安装 Go 语言需要的第三方插件”。单击 Install All 按钮进行安装。

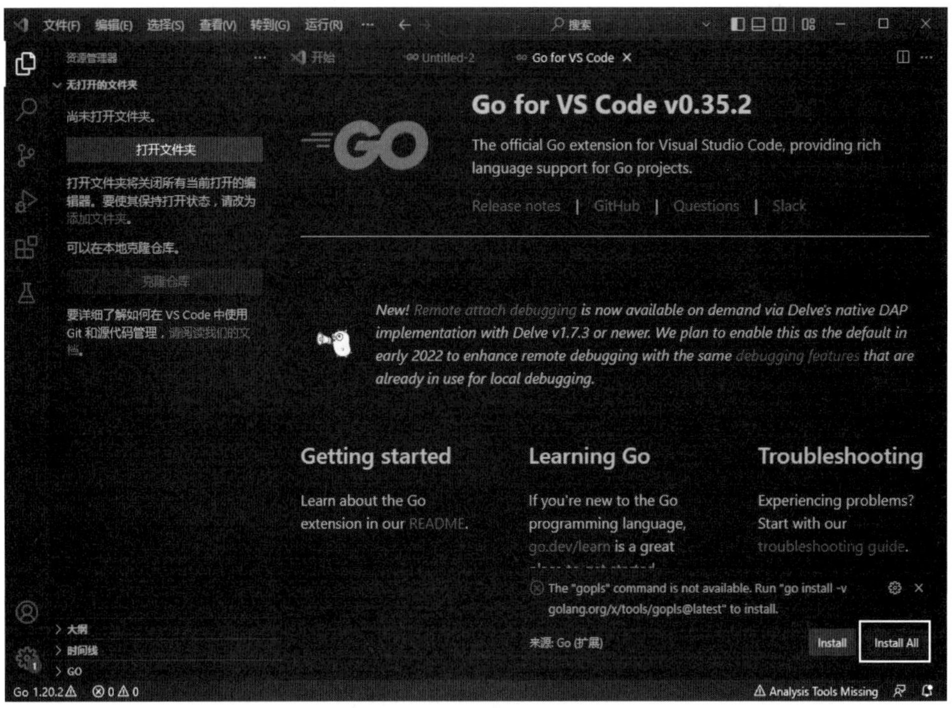

图 1.41　单击 Install All 按钮

如图 1.42 所示，待“输出”下方出现“All tools successfully Installed. You are ready to Go.”这一提示信息，说明 Go 语言依赖的第三方插件成功安装了。

在 D:\GoProject 路径下，新建空文件夹 GoDemos，单击如图 1.42 所示的“打开文件夹”按钮，打开文件选择对话框，选择 GoDemos 文件夹作为 Go 语言程序的项目文件夹。

在 VS Code 弹出的如图 1.43 所示的对话框中，选中“信任父文件夹‘GoProject’中所有文件的作者”复选框，单击“是，我信任此作者　信任文件夹并启用所有功能”按钮。

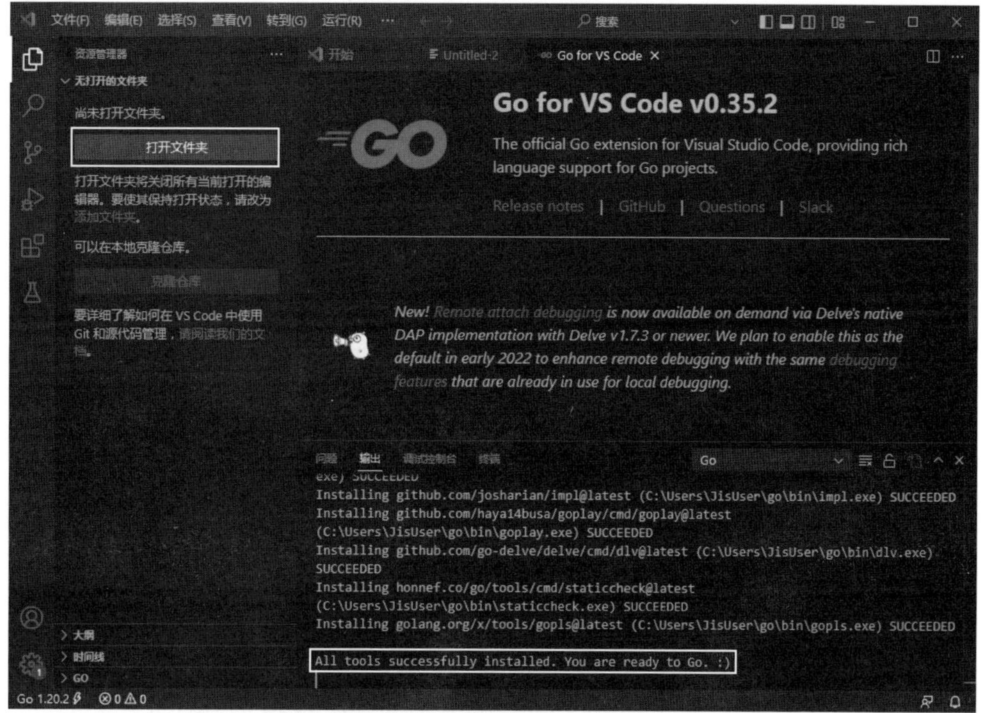

图 1.42　单击“打开文件夹”按钮

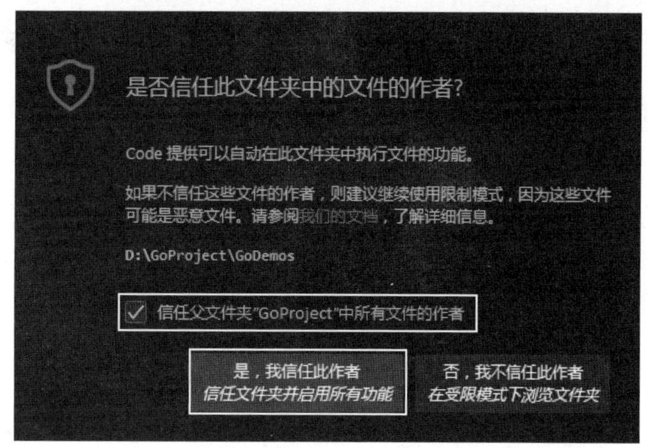

图 1.43　“是否信任此文件夹的文件的作者”对话框

跳转到如图 1.44 所示的界面后，在这个界面的左上角即可看到第一个 Go 语言程序所在的项目文件夹，即 GODEMOS（GoDemos 中的字母全部都大写）。

注意

当 VS Code 提示有新内容更新(在如图 1.39 所示的界面中的左下角)时，需要及时更新 VS Code。

如图 1.45 所示，当把鼠标光标移动到 GODEMOS 项目文件夹附近时，VS Code 会闪现出 4 个图标。单击左侧的第一个图标，新建 Go 文件。

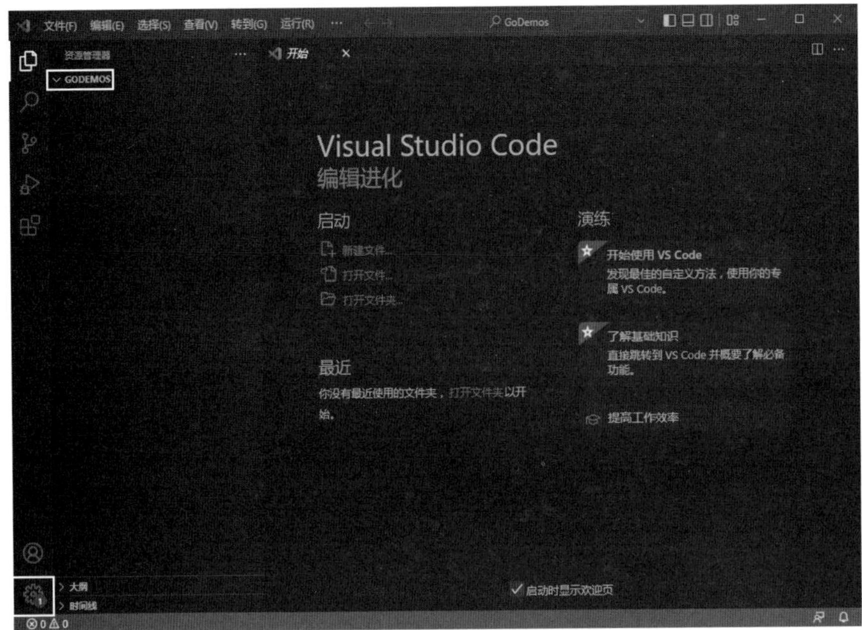

图 1.44　Go 语言程序项目文件夹

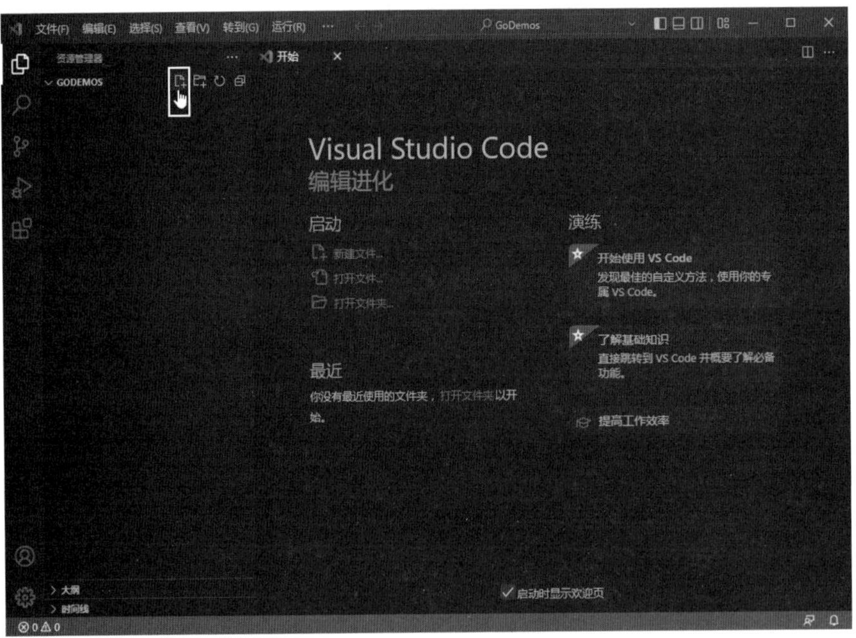

图 1.45　新建 Go 文件

如图 1.46 所示，VS Code 在 GODEMOS 项目文件夹的下方添加一个文本框。在这个文本框里，输入 Go 文件的文件名 demo_01.go 后，按 Enter 键。

**注意**

Go 文件的文件扩展名为 go，在命名 Go 文件时，不能省略文件扩展名。

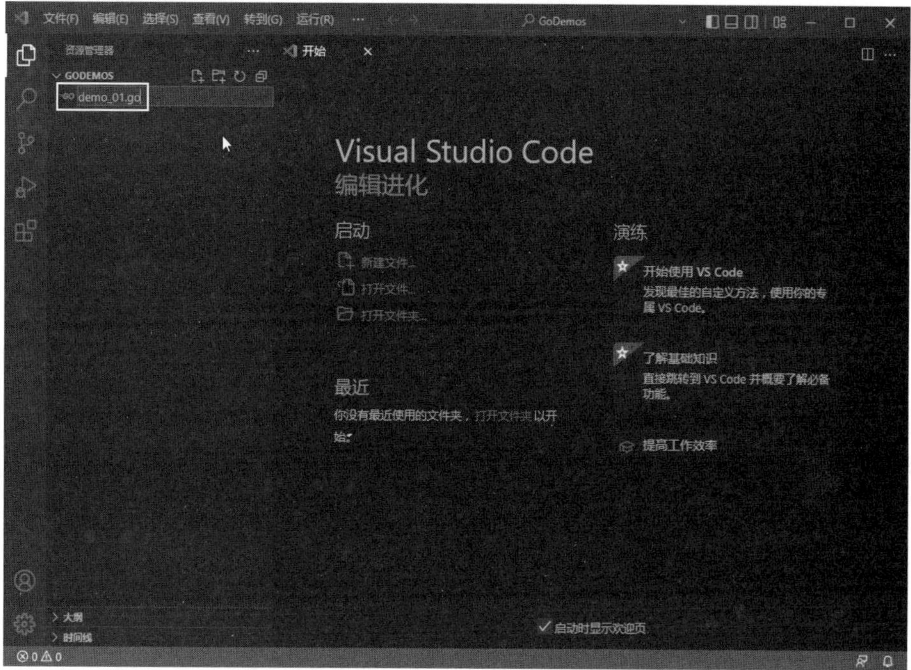

图 1.46　命名 Go 文件

新建 Go 文件后，VS Code 的界面如图 1.47 所示。

图 1.47　新建 Go 文件后的 VS Code 界面

1.4.2 编写第一个 Go 语言程序

本节的主要内容有两个，一个是在新建的 Go 文件中编写第一个 Go 语言程序；另一个是讲解第一个 Go 语言程序。

【例 1.1】换行输出和不换行输出（**实例位置：资源包\TM\sl\1\1**）

在新建的 Go 文件中，首先使用 package 关键字声明 main 包，然后使用 import 关键字导入 fmt 包，接着使用 func 关键字声明 main()函数，最后分别调用 fmt 包中的 Println()函数和 Print()函数打印 hello, world 和“你好，世界”。代码如下。

```
package main                        //声明 main 包

import "fmt"                        //导入 fmt 包，用于打印字符串

func main() {                       //声明 main()函数
    fmt.Println("hello, world")     //打印 hello, world，光标换行
    fmt.Print("你好，")              //打印“你好，”，光标不换行
    fmt.Print("世界")                //打印“世界”
}
```

虽然通过实现代码上方的文字描述能够了解第一个 Go 语言程序的编写步骤，但是无法明确每一行代码的含义。下面将对第一个 Go 语言程序的实现代码进行解析。

☑ 在 Go 语言中，“包”是管理单位，每个 Go 文件首先要使用 package 关键字声明其所属的包。
☑ main 包是 Go 语言程序的入口包，Go 语言程序必须有且仅有一个 main 包。Go 语言程序如果没有 main 包，在编译时会出错，无法生成可执行文件。
☑ 声明 main 包后，使用 import 关键字导入当前 Go 语言程序依赖的包，并且使用英文格式下的双引号引用这个包的名字。
☑ fmt 包是 Go 语言的标准库，用于格式化输出数据和扫描输入数据。
☑ 在 Go 语言中，使用 func 关键字声明函数。
☑ main()函数是 Go 语言程序的入口函数，只能声明在 main 包中，不能声明在其他包中。
☑ Println()函数是 fmt 包中的基础函数，其作用是输出数据，并且在数据的末尾使用换行符，使数据末尾处的光标出现在下一行，实现换行效果。
☑ Print()函数也是 fmt 包中的基础函数，其作用也是输出数据；与 Println()函数不同的是，Print()函数在数据的末尾没有使用换行符，使光标停留在数据的末尾，实现不换行效果。

1.4.3 运行 Go 语言程序

在新建的 demo_01.go 文件中编写完成第一个 Go 语言程序后，VS Code 的界面如图 1.48 所示。

那么，在 VS Code 中如何运行例 1.1 呢？为了解决这个问题，需要在 VS Code 中安装 Code Runner 插件。

如图 1.49 所示，在汉化后的 VS Code 界面中，单击“扩展商店”按钮，在搜索文本框中输入 code runner，然后按 Enter 键。在 VS Code 界面的左侧列出的搜索结果中找到 Code Runner 插件，单击与其对应的“安装”按钮。

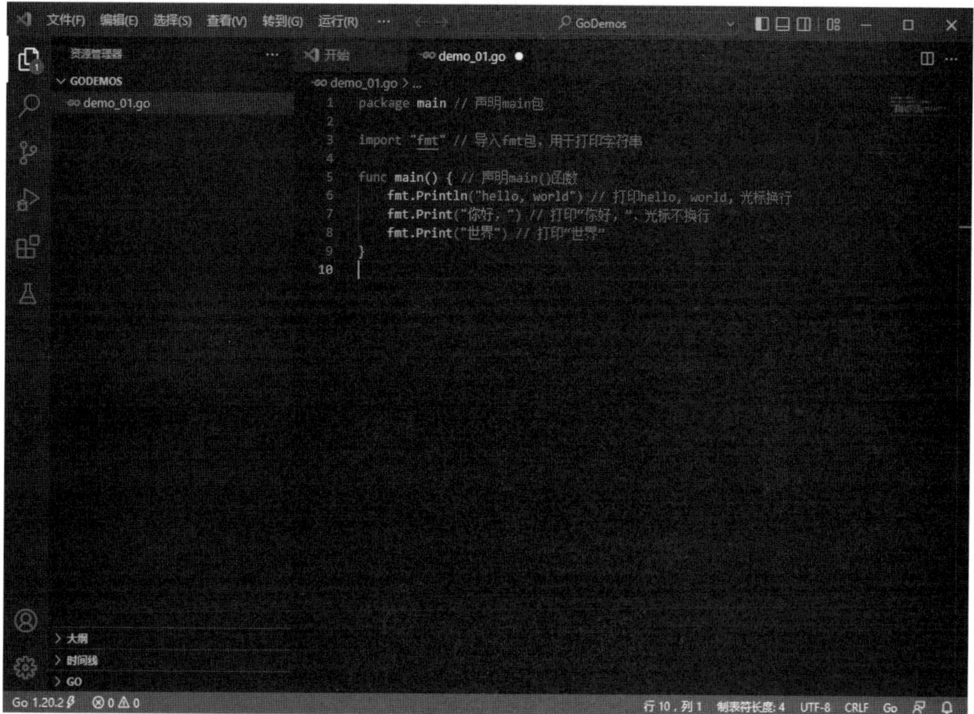

图 1.48　第一个 Go 语言程序完成后 VS Code 的界面

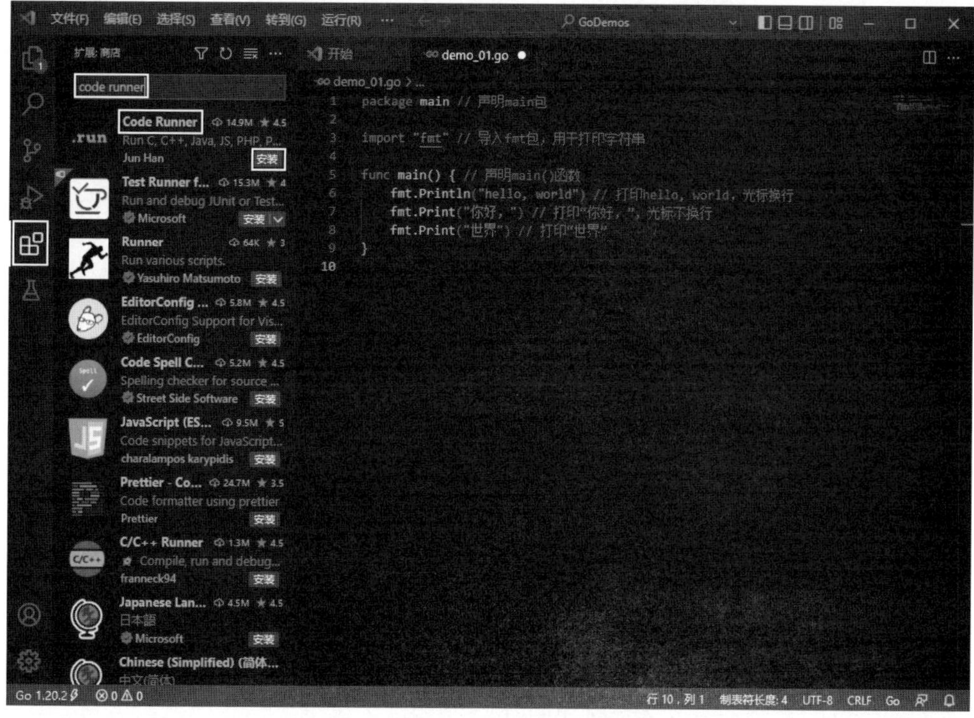

图 1.49　搜索并安装 Code Runner 插件

安装 Code Runner 插件后，VS Code 显示如图 1.50 所示的界面。单击关闭“扩展 Code Runner”窗口。

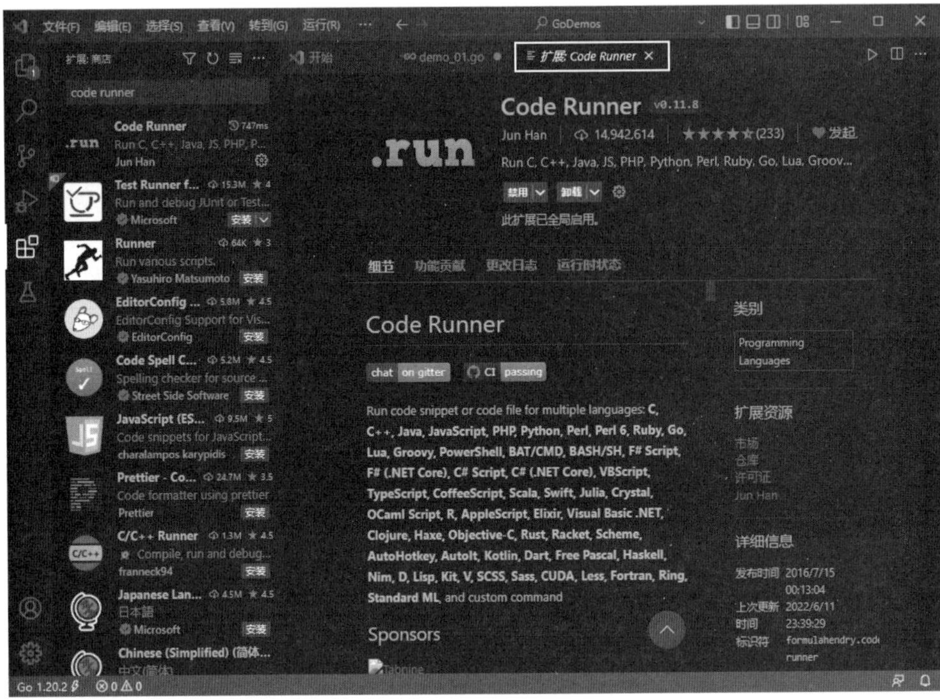

图 1.50　VS Code 成功安装 Go 语言插件后的界面

关闭“扩展 Code Runner”窗口后，VS Code 显示如图 1.51 所示的界面。对比图 1.48，发现在如图 1.51 所示的界面的右上角多了一个▷图标。▷图标就是运行 Go 语言程序的快捷方式。单击▷图标运行例 1.1。

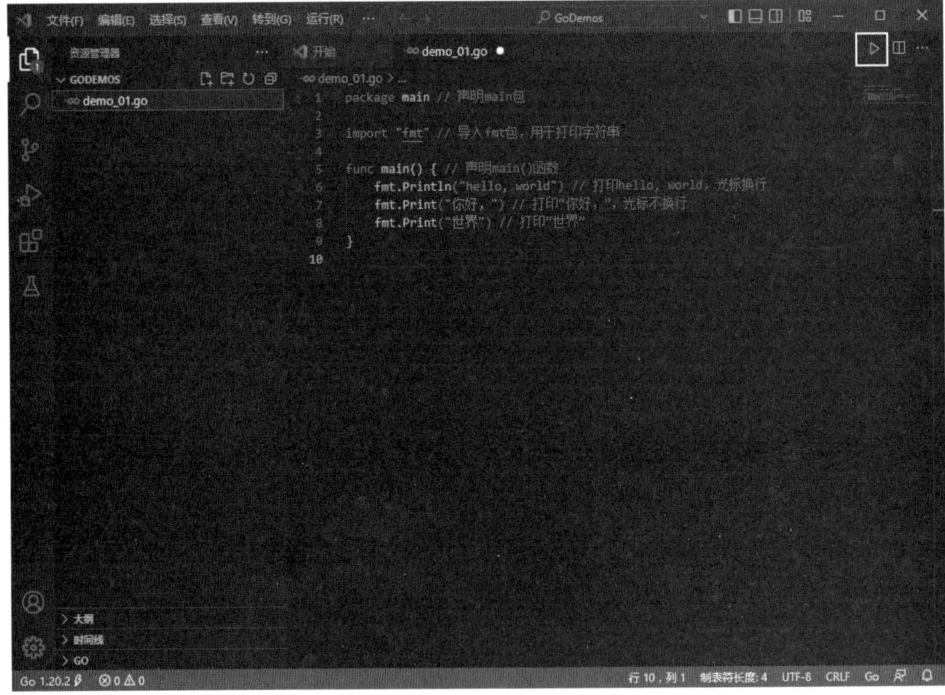

图 1.51　关闭“扩展 Code Runner”窗口后 VS Code 界面

如图 1.52 所示，例 1.1 的运行结果出现在 VS Code 界面右下方的“输出”窗口内。

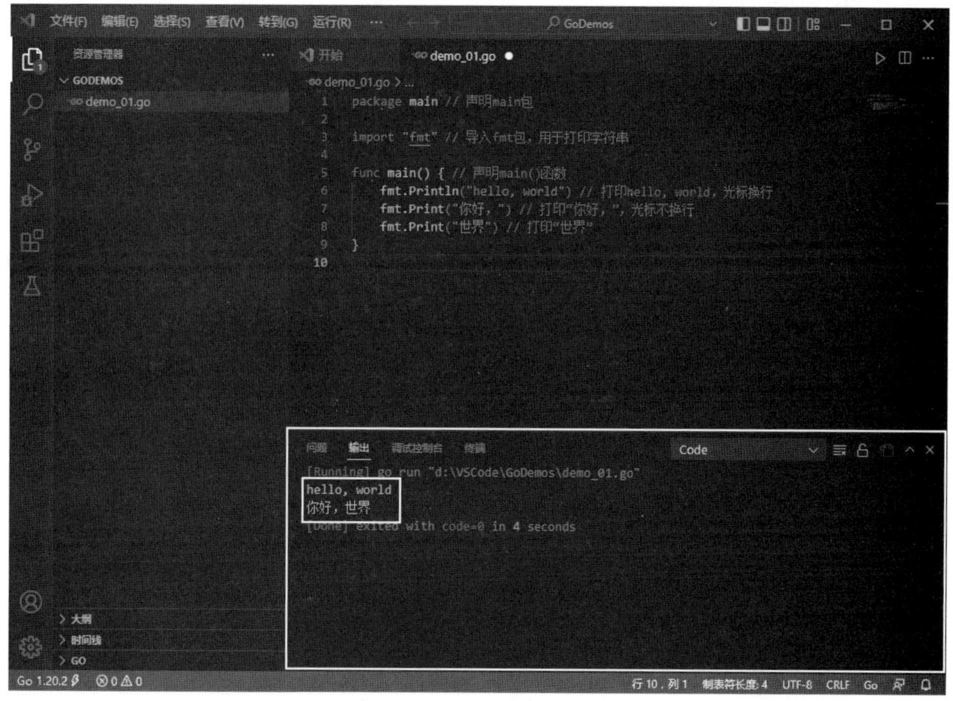

图 1.52　例 1.1 的运行结果

1.5　要点回顾

通过学习本章，读者能够明确什么是 Go 语言、为什么学习 Go 语言、Go 语言的特性和应用、Go 语言与并发的关系、在 Windows 系统中搭建 Go 环境的方法、在使用 Go 语言开发工具前的准备工作等内容。此外，通过解析第一个 Go 程序的编写和运行过程，使读者既能够熟悉 Go 语言的编码方式，又能够进一步明确 Go 语言开发工具的使用方法。

第 2 章

Go 语言基础

掌握并熟练应用 Go 语言需要充分理解 Go 语言的基础知识。本章讲解 Go 语言的基础知识，读者需要仔细阅读本章内容，进而让自己在学习 Go 语言的过程中达到事半功倍的效果。

本章的知识架构及重难点如下。

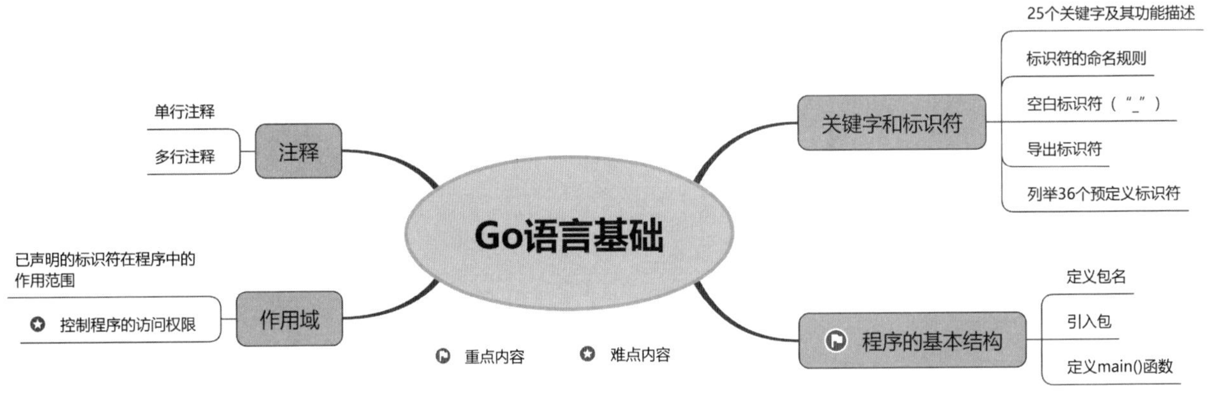

2.1　关键字和标识符

Go 语言的词法元素包括 5 种，分别是关键字、标识符、操作符、分隔符和字面量，它们是组成 Go 语言代码和程序的基本单位。本节主要介绍 Go 语言中的关键字和标识符。

2.1.1　关键字

关键字也称保留字，是指在 Go 语言中有特定含义，成为 Go 语言语法中一部分的单词。Go 语言中的关键字一共有 25 个，如表 2.1 所示。

表 2.1　Go 语言的关键字

break	default	func	interface	select
case	defer	go	map	struct
chan	else	goto	package	switch
const	fallthrough	if	range	type
continue	for	import	return	var

在程序中，每个关键字都有着不同的功能含义，具体说明如表 2.2 所示。

表 2.2　关键字及其功能描述

关　键　字	功 能 描 述
break	跳出整个循环
default	设置默认值，常与 switch 语句和 select 语句结合使用
func	定义函数或方法
interface	定义接口
select	选择结构语句，常与 case 和 default 结合使用
case	选择结构，常与 switch 语句和 select 语句结合使用
defer	延时执行语句
go	启动并发执行
map	定义集合
struct	定义结构体
chan	定义通道
else	判断条件，与 if 结合使用
goto	跳转语句
package	定义包的名称
switch	选择结构语句，常与 case 和 default 结合使用
const	定义常量
fallthrough	在 switch 语句的 case 中使用 fallthrough，当 case 匹配成功时，强制下一个 case 语句
if	判断条件，常与 else 结合使用
range	迭代切片、管道或集合的元素
type	自定义数据类型
continue	跳过本次循环，直接进入下一次循环
for	循环语句
import	导入包
return	设置函数的返回值
var	定义变量

Go 语言中保留的关键字比较少，主要是为了简化编译过程中的代码解析。和其他语言一样，关键字不能作为标识符，否则程序会提示语法错误。

2.1.2　标识符命名规则

标识符是用户在编程时定义的名字，用于为各种变量、常量、方法、函数等命名。标识符的命名规则如下。

☑　由 26 个英文字母、数字 0～9、下画线组成，但不能以数字开头。

☑　Go 语言中的标识符严格区分大小写。例如，UserName 与 username 代表两个不同的标识符。

☑　标识符不能包含空格和特殊字符。

☑　不能以关键字作为标识符，如 switch、if、for 等。

合法的标识符定义如下。

```
username
num1
next_city
```

不合法的标识符定义如下。

```
6room                                    //不能以数字开头
default                                  //关键字不能作为标识符
$age                                     //不能包含特殊字符
```

虽然标识符可以任意命名，但是在编程时，最好还是使用便于记忆且有意义的名称，以增加程序的可读性。标识符的命名标准如下。

- ☑ 标识符的命名要尽量简短且有意义。
- ☑ 使用有意义的单词作为标识符，如名字定义为 name，宽度定义为 width。
- ☑ 如果不能使用一个单词命名标识符，则可以采用驼峰命名法，如 myBook、getValue。或使用下画线“_”连接所有单词，如 next_score。

2.1.3 空白标识符

空白标识符是由下画线“_”表示的特殊标识符，对于不被使用且存在的变量，可以使用空白标识符表示。空白标识符通常用于以下 3 种场景。

- ☑ 导入某个包，不调用包的任何变量或函数，只执行包的初始化函数 init()。
- ☑ 函数有多个返回值，但只需要使用一个返回值，不使用的返回值使用空白标识符表示。
- ☑ 类型断言，判断某个类型是否实现接口，没有实现则报告编译错误。

在函数中使用空白标识符表示不需要使用的返回值，代码如下。

```
package main

import "fmt"

func myfunc() (string, string, int) {          //自定义函数，设置 3 个返回值
    name := "张三"
    sex := "男"
    age := 20
    return name, sex, age
}
func main() {
    name, _, _ := myfunc()                      //调用函数，只获取第一个返回值
    fmt.Printf("姓名：%s", name)
}
```

2.1.4 导出标识符

Go 语言中的标识符首字母可以大写，如果包中定义的标识符首字母大写，则表示它可以被外部调用，这样的标识符叫作导出标识符。下面通过一个示例介绍导出标识符的用法。

在 D:\GoProject 路径下，新建文件夹 src，并在 VS Code 中打开 src 文件夹，再在 src 文件夹下新

建文件夹 test；在 test 文件夹中创建 demoA.go 文件。在 demoA.go 文件中定义包 test，再分别定义变量 Name、Age 和 Myfunc()函数。代码如下。

```
package test

var Name = "张三"
var Age int = 20

func Myfunc() string { //自定义函数
    address := "吉林省长春市"
    return address
}
```

在 D:\GoProject\src 路径下，创建 demoB.go 文件。在 demoB.go 文件中导入自定义包 test，并分别调用包中定义的变量和函数。代码如下。

```
package main

import (
    "fmt"

    "test"
)

func main() {
    fmt.Printf("姓名：%s\n", test.Name)
    fmt.Printf("年龄：%d\n", test.Age)
    fmt.Printf("地址：%s\n", test.Myfunc())
}
```

在编写 demoB.go 文件的过程中，import 代码中的“test”会一直提示错误。为了消除这个错误需要对 Go 语言开发环境进行设置。虽然已经通过设置环境变量把项目文件夹存放在 GOPATH 目录（即 D:\GoProject）下（参照图 1.16），但是“set GO111MODULE=on”配置项（参照图 1.21）不让 Go 命令行在 GOPATH 目录下查找.go 文件。也就是说，本示例如果不修改“set GO111MODULE=on”配置项，那么 Go 命令行就找不到 demoB.go 文件。

为了让 Go 命令行在 GOPATH 目录下查找 demoB.go 文件，需要把“set GO111MODULE=on”配置项修改为“set GO111MODULE=off”。修改步骤为：打开命令提示符对话框，输入“go env -w GO111MODULE=off”，按 Enter 键。

在退出命令提示符对话框后，务必重启 VS Code。重新进入 VS Code 后就会发现 import 代码块中“test”处的错误提示消失了。运行 demoB.go 文件，结果如下。

```
姓名：张三
年龄：20
地址：吉林省长春市
```

由此可知，在导入某个包时，如果包中定义的标识符的首字母大写，则该标识符可以被外部调用。

说明

后面的章节将启用 Module 功能。为了不影响后面章节的学习，在得到本示例的运行结果后，建议在命令提示符对话框中输入“go env -w GO111MODULE=on”，把“set GO111MODULE=off”配置项再修改为“set GO111MODULE=on”。

2.1.5 预定义标识符

在 Go 语言中还有一些特殊的标识符，叫作预定义标识符。预定义标识符包含 Go 语言的基本数据类型和内置方法，这些预定义标识符不能作为普通标识符使用。Go 语言中的预定义标识符如表 2.3 所示。

表 2.3 预定义标识符

append	bool	byte	cap	close	complex
complex64	complex128	uint16	copy	false	float32
float64	imag	int	int8	uint32	int32
int64	iota	len	make	new	nil
panic	uint64	print	println	real	recover
true	uint	uint8	uintptr		

2.2 程序的基本结构

在 Go 语言中，源码文件以.go 作为文件扩展名。.go 文件存放在包（文件夹）中，一个包由一个或多个.go 文件组成。文件中代码的开始是用 package 声明的，表示该文件属于哪个包。下面是一段 Go 代码。

```
package main

import "fmt"

func main() {
    fmt.Printf("Hello Go")
}
```

通过上述代码分析 Go 程序的基本结构，具体如下。

（1）第一行代码 package main 定义了包名，必须在源文件中非注释的第一行指明该文件属于哪个包。package main 表示可独立执行的程序，每个 Go 应用程序都包含一个名为 main 的包。

（2）import "fmt"表示导入内置包 fmt，该包主要实现数据的标准化输出。

（3）func main()是程序开始执行的函数。main 函数是每个可执行程序必须执行的函数，在一般情况下，main 函数是在启动后第一个执行的函数（如果有 init()函数，则先执行 init()函数）。

在 VS Code 中运行上述代码，输出结果如下。

```
Hello Go
```

另外，还可以在命令提示符中运行程序。将上述代码保存为 demo.go 文件，打开命令提示符，进入保存 demo.go 文件的文件夹中，输入命令“go run demo.go”，按 Enter 键即可执行程序，结果如图 2.1 所示。

在命令提示符中运行“go build demo.go”命令，Go 语言将.go 文件打包成.exe 文件。在当前目录中生成一个与.go 文件同名的.exe 可执行文件，运行.exe 文件，即可输出结果，如图 2.2 所示。

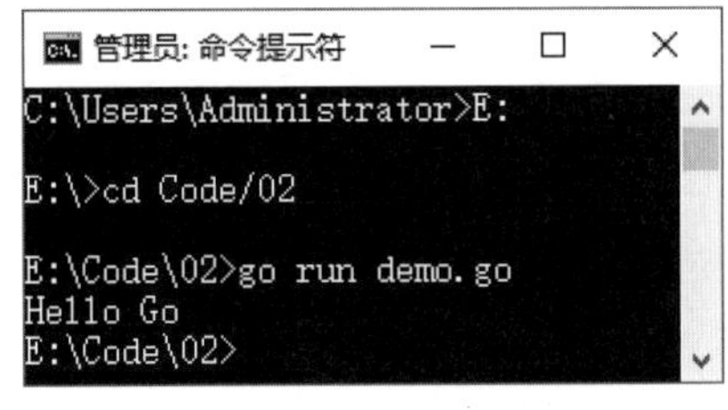

图 2.1　运行结果 1

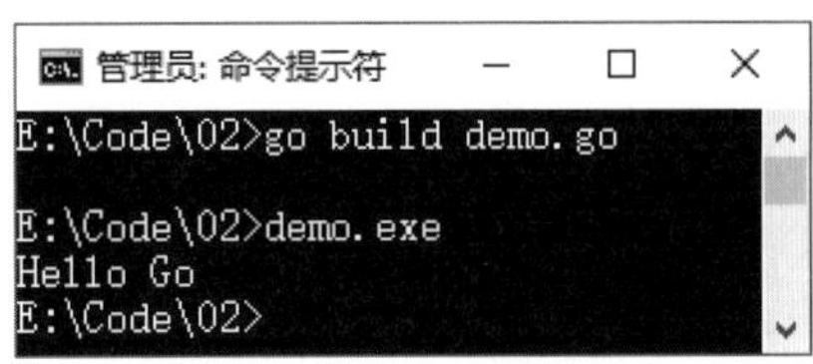

图 2.2　运行结果 2

2.3　作　用　域

作用域表示已声明标识符表示的常量、变量、函数或包在程序中的作用范围。在对一个标识符的引用进行编译时，将从内层到外层查找该标识符的声明，如果没有找到，则报告编译错误。如果内层和外层都存在该标识符的声明，则以内层声明为主，且内层声明会覆盖外层声明。

在函数中定义两个变量 x 和 y，代码如下。

```
func add() (int){
    x := 10
    y := 20
    return x + y
}
```

在通常情况下，add 函数以外的程序无法访问 x 和 y 变量，这两个变量的作用域只在 add()函数内部有效。

通过作用域可以控制程序的访问权限。例如，在 main()函数外部和内部分别声明 3 个同名的变量 num，代码如下。

```
var num = 10
func main()  {
   num := 20
   {
      num := 30
      fmt.Println(num)
   }
   fmt.Println(num)
}
```

运行上述代码，结果如下。

```
30
20
```

在上述代码中，输出 num 变量的值，首先查找当前代码块中声明的变量，如果当前代码块中没有声明这个变量，就继续向外面一层进行查找，如果找到最外一层还没有找到，则报告编译错误。

2.4 注　　释

注释的作用是对程序进行解释和说明。编译系统在编译代码时会自动忽略注释，因此注释对于程序的功能实现不起任何作用。在程序中适当添加注释可以提高程序的可读性。为程序添加注释可以起到以下两种作用。

（1）解释程序某些语句的作用和功能，使程序更易于理解，通常用于代码的解释说明。

（2）用注释屏蔽一部分代码，使编译系统暂时忽略被注释的代码，等需要时再取消注释，这些代码就会再次发挥作用，通常用于代码的调试。

Go 语言提供两种注释符号："//" 和 "/*…*/"。其中，"//" 用于单行注释，"/*…*/" 用于多行注释。

☑ 单行注释

单行注释也叫行注释，是最常见的注释形式，可以在代码中的任何地方使用以//开头的单行注释。单行注释的格式如下。

```
//单行注释
```

☑ 多行注释

多行注释也叫块注释，分为开始和结束两部分，在需要注释的内容前输入 "/*" 表示注释开始，在注释内容结束后输入 "*/" 表示注释结束。多行注释一般用于描述包的文档或注释代码片段。多行注释的格式如下。

```
/*
第一行注释
第二行注释
……
*/
```

说明

（1）在多段注释之间可以使用空行分隔加以区分。

（2）对于代码中的变量、常量、函数等最好也应当加上对应的注释，有利于后期代码维护。

2.5 要 点 回 顾

本章向读者讲解的是 Go 语言基础，包含 4 个内容，即关键字和标识符、程序的基本结构、作用域和注释。在学习本章的过程中，读者首先要掌握 Go 语言有哪些关键字和为各种变量、常量、方法、函数等命名的方法；其次，明确 Go 程序的基本结构；再次，在使用变量时要注意常量、变量、函数等的有效范围，避免出现编译错误。最后，为增加代码的可读性，使用注释对程序进行解释和说明。

第 3 章

Go 语言基本数据类型与运算符

Go 语言是静态编程语言。在 Go 语言中，数据类型用于声明函数和变量。当编译器编译 Go 程序时，通过某个值的数据类型，编译器就能够知晓要为这个值分配多大内存。值被存储在指定大小的内存中后，即可通过算术、关系、逻辑等运算符对其进行计算。其中，算术运算符通常用于数字型数据运算；关系运算符用于表示两个值的大小关系；逻辑运算符可以将两个或多个逻辑命题连接起来，组成新的语句或命题，其返回结果为布尔型值。

本章的知识架构及重难点如下。

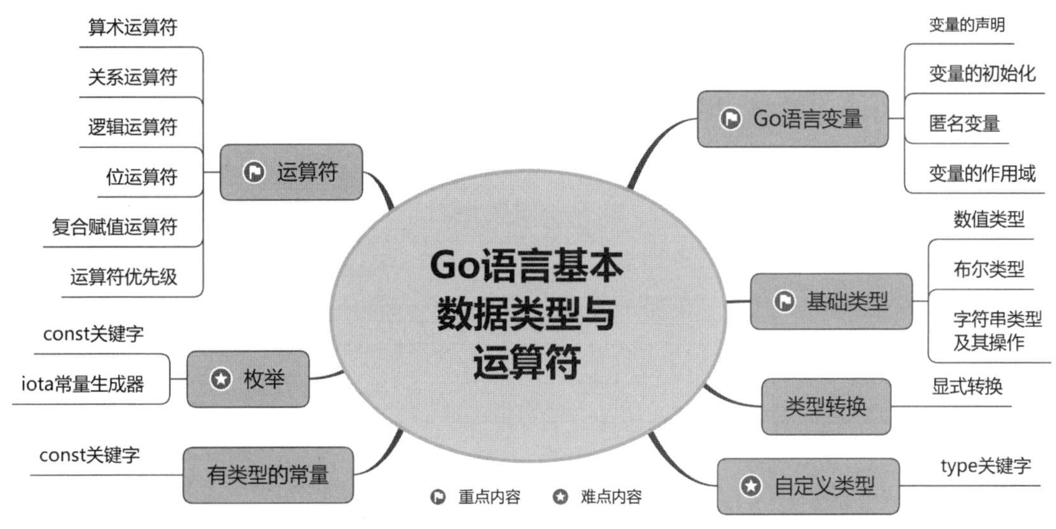

3.1　Go 语言变量

变量来源于数学。在高中数学里，变量被定义为“没有固定的值，可以改变的数”。但是，变量在计算机语言中被定义为“能够存储数据（计算结果或值）的内存”。明确变量在计算机语言中的含义后，下面讲解变量在 Go 语言中的使用方法。

3.1.1　变量的声明

声明指的是为程序的一个或多个实体命名。其中，实体指的是变量、常量、类型或函数。本节讲解在 Go 语言中如何声明变量。

说明

有关如何声明常量、类型和函数，将在本书后面的章节中讲解。

在 Go 语言中，使用 var 关键字声明变量，其语法格式如下。

```
var name type
```

参数说明如下。

☑ name：变量名。

☑ type：变量的类型。

变量的类型，即变量的数据类型。在 Go 语言中，数据类型分为四大类，分别是基础类型、复合类型、引用类型和接口类型。本节先介绍基础类型。

在 Go 语言中有以下几种基础类型。

☑ 布尔（bool）类型。

☑ 字符串（string）类型。

☑ 整数类型。

在 Go 语言中，整数类型包含 4 个有符号的整数类型和 4 个无符号的整数类型。其中，二进制数的位数与整数类型的对应关系如表 3.1 所示。

表 3.1　二进制数的位数与整数类型的对应关系

二进制数的位数	有符号的整数类型	无符号的整数类型
32 位或 64 位	int	uint
8 位	int8	uint8
16 位	int16	uint16
32 位	int32	uint32
64 位	int64	uint64

说明

int 类型是当前广泛使用的整数类型。

☑ 字符类型。Go 语言中有两种字符类型，即 byte 类型和 rune 类型。其中，byte 类型同义于 uint8 类型，表示的是 ASCII 码的一个字符；rune 类型同义于 int32 类型，表示的是 Unicode 码的一个字符。

☑ 浮点数类型。Go 语言中有两种浮点数类型，即 float32 类型和 float64 类型。

☑ 复数类型。复数由两个浮点数表示，其中，一个表示实部，另一个表示虚部。在 Go 语言中有两种复数类型，即 complex64 和 complex128。

了解 Go 语言的基础类型后，下面讲解声明变量时的两种特殊情况。

☑ 当声明多个相同类型的变量时，须同时使用 var 关键字和英文格式下的逗号。代码如下。

```
var a, b, c int
```

☑ 当声明多个不同类型的变量时，须同时使用 var 关键字和括号（类似情况全书均用英文格式下的括号）。代码如下。

```
var (
    age int
    name string
    getMarried bool
)
```

3.1.2　变量的初始化

初始化是为变量设置初始值，其语法格式如下。

```
var name type = expression
```

参数说明如下。

☑　expression：表达式。

例如，使用 Go 语言声明一个表示天数的变量，并为这个变量设置初始值，用以表示 2022 年有 365 天。代码如下。

```
var days int = 365
```

当为变量设置初始值时，类型和表达式可以省略一个。

☑　如果省略类型，那么变量的类型由表达式决定。

例如，省略“var days int = 365”中的 int 类型后的代码如下。

```
var days = 365
```

因为 365 是整数，所以变量 days 的类型是整数。

☑　如果省略表达式，那么变量的初始值会被设置为变量类型的默认值。

例如，省略“var days int = 365”中的 365 后的代码如下。

```
var days int
```

days 变量的类型是 int，其初始值被设置为 int 类型的默认值，即 0。

通过上述示例可知“int 类型的默认值是 0”。下面是 Go 语言其他基础类型的默认值。

☑　浮点数类型的默认值是 0.0。

☑　字符串类型的默认值是空字符串（即""）。

☑　布尔类型的默认值是 false。

在 Go 语言中可以使用“短变量声明”的语法格式声明并初始化函数内部的局部变量。“短变量声明”的语法格式如下。

```
name := expression
```

参数说明如下。

☑　name：变量名。

☑　expression：表达式。

注意

“短变量声明”的语法格式只能使用在函数内部。

例如，使用 func 关键字声明一个表示驾驶汽车的 drive()函数；在 drive()函数中，使用“短变量声明”的语法格式表示“当前车辆每百公里消耗汽油 6.3L”。代码如下。

```
func drive() {
    consumFuel := 6.3
}
```

注意，在使用“短变量声明”语法格式时，不能提前声明其中的变量。否则，编译器会报错，报错的内容是“变量已经被声明”。错误代码如下。

```
func drive() {
    var consumFuel float64          //声明浮点数类型的、表示“消耗燃油”的变量
    consumFuel := 6.3               //再次声明浮点数类型的、表示“消耗燃油”的变量，并设置其初始值为 6.3
}
```

掌握上述内容后，下面编写一个程序交换两个变量的值。

【例 3.1】交换两个变量的值（**实例位置：资源包\TM\sl\3\1**）

首先分别声明 3 个 int 类型的变量 a、b 和 c，然后分别初始化变量 a 和变量 b 的值为 7 和 11，接着把变量 c 作为中间变量，最后借助变量 c 交换变量 a 和变量 b 的值。代码如下。

```
package main                        //声明 main 包

import "fmt"                        //导入 fmt 包，用于打印字符串

func main() {                       //声明 main()函数
    var a int = 7                   //声明变量 a，并初始化为 7
    var b int = 11                  //声明变量 b，并初始化为 11
    var c int                       //声明变量 c，作为中间变量
    fmt.Println("a =", a, "b =", b) //打印变量 a 和 b 的初始值
    c = a                           //把变量 a 赋值给变量 c
    a = b                           //把变量 b 赋值给变量 a
    b = c                           //把变量 c 赋值给变量 b
    fmt.Println("a =", a, "b =", b) //打印执行交换操作后的变量 a 和 b 的值
}
```

运行结果如下。

```
a = 7 b = 11
a = 11 b = 7
```

在 Go 语言中，可以使用“多重赋值”的特性交换两个变量的值。下面使用“多重赋值”的特性修改例 3.1。关键代码如下。

```
func main() {                       //声明 main()函数
    var a int = 7                   //声明变量 a，并初始化为 7
    var b int = 11                  //声明变量 b，并初始化为 11
    fmt.Println("a =", a, "b =", b) //打印①变量 a 和 b 的初始值
    b, a = a, b                     //把变量 a 赋给变量 b、把变量 b 赋给变量 a
    fmt.Println("a =", a, "b =", b) //打印执行交换操作后的变量 a 和 b 的值
}
```

**注意**

当使用“多重赋值”时，要特别注意上述代码第 5 行中各个变量的赋值顺序。

① 打印即输出，编程人员习惯叫法。

3.1.3　匿名变量

在 Go 语言中，把没有名称的变量称作匿名变量，并且使用空白标识符（即“_”）表示匿名变量。注意，不可以使用匿名变量（即“_”）对其他变量执行赋值或运算的操作；任何被赋给匿名变量的值都会被抛弃。

下面编写一个程序，演示匿名变量的使用方法。

【例 3.2】分别打印一年有多少个月份和节气（**实例位置：资源包\TM\sl\3\2**）

首先使用 func 关键字声明用于返回一年中的月份和节气数量的 getYearDatas()函数，然后在 main()函数中使用匿名变量和“短变量声明”的语法格式分别获取一年中的月份和节气。代码如下。

```
package main                                    //声明 main 包

import "fmt"                                    //导入 fmt 包，用于打印字符串

func getYearDatas() (int, int) {                //声明 getYearDatas()函数
    return 12, 24                               //返回一年中的月份数量（即 12）和节气数量（即 24）
}

func main() {                                   //声明 main()函数
    monthNums, _ := getYearDatas()              //获取一年中的月份数量
    _, solarTermsNums := getYearDatas()         //获取一年中的节气数量
    //fmt.Println(_)
    //打印一年中的月份数量和节气数量
    fmt.Println("一年有", monthNums, "个月份和", solarTermsNums, "个节气")
}
```

运行结果如下。

```
一年有 12 个月份和 24 个节气
```

下面说明例 3.2 中的第 12 行代码“fmt.Println(_)”。当去除代码“fmt.Println(_)”前面的注释符号（即“//”）时，VS Code 会报错。提示的错误内容是“cannot use _ as value or type compiler(InvalidBlank)”，其含义是“不能把匿名变量作为变量的值或类型”。这恰恰印证了上文中讲到的，在使用匿名变量的过程中需要注意的事项。

3.1.4　变量的作用域

变量的作用域是变量在程序中的作用范围。在 Go 语言中，把声明在函数内的变量称作局部变量；把声明在函数外的变量称作全局变量；把在声明函数时声明的变量称作形式参数（简称为“形参”）。下面分别讲解局部变量、全局变量和形参。

1．局部变量

局部变量的作用域只在函数内。当开始调用局部变量所在的函数时，将声明并初始化这个局部变量；当结束调用局部变量所在的函数时，将销毁这个局部变量。例 3.1 中的变量 a、b 和 c 就是局部变量。

2．全局变量

全局变量的作用域是除声明包和导入包外的整个源文件（即 .go 文件）。在声明全局变量时，使用 var 关键字。

【例 3.3】计算上班的通勤时间（**实例位置：资源包\TM\sl\3\3**）

首先使用 var 关键字声明用于表示“上班通勤时间”的全局变量 totalTime，然后分别在 main()函数中声明并初始化用于表示“上班步行时间”的变量 walkTime 和表示“上班乘坐地铁的时间”的变量 subwayTime，最后计算并打印上班通勤时间。代码如下。

```
package main                                        //声明 main 包

import "fmt"                                        //导入 fmt 包，用于打印字符串

var totalTime int                                   //声明用于表示“上班通勤时间”的全局变量 totalTime

func main() {                                       //声明 main()函数
    var walkTime = 25                               //上班步行时间为 25 分钟
    var subwayTime = 12                             //上班乘坐地铁的时间为 12 分钟
    totalTime = walkTime + subwayTime               //计算上班通勤时间
    fmt.Println("上班的通勤时间一共需要", totalTime, "分钟")   //打印上班通勤时间
}
```

运行结果如下。

```
上班通勤时间一共需要 37 分钟
```

3．形参

形参是声明函数时在函数名后的括号中声明的变量。当开始调用形参所在的函数时，将声明并初始化形参；当结束调用形参所在的函数时，将销毁形参。

【例 3.4】使用形参修改例 3.3（**实例位置：资源包\TM\sl\3\4**）

首先使用 var 关键字声明用于表示“上班通勤时间”的全局变量 totalTime。然后使用 func 关键字声明用于返回上班通勤时间的 getTotalTime()函数；在这个函数中，包含两个 int 类型的形参，它们分别是表示“上班步行时间”的 time_w 和表示“上班乘坐地铁的时间”的 time_s。接着分别在 main()函数中声明并初始化用于表示“上班步行时间”的变量 walkTime 和“上班乘坐地铁的时间”的变量 subwayTime。最后调用 getTotalTime()函数计算并打印上班通勤时间。代码如下。

```
package main                                        //声明 main 包

import "fmt"                                        //导入 fmt 包，用于打印字符串

var totalTime int                                   //声明用于表示“上班通勤时间”的全局变量 totalTime

/*
计算上班通勤时间
time_w：上班步行时间
time_s：上班乘坐地铁的时间
return 上班通勤时间
*/
func getTotalTime(time_w, time_s int) int {
    totalTime := time_w + time_s
    return totalTime
```

```
}

func main() {                                                    //声明 main()函数
    var walkTime = 25                                            //上班步行时间为 25 分钟
    var subwayTime = 12                                          //上班乘坐地铁的时间为 12 分钟
    totalTime = getTotalTime(walkTime, subwayTime)               //计算上班通勤时间
    fmt.Println("上班通勤时间一共需要", totalTime, "分钟")       //打印上班通勤时间
}
```

3.2　基础类型

在 3.1.1 节中，简单介绍了 Go 语言中的基础类型，包括整数、字符、浮点数、复数、布尔和字符串等类型。下面将详细讲解这些基础类型。

3.2.1　数值类型

在 Go 语言中，数值类型包括整数、浮点数和复数等类型。

1．整数类型

在 Go 语言中，整数类型包含 4 个有符号的整数类型和 4 个无符号的整数类型。其中，4 个有符号的整数类型分别为 int8、int16、int32 和 int64；4 个无符号的整数类型分别为 uint8、uint16、uint32 和 uint64。在上述 8 个整数类型中，分别包含 8、16、32 和 64 这 4 个数字，这 4 个数字表示的是二进制数的位数。

通过二进制数的位数能够得到每个整数类型的取值范围。对于有符号的整数类型，其取值是 $-2^{(n-1)}$～$2^{(n-1)}-1$；对于无符号的整数类型，其取值是 0～2^n-1。例如，int8 类型的取值是−128～127，而 uint8 类型的取值是 0～255。

此外，Go 语言还提供两种整数类型，即 int 和 uint。其中，int 类型是有符号的整数类型，应用广泛；uint 类型是无符号的整数类型。注意，与 int 类型和 uint 类型对应的二进制数的位数，会根据编译器和计算机硬件的不同，在 32 位和 64 位之间变化。

2．浮点数类型

Go 语言中包含两种浮点数类型，即 float32 和 float64。在大多数情况下，应优先使用 float64。这两种浮点数类型的取值范围可以从极小到极大。为了表示“极小”和“极大”，需要借助科学记数法，即使用 e 或 E 指定指数部分。float32 类型的取值大约是 1.4e-45～3.4e38；float64 类型的取值是 4.9e-324～1.8e308。

3．复数类型

在计算机语言中，复数是由两个浮点数组成的。其中，一个浮点数表示实部；另一个浮点数表示虚部。Go 语言提供两种复数类型，即 complex64 和 complex128。其中，complex128 类型是声明复数

时的默认类型。声明复数的语法格式如下。

```
var name complex128 = complex(x, y)
```

参数说明如下。

- ☑ name：变量名。
- ☑ complex128：复数类型。
- ☑ complex()：用于为复数赋值的内置函数。
- ☑ x：float64 类型的实部。
- ☑ y：float64 类型的虚部。

4．字符类型

Go 语言提供两种字符类型，即 byte 类型和 rune 类型。其中，byte 类型同义于 uint8 类型，表示的是 ASCII 码的一个字符；rune 类型同义于 int32 类型，表示的是 Unicode 码的一个字符。

例如，在 ASCII 码表中，字符 A 的值是 65。那么，如何使用 byte 类型表示呢？代码如下。

```
var c byte = 65
```

说明

Unicode 码与 ASCII 码一样，也是一种字符集。

3.2.2 布尔类型

布尔类型的值只有两个：一个是真（即 true）；另一个是假（即 false）。布尔类型的默认值是 false。

在 Go 语言中，经常用到布尔类型的值。例如，作为 if 语句和 for 语句的条件部分，作为使用关系运算符或逻辑运算符后得到的结果。

【例 3.5】 判断 6 和 66 是否相等，打印判断后的结果（**实例位置：资源包\TM\sl\3\5**）

首先使用 var 关键字声明一个 int 类型的变量，并设置其初始值为 6，然后分别使用运算符“==”和“!=”判断这个变量的值和 66 是否相等，最后打印判断后的结果。代码如下。

```
package main                    //声明 main 包

import "fmt"                    //导入 fmt 包，用于打印字符串

func main() {                   //声明 main()函数
    var num = 6                 //声明 int 类型的变量，并设置其初始值为 6
    fmt.Println(num == 66)      //判断 6 与 66 是否相等，打印判断后的结果
    fmt.Println(num == 6)       //判断 6 与 6 是否相等，打印判断后的结果
    fmt.Println(num != 66)      //判断 6 与 66 是否不相等，打印判断后的结果
    fmt.Println(num != 6)       //判断 6 与 6 是否不相等，打印判断后的结果
}
```

运行结果如下。

```
false
true
true
false
```

3.2.3　字符串类型及其操作

在 Go 语言中，字符串类型是一种值类型；字符串被看作是字节的定长数组，即字节序列；字符串按照 UTF-8 格式编码和解码。

1．字符串字面量

字符串字面量指的是使用英文格式下的双引号（即""）初始化字符串类型的变量。在这个字符串类型变量的值中，可以使用转义符实现换行、缩进等效果。在 Go 语言中，常用的转义符及其说明如表 3.2 所示。

表 3.2　常用的转义符及其说明

转 义 字 符	说　明	转 义 字 符	说　明
\a	警告或响铃	\t	制表符
\b	退格符	\v	垂直制表符
\f	换页符	\'	单引号
\n	换行符	\"	双引号
\r	回车符	\\	反斜杠

首先使用 var 关键字声明一个字符串类型的变量，然后使用英文格式下的双引号（即""）把这个变量的初始值设置为“从小开始\n 学编程”，最后打印这个变量的值。代码如下。

```
var str = "从小开始\n 学编程"
fmt.Println(str)
```

运行结果如下。

```
从小开始
学编程
```

说明

上述代码的打印结果能换行是因为在字符串类型变量的值中包含了换行符（即“\n”）。

2．多行字符串

使用“字符串字面量”初始化字符串类型变量时，如果不使用换行符，则打印这个变量的值的结果不能换行。

为解决这个问题，可以使用英文格式下的反引号（即``）初始化字符串类型的变量。

说明

与反引号（即``）对应的按键在 Tab 键的上面、数字 1 键的左边和 Esc 键的下面。

例如，首先使用 var 关键字声明一个字符串类型的变量，然后使用反引号（即``）把这个变量的初始值设置为“从小开始学编程”，最后打印这个变量的值。代码如下。

```
func main() {                          //声明 main()函数
    var str = `从小开始
学编程`                                  //声明字符串类型的变量，使用反引号（即``）为其设置初始值
    fmt.Println(str)                   //打印字符串类型的变量的值
}
```

运行结果如下。

```
从小开始
学编程
```

3．拼接字符串

使用“+”可以拼接字符串。当使用“+”拼接字符串时，须保证“+”左右两端都是字符串类型。例如，使用“+”把字符串“Hello, ”和“world!”拼接在一起。示例代码如下。

```
str1 := "Hello, "
str2 := "world!"
str := str1 + str2                     //使用"+"拼接字符串
fmt.Println("str =", str)
```

运行结果如下。

```
str = Hello, world!
```

4．获取字符串长度

使用 len()函数可以获取字符串长度。len()函数的语法格式如下。

```
len([]rune(str))
```

参数说明如下。

☑ str：字符串。

说明

当字符串包含中文时，需要先将字符串显式转换成 rune 数组，再传入 len()函数。

例如，分别使用 len(str)和 len([]rune(str))依次获取字符串“Hello Leon”和“Hello 张三”的长度。示例代码如下。

```
str1 := "Hello Leon"
ls1 := len(str1)
lrs1 := len([]rune(str1))
fmt.Println("ls1 =", ls1, "\nlrs1 =", lrs1)

str2 := "Hello 张三"
ls2 := len(str2)
lrs2 := len([]rune(str2))
fmt.Println("ls2 =", ls2, "\nlrs2 =", lrs2)
```

运行结果如下。

```
ls1 = 10
lrs1 = 10
ls2 = 12
lrs2 = 8
```

5．遍历字符串

Go 语言的 strings.Map()函数用于处理字符串中的每个字符。语法格式如下。

```
func Map(mapping func(rune) rune, s string) string
```

参数说明如下。

☑　mapping：处理字符串中每个字符的函数。

☑　s：要被遍历的字符串。

例如，让字符串“hello”中的每个字符都后移一位。代码如下。

```
package main

import (
	"fmt"
	"strings"
)

func strEncry(r rune) rune {
	return r + 1
}

func main() {
	str := "hello"
	fmt.Println("str =", str)
	newStr := strings.Map(strEncry, str)
	fmt.Println("newStr =", newStr)
}
```

运行结果如下。

```
str = hello
newStr = ifmmp
```

6．截取字符串

Go 语言把“截取字符串”又称作“字符串切片”。截取字符串的语法格式如下。

```
string[start : end]
```

参数说明如下。

☑　string：要被截取的字符串。

☑　start：要被截取的第一个字符的索引（包含）。

☑　end：要被截取的最后一个字符的索引（不包含）。

说明

当字符串包含中文时，需要先将字符串显式转换成 rune 数组，再截取字符串。

例如，把“张三”从字符串“张三 hello”中截取出来。示例代码如下。

```
str := "张三  hello"
str1 := str[0:2]
srn := []rune(str)
str2 := srn[0:2]
```

```
fmt.Println("str1 =", string(str1), "\nstr2 =", string(str2))
```

运行结果如下。

```
str1 = �
str2 = 张三
```

7. 分割字符串

在 Go 语言中，分割字符串分为按空格分割和按字符串分割两种形式。

☑ 按空格分割

按空格分割字符串的语法格式如下。

```
arr := strings.Fields(s)                //把字符串 s 按空格分割后返回的字符串数组保存在变量 arr 中
```

例如，按空格分割字符串“Hello World!”。示例代码如下。

```
str := "Hello World!"
strArr := strings.Fields(str)
fmt.Println("strArr =", strArr)
```

运行结果如下。

```
strArr = [Hello World!]
```

☑ 按字符串分割

按字符串分割字符串的语法格式如下。

```
arr := strings.Split(s,sep)             //把字符串 s 按字符串 sep 分割后返回的字符串数组保存在变量 arr 中
```

例如，按字符串分割字符串“as soon as possible”。示例代码如下。

```
str := "as soon as possible"
strArr := strings.Split(str, "as")
fmt.Println("strArr =", strArr)
```

运行结果如下。

```
strArr = [ soon   possible]
```

8. 查找字符串

为了在一个字符串中查找另一个字符串或字符，Go 语言提供了 Index()函数。Index()函数的语法格式如下。

```
func Index(s, substr string) int
```

参数说明如下。

☑ s：源字符串。

☑ substr：被查找的字符串。

说明

Index()函数返回 int 类型的值。如果源字符串包含被查找的字符串，则返回被查找字符串第一次出现的索引；反之，则返回-1。

例如，打印字符串“as”在字符串“as soon as possible”中第一次出现的索引。示例代码如下。

```
str := "as soon as possible"
index := strings.Index(str, "as")
fmt.Println("index =", index)
```

运行结果如下。

```
index = 0
```

9．替换字符串

strings.Replace()函数用于把一个字符串中的某个字符串替换成新的字符串。Replace()函数的语法格式如下。

```
func Replace(s, old, new string, n int) string
```

参数说明如下。

☑　s：源字符串。

☑　old：要被替换的字符串。

☑　new：新的字符串。

☑　n：替换字符串的次数。

说明

当 n 的值为-1 时，将把 s 中所有 old 都替换成 new。

例如，把字符串“so soon so possible”中的所有“so ”都替换为“as ”。示例代码如下。

```
str := "so soon so possible"
fmt.Println("strReplace =", strings.Replace(str, "so ", "as ", -1))
```

运行结果如下。

```
strReplace = as soon as possible
```

10．格式化输出

调用 fmt 包中的 Sprintf()函数，即可实现格式化输出的效果，语法格式如下。

```
fmt.Sprintf(格式化样式，参数列表…)
```

参数说明如下。

☑　格式化样式：以“%”开头的字符串输出格式。

☑　参数列表：包含多个参数，每个参数之间用逗号隔开。

注意

参数列表中参数的个数必须与格式化样式中字符串输出内容的个数一致，否则运行时会报错。

在 Go 语言中，常用的字符串输出格式及其说明如表 3.3 所示。

表 3.3　常用的字符串输出格式及其说明

字符串输出格式	说　　明
%v	使用默认格式输出值
%+v	在打印结构体时，添加字段名
%#v	使用 Go 语法格式输出值
%T	使用 Go 语法格式输出值的类型
%%	输出%
%b	把一个整数用二进制数表示
%o	把一个整数用八进制数表示
%d	把一个整数用十进制数表示
%x	把一个整数用十六进制数表示，字母为小写的 a-f
%X	把一个整数用十六进制数表示，字母为大写的 A-F
%U	把一个整数用 Unicode 码表示
%f	输出具有 6 位小数的浮点数
%p	把指针用前缀为“0x”的十六进制数表示

例如，首先声明并初始化表示圆周率的变量，这个变量的初始值为 3.141592653589793；然后分别使用字符串输出格式“%v”和“%f”格式化表示圆周率的变量的值；最后打印执行格式化操作后的结果。代码如下。

```
pi := 3.141592653589793                  //声明并初始化表示圆周率的变量
value_1 := fmt.Sprintf("%v", pi)         //格式化输出表示圆周率的变量的默认值
fmt.Println(value_1)                     //打印执行格式化操作后的结果
value_2 := fmt.Sprintf("%f", pi)         //格式化输出表示圆周率的变量的值，保留 6 位小数
fmt.Println(value_2)                     //打印执行格式化操作后的结果
```

运行结果如下。

```
3.141592653589793
3.141593
```

Sprintf()函数只负责格式化数据，不负责输出格式化后的结果。也就是说，先用 Sprintf()函数按照指定的输出格式对数据执行格式化操作；再把格式化后的、字符串类型的结果赋值给一个变量；最后使用 Println()函数输出这个变量，即格式化后的结果。

那么，在 Go 语言中，有没有一个函数可以直接输出格式化的、字符串类型的结果呢？答案是肯定的，即 Printf()函数。使用 Printf()函数替换上述示例中的 Sprintf()函数的代码如下。

```
pi := 3.141592653589793                  //声明并初始化表示圆周率的变量
fmt.Printf("%v\n", pi)                   //打印格式化的、表示圆周率的变量的默认值
fmt.Printf("%f\n", pi)                   //打印对表示圆周率的变量的值保留 6 位小数后的结果
```

3.3　类型转换

在 Go 语言中，可以把一个类型的值转换成另一个类型的值，这个转换过程称作类型转换。在 Go

语言类型转换中，没有隐式类型转换，所有的转换都必须显式声明。

Go 语言类型转换的语法格式如下。

```
v1 := T(v)                    //将变量 v 转换为类型 T，得到转换后的变量 v1
```

参数说明如下。

- ☑ T：转换后的数据类型，如 int32、int64、float32 等。
- ☑ v：要被转换的变量。
- ☑ v1：转换后的变量。

Go 语言可以准确无误地把取值范围较小的类型转换为取值范围较大的类型，例如，int32 类型的值可以转换成 int64 类型的值。但把取值范围较大的类型转换为取值范围较小的类型时，会发生精度丢失的情况。

例如，定义值为 7.11 的 float32 类型变量 f 后，再把变量 f 的类型显式转换为 int32 类型，而后得到类型转换后的变量 i。代码如下。

```
package main

import (
	"fmt"
)

func main() {
	var f float32 = 7.11
	var i = int32(f)
	fmt.Println("f =", f, "\ni =", i)
}
```

运行结果如下。

```
f = 7.11
i = 7
```

因为 float32 类型比 int32 类型的取值范围大，所以把 float32 类型的值转换为 int32 类型的值后会丢失精度。

注意，上面的方法只适用于数值类型之间的转换，如果在字符串和数值类型之间进行转换，则需要使用 strconv.Itoa()、strconv.Atoi()、Parse 系列函数或 Format 系列函数，其中，strconv.Itoa()函数用于将整型转换为字符串；strconv.Atoi()函数用于将字符串转换为整型；Parse 系列函数用于将字符串转换为给定类型的值，常用的有 ParseBool()、ParseInt()、ParseUint()和 ParseFloat()等；Format 系列函数用于将给定类型数据格式化为字符串类型，常用的有 FormatBool()、FormatInt()、FormatUint()和 FormatFloat()等。

字符串与数值类型之间的转换，代码如下。

```
package main

import (
	"fmt"
	"strconv"
)

func main() {
```

```
	var i int = 5
	var f float64 = 7.11
	var str1 string = "false"
	var str2 string = "100"
	//分别将 int 和 float 类型转换为字符串
	fmt.Println("转换后的字符串值：" + strconv.Itoa(i) + "   " + strconv.FormatFloat(f, 'g', 5, 32))
	num, err := strconv.Atoi(str2)          //将字符串转换为 int 值，err 为转换失败时返回的错误标识
	fmt.Println(num + 50)                   //将转换后的 int 值跟其他 int 值相加
	fmt.Println(err)                        //定义的变量必须使用，否则会出现错误提示
	fmt.Println(strconv.ParseBool(str1))    //将字符串转换为 bool
}
```

运行结果如下：

```
转换后的字符串值：5   7.11
150
<nil>
false <nil>
```

3.4 自定义类型

Go 语言与 C/C++类似，C++通过 typedef 关键字自定义类型（别名、定义结构体等），Go 语言则通过 type 关键字自定义类型。

使用 type 关键字自定义类型的语法格式如下。

```
type newType oldType
```

参数说明如下。

- ☑ oldType：可以是自定义类型、预声明类型、未命名类型中的任意一种。
- ☑ newType：新类型。

注意

newType 和 oldType 应当是两个完全不同的类型。

下面通过几个示例演示如何使用 type 关键字自定义类型。代码如下。

```
type INT int                     //INT 是使用预声明类型声明的自定义类型
type Map map[string]string       //Map 是使用类型字面量声明的自定义类型
type myMap Map                   //myMap 是自定义类型 Map 声明的自定义类型
```

在 Go 语言中，类型可以分为命名类型和未命名类型。其中：

- ☑ 命名类型使用标识符表示。Go 语言允许用户定义类型；当用户声明新类型时，这个声明就给编译器提供一个框架，告知编译器必要的内存大小和表示信息。声明后的类型的使用方式类似于 Go 语言的内置类型。在上述示例代码中，INT、Map 和 myMap 都是命名类型。
- ☑ 未命名类型是由预声明类型、关键字和操作符组合而成的类型。未命名类型又称为类型字面量（Type Literal）。Go 语言的基本类型中的复合类型包括：数组（array）、切片（slice）、字典（map）、通道（channel）、指针（pointer）、函数字面量（function）、结构（struct）和接口（interface），

这些类型都是类型字面量，也是未命名类型。

3.5　有类型的常量

常量指的是在程序运行期间，值不会被修改的量。在 Go 语言中，对于有类型的常量而言，常量的类型只能是基础类型，即数值、布尔和字符串等类型。在声明并初始化常量时，须使用 const 关键字，语法格式如下。

```
const name [type] = value
```

参数说明如下。

☑　name：常量名。

☑　type：常量的类型。

☑　value：常量的值。

声明并初始化常量的语法格式与声明并初始化变量的语法格式大致相同，也可以省略表示常量类型的 type。Go 语言编译器会根据常量的值推断常量的类型。

例如，使用 const 关键字声明并初始化表示一天有 24 个小时的 int 类型常量。代码如下。

```
const hours int = 24
```

省略上述代码中的 int 类型后，即可根据常量的值（即 24）是整数推断常量类型是 int。代码如下。

```
const hours = 24
```

注意

在 Go 语言程序编译时要确定常量的值。

使用 var 关键字和括号能够声明多个不同类型的变量。同理，使用 const 关键字和括号也能声明并初始化多个不同类型的常量。

例如，分别声明并初始化表示一天有 24 小时的 int 类型常量，以及表示圆周率的浮点数类型常量。代码如下。

```
const (
    hours = 24
    pi = 3.141592653589793
)
```

当声明多个常量时，除需要初始化第一个常量外，其他常量均可不予初始化。此时，会把其他常量的值初始化为第一个常量的值。

例如，同时使用 const 关键字和括号，分别声明表示一天有 24 小时的常量和表示一年有 24 个节气的常量。只初始化表示一天有 24 小时的常量，并分别打印这两个常量的值。代码如下。

```
const (
    hours = 24                  //表示一天有 24 小时的常量
    solarTermsNums              //表示一年有 24 个节气的常量
```

```
)
fmt.Println(hours)                     //打印常量 hours 的值
fmt.Println(solarTermsNums)            //打印常量 solarTermsNums 的值
```

运行结果如下：

```
24
24
```

3.6 枚　　举

Go 语言没有 enum 关键字，需要使用 const 关键字和 iota 常量生成器定义枚举。其中，iota 常量生成器用于生成一组以相似规则初始化的常量。使用 const 关键字和 iota 常量生成器定义枚举的语法格式如下。

```
const(
    identifier1 type = iota
    identifier2
    identifier3
    ...
)
```

说明

使用 const 关键字和 iota 常量生成器定义枚举，其中 identifier1 对应的值为 0。

下面演示如何使用 const 关键字和 iota 常量生成器定义枚举。代码如下。

```
package main

import (
    "fmt"
)

func main() {
    const (
        identifier1 int = iota
        identifier2
        identifier3
    )
    fmt.Println("identifier1 =", identifier1, "\nidentifier2 =", identifier2, "\nidentifier3 =", identifier3)
}
```

运行结果如下。

```
identifier1 = 0
identifier2 = 1
identifier3 = 2
```

使用 const 关键字和 iota 常量生成器不仅可以生成每次增加 1 的枚举值，还可以实现枚举常量值生成器。实现枚举常量值生成器的代码如下。

```
package main
```

```
import (
    "fmt"
)

func main() {
    const (
        B = 1 << (10 * iota)
        KB
        MB
    )
    fmt.Println("1B =", B, "B\n1KB =", KB, "B\n1MB =", MB, "B")
}
```

运行结果如下。

```
1B = 1 B
1KB = 1024 B
1MB = 1048576 B
```

3.7　运　算　符

各个编程语言中的运算符作用基本相同，即在程序运行时执行数学或逻辑运算。Go 语言中包含算术运算符、关系运算符、逻辑运算符、位运算符、赋值运算符和其他运算符等 6 种运算符。下面分别讲解这 6 种运算符。

3.7.1　算术运算符

表 3.4 列出了 Go 语言中所有算术运算符及其说明，并且通过示例及其运算结果展示各个算术运算符的使用方法。其中，变量 a、b 和 c 的类型是 int，变量 a 的初始值为 7，变量 b 的初始值为 11。

表 3.4　Go 语言中的算术运算符及其说明

运 算 符	说　明	示　例	运 算 结 果
+	相加	c = a + b	18
−	相减	c = a − b	−4
*	相乘	c = a * b	77
/	相除	c = a / b	0
%	求余	c = a % b	7
++	自增	a++	8
−−	自减	a−−	6

3.7.2　关系运算符

表 3.5 列出了 Go 语言中的关系运算符及其说明，并且通过示例及其运算结果展示各个关系运算符

的使用方法。其中，变量 a 和 b 的类型是 int，变量 a 的初始值为 7，变量 b 的初始值为 11。

表 3.5　Go 语言中的关系运算符及其说明

运 算 符	说　　明	示　　例	运 算 结 果
==	检查左边值是否等于右边值	fmt.Println(a == b)	false
!=	检查左边值是否不等于右边值	fmt.Println(a != b)	true
>	检查左边值是否大于右边值	fmt.Println(a > b)	false
<	检查左边值是否小于右边值	fmt.Println(a < b)	true
>=	检查左边值是否大于或等于右边值	fmt.Println(a >= b)	false
<=	检查左边值是否小于或等于右边值	fmt.Println(a <= b)	true

3.7.3　逻辑运算符

表 3.6 列出了 Go 语言中的逻辑运算符及其说明，并且通过示例及其运算结果展示各个逻辑运算符的使用方法。其中，有两个操作数（布尔类型的变量或返回布尔类型的值的表达式）a 和 b。

表 3.6　Go 语言中的所有逻辑运算符及其说明

运 算 符	说　　明	示　　例	运 算 结 果
&&	逻辑与运算符； 如果操作数 a 和 b 的值都是 true，那么 a && b 的值为 true，否则 a && b 的值为 false	var a = true var b = false fmt.Println(a && b)	false
||	逻辑或运算符； 如果操作数 a 和 b 的值有一个是 true，那么 a || b 的值为 true，否则 a || b 的值为 false	var a = false var b = false fmt.Println(a || b)	false
!	逻辑非运算符； 如果操作数 a 的值为 true，那么!a 的值为 false，否则为 true	var a = false fmt.Println(!a)	true

3.7.4　位运算符

表 3.7 列出了 Go 语言的位运算符及其说明，这些位运算符都是双目运算符。

表 3.7　Go 语言中的位运算符及其说明

运 算 符	说　　明
&	按位与运算符
|	按位或运算符
^	按位异或运算符
<<	左移运算符。左移 n 位就是乘以 2 的 n 次方
>>	右移运算符。右移 n 位就是乘以 2 的 n 次方

位运算符“&”“|”和“^”能够对整数在内存中的二进制位进行操作，操作的结果如表 3.8 所示。

表 3.8　位运算符对整数在内存中的二进制位进行操作及其结果

A	B	A&B	A|B	A^B
0	0	0	0	0
1	0	0	1	1
0	1	0	1	1
1	1	1	1	0

“&”运算符的使用方法是先将两个操作数转换成二进制数，再将两个二进制操作数的最低位对齐（右对齐），然后让两个二进制数的每一位都做按位与运算。若同一位的两个值都为 1，则对应位的结果为 1，否则对应位的结果为 0。例如，12 和 8 经按位与运算后的结果是 8。运算过程如下。

```
    0000 0000 0000 1100        （十进制 12 的二进制数）
&   0000 0000 0000 1000        （十进制 8 的二进制数）
    0000 0000 0000 1000        （十进制 8 的二进制数）
```

“|”运算符的使用方法是先将两个操作数转换成二进制数，再将两个二进制操作数的最低位对齐（右对齐），然后让两个二进制数的每一位都做按位或运算。若同一位的两个值都为 0，则对应位的结果为 0，否则对应位的结果为 1。例如，4 和 8 经按位或运算后的结果是 12。运算过程如下。

```
    0000 0000 0000 0100        （十进制 4 的二进制数）
|   0000 0000 0000 1000        （十进制 8 的二进制数）
    0000 0000 0000 1100        （十进制 12 的二进制数）
```

“^”运算符使用方法是先将两个操作数转换成二进制数，再将两个二进制操作数的最低位对齐（右对齐），然后让两个二进制数的每一位都做按位异或运算。若同一位的两个值相同，则对应位的结果为 0；若同一位的两个值不同，则对应位的结果就为 1。例如，31 和 22 经按位异或运算后的结果是 9。运算过程如下。

```
    0000 0000 0001 1111        （十进制 31 的二进制数）
^   0000 0000 0001 0110        （十进制 22 的二进制数）
    0000 0000 0000 1001        （十进制 9 的二进制数）
```

位运算符“<<”和“>>”能够对变量进行左移或右移运算，代码如下。

```
a := 24                                      //使用“短变量声明”的语法格式声明并初始化 int 类型变量 a
b := -16                                     //使用“短变量声明”的语法格式声明并初始化 int 类型变量 b
fmt.Println(a, "右移两位的结果是：", (a >> 2))
fmt.Println(b, "左移三位的结果是：", (b << 3))
```

运行结果如下。

```
24 右移 2 位后的结果是： 6
-16 左移 3 位后的结果是： -128
```

3.7.5　复合赋值运算符

所谓复合赋值运算符，就是把赋值运算符与其他运算符合并成一个运算符，进而同时实现两种运算符的效果。Go 语言中的复合赋值运算符及其说明如表 3.9 所示。

表 3.9　Go 语言中的复合赋值运算符及其说明

运　算 符	说　　明	示　　例	等 价 效 果
+=	相加结果赋予左侧	a += b;	a = a + b;
-=	相减结果赋予左侧	a -= b;	a = a - b;
*=	相乘结果赋予左侧	a *= b;	a = a * b;
/=	相除结果赋予左侧	a /= b;	a = a / b;
%=	取余结果赋予左侧	a %= b;	a = a % b;
&=	与结果赋予左侧	a &= b;	a = a & b;
|=	或结果赋予左侧	a |= b;	a = a | b;
^=	异或结果赋予左侧	a ^= b;	a = a ^ b;
<<=	左移结果赋予左侧	a <<= b;	a = a << b;
>>=	右移结果赋予左侧	a >>= b;	a = a >> b;

【例 3.6】使用复合赋值运算符对两个整数进行运算（**实例位置：资源包\TM\sl\3\6**）

使用“短变量声明”的语法格式分别声明并初始化 int 类型的变量 a 和 b；其中，变量 a 的初始值为 7，变量 b 的初始值为 11。分别使用表 3.9 中的复合赋值运算符对这两个整数进行运算。打印运算后的结果。代码如下。

```
package main

import "fmt"

func main() {
	a := 7                                  //使用“短变量声明”的语法格式声明并初始化 int 类型变量 a
	b := 11                                 //使用“短变量声明”的语法格式声明并初始化 int 类型变量 b
	fmt.Print(b, "+=", a, "的结果是")
	b += a
	fmt.Println(b)
	b = 11                                  //修改变量 b 的值为 11
	fmt.Print(b, "-=", a, "的结果是")
	b -= a
	fmt.Println(b)
	b = 11                                  //修改变量 b 的值为 11
	fmt.Print(b, "*=", a, "的结果是")
	b *= a
	fmt.Println(b)
	b = 11                                  //修改变量 b 的值为 11
	fmt.Print(b, "/=", a, "的结果是")
	b /= a
	fmt.Println(b)
	b = 11                                  //修改变量 b 的值为 11
	fmt.Print(b, "%=", a, "的结果是")
	b %= a
	fmt.Println(b)
	b = 11                                  //修改变量 b 的值为 11
	fmt.Print(b, "&=", a, "的结果是")
	b &= a
	fmt.Println(b)
	b = 11                                  //修改变量 b 的值为 11
	fmt.Print(b, "|=", a, "的结果是")
	b |= a
	fmt.Println(b)
	b = 11                                  //修改变量 b 的值为 11
```

```
    fmt.Print(b, "^=", a, "的结果是")
    b ^= a
    fmt.Println(b)
    b = 11                              //修改变量 b 的值为 11
    fmt.Print(b, "<<=", a, "的结果是")
    b <<= a
    fmt.Println(b)
    b = 11                              //修改变量 b 的值为 11
    fmt.Print(b, ">>=", a, "的结果是")
    b >>= a
    fmt.Println(b)
}
```

运行结果如下。

```
11+=7 的结果是 18
11-=7 的结果是 4
11*=7 的结果是 77
11/=7 的结果是 1
11%=7 的结果是 4
11&=7 的结果是 3
11|=7 的结果是 15
11^=7 的结果是 12
11<<=7 的结果是 1408
11>>=7 的结果是 0
```

3.7.6　运算符优先级

运算符的优先级决定表达式中运算执行的先后顺序。通常优先级由高到低的顺序依次是：自增和自减运算、算术运算、比较运算、逻辑运算及赋值运算。

如果两个运算符具有相同的优先级，那么左边的表达式比右边的表达式先被处理。表 3.10 显示 Go 语言中各个运算符的优先级。

表 3.10　Go 语言中各个运算符的优先级

优　先　级	描　　述	运　算　符
1	括号	()
2	正负号	+、−
3	单目运算	++、−−、!
4	乘、除、求余	*、/、%
5	加、减	+、−
6	位移运算	>>、<<
7	关系运算	<、>、>=、<=
8	比较是否相等	= =、! =
9	按位与运算	&
10	按位异或运算	^
11	按位或运算	|
12	逻辑与运算	&&
13	逻辑或运算	||
14	赋值运算符	=、+=、−=、*=、/=、%=、>=、<<=、&=、^=、|=

3.8 要 点 回 顾

本章需要读者重点掌握的是 Go 语言的基础类型、变量、常量和运算符等知识点。在学习本章的过程中，需要特别注意以下几个内容：与 Java 语言不同，字符串类型是 Go 语言的基础类型；虽然可以把取值范围较小的类型转换为取值范围较大的类型，但是无法把取值范围较大的类型转换为取值范围较小的类型。此外，各种运算符也是 Go 语言的重点内容，合理地使用这些运算符才能得到正确的结果。

第 4 章 流程控制

程序之所以能按照开发者的想法执行，是因为程序中存在着控制语句。通过控制语句能够改变程序执行的轨迹。Go 语言中的控制语句分为条件判断语句和循环语句两类。其中，条件判断语句是根据判断的结果（真或假）来决定执行哪段语句序列；循环语句是在满足一定条件下，反复执行一段语句序列。

本章的知识架构及重难点如下。

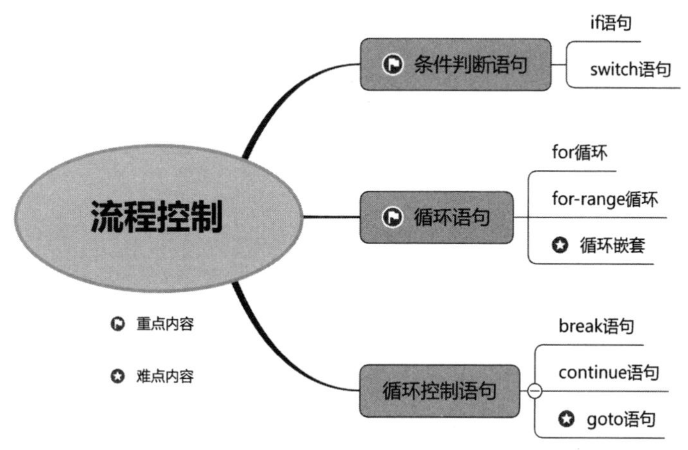

4.1 条件判断语句

Go 语言中的条件判断语句主要包括两种：第一种是 if 语句，第二种是 switch 语句。其中，应用最广泛的是 if 语句。下面分别介绍这两种语句的使用方法。

4.1.1 if 语句

if 语句是最基本、最常用的条件判断语句，通过判断条件表达式的值确定是否执行一段语句，或者选择执行哪部分语句。if 语句分为简单 if 语句、if...else 语句、if...else if...else 语句和 if 嵌套语句几种形式。

1. 简单 if 语句

简单 if 语句的语法格式如下。

```
if 表达式{
    语句
}
```

参数说明如下。

☑ 表达式：用于指定条件表达式，可以使用逻辑运算符。

☑ 语句：当表达式的值为 true 时执行的语句。

简单 if 语句的执行流程如图 4.1 所示。

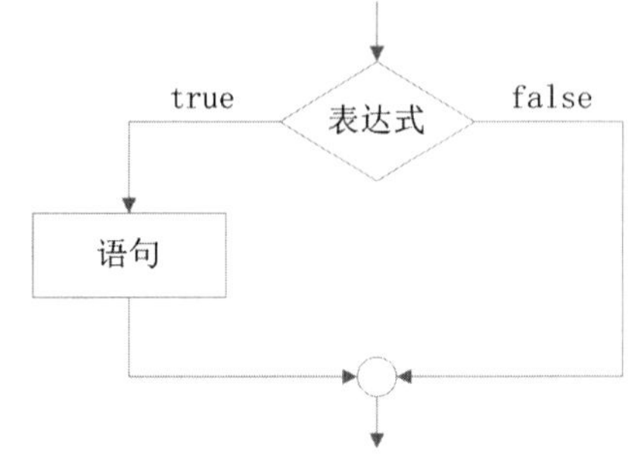

图 4.1　简单 if 语句的执行流程

在简单 if 语句中，首先判断表达式的值，如果值是 true，则执行相应的语句，否则不执行。

例如，根据比较两个变量的值，判断是否输出比较结果。代码如下。

```
package main

import "fmt"

func main() {
    var m int = 20                              //定义变量 m，值为 20
    var n int = 10                              //定义变量 n，值为 10
    if m > n {                                  //判断变量 m 的值是否大于变量 n 的值
        fmt.Printf("m 大于 n")                  //输出 m 大于 n
    }
    if m < n {                                  //判断变量 m 的值是否小于变量 n 的值
        fmt.Printf("m 小于 n")                  //输出 m 小于 n
    }
}
```

运行结果如下。

```
m 大于 n
```

【例 4.1】获取 3 个数中的最大值（**实例位置：资源包\TM\sl\4\1**）

将 3 个数字 56、76、96 分别定义在变量中，应用简单 if 语句获取这 3 个数中的最大值。代码如下。

```
package main

import "fmt"

func main() {
    var a, b, c, maxValue int                   //声明变量
    a = 56                                      //为变量 a 赋值
    b = 76                                      //为变量 b 赋值
    c = 96                                      //为变量 c 赋值
    maxValue = a                                //假设 a 的值最大，定义 a 为最大值
    if maxValue < b {                           //如果最大值小于 b
        maxValue = b                            //定义 b 为最大值
    }
    if maxValue < c {                           //如果最大值小于 c
        maxValue = c                            //定义 c 为最大值
    }
    fmt.Printf("%d、%d、%d 等 3 个数的最大值为%d", a, b, c, maxValue)    //输出结果
}
```

运行结果如下。

```
56、76、96 等 3 个数的最大值为 96
```

2．if…else 语句

在简单 if 语句的基础上增加一个可选的 else 语句，当表达式的值是 false 时，执行 else 语句中的内容。if…else 语句的语法格式如下。

```
if 表达式 {
    语句 1
} else {
    语句 2
}
```

参数说明如下。

☑ 表达式：用于指定条件表达式，可以使用逻辑运算符。

☑ 语句 1：当表达式的值为 true 时执行的语句。

☑ 语句 2：当表达式的值为 false 时执行的语句。

if...else 语句的执行流程如图 4.2 所示。

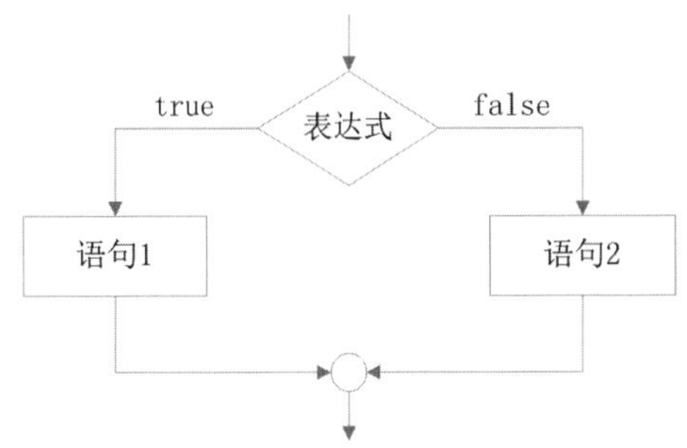

图 4.2　if...else 语句的执行流程

在 if…else 语句中，首先判断表达式的值，如果是 true，则执行语句 1 中的内容，否则执行语句 2 中的内容。

例如，根据比较两个变量的值，输出比较的结果。代码如下。

```
package main

import "fmt"

func main() {
    var m int = 10                          //定义变量 m，值为 10
    var n int = 20                          //定义变量 n，值为 20
    if m > n {                              //判断变量 m 的值是否大于变量 n 的值
        fmt.Printf("m 大于 n")              //输出 m 大于 n
    } else {
        fmt.Printf("m 小于或等于 n")        //输出 m 小于或等于 n
    }
}
```

运行结果为：

```
m 小于或等于 n
```

【例 4.2】判断 2023 年 2 月的天数（**实例位置：资源包\TM\sl\4\2**）

如果某一年是闰年，那么这一年的 2 月就有 29 天，否则这一年的 2 月只有 28 天。应用 if…else 语句判断 2023 年 2 月的天数。代码如下。

```
package main

import "fmt"

func main() {
    var year int = 2023                                      //定义变量
    var month int = 0                                        //定义变量
    if (year%4 == 0 && year%100 != 0) || year%400 == 0 {     //判断指定年是否为闰年
        month = 29                                           //为变量赋值
```

```
    } else {
        month = 28                                                    //为变量赋值
    }
    fmt.Printf("2023 年 2 月的天数为%d 天", month)                    //输出结果
}
```

运行结果如下。

```
2023 年 2 月的天数为 28 天
```

3. if…else if…else 语句

if 语句是一种很灵活的语句，除了 if...else 的形式，还有 if ... else if…else 的形式。这种形式可以进行更多的条件判断，不同条件对应不同的语句。if...else if…else 语句的语法格式如下。

```
if 表达式 1 {
    语句 1
} else if 表达式 2 {
    语句 2
}
…
} else if 表达式 n {
    语句 n
} else {
    语句 n+1
}
```

if...else if…else 语句的执行流程如图 4.3 所示。

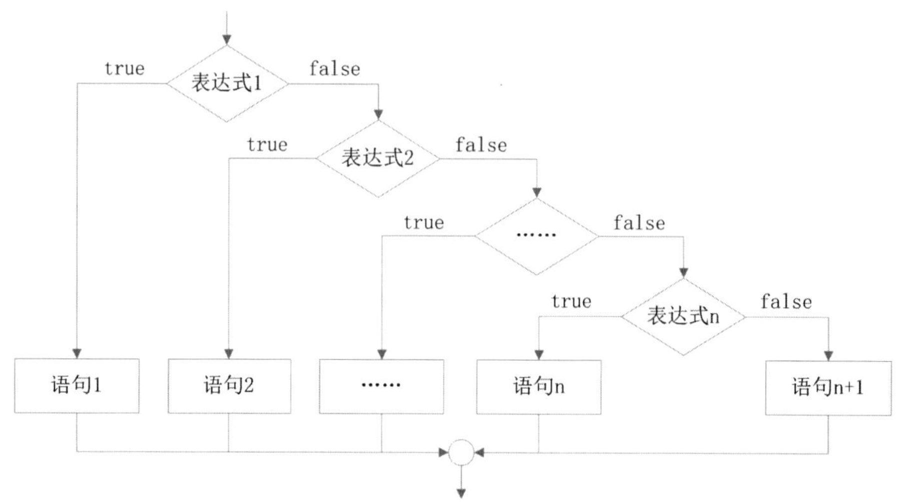

图 4.3　if...else if…else 语句的执行流程

【例 4.3】判断空气质量状况（**实例位置：资源包\TM\sl\4\3**）

空气污染指数（air pollution index，API）是评估空气质量状况的一组数字，空气质量状况的判断标准如下。

☑　空气污染指数为 0～100 属于良好。

☑　空气污染指数为 101～200 属于轻度污染。

☑　空气污染指数为 201～300 属于中度污染。

☑　空气污染指数大于 300 属于重度污染。

假设某城市今天的空气污染指数为 76，判断该城市的空气质量状况。代码如下。

```
package main

import "fmt"

func main() {
	var api int = 76                                  //定义空气污染指数
	var result string                                 //定义判断结果
	if api >= 0 && api <= 100 {                       //空气污染指数在 0～100
		result = "良好"                               //将"良好"赋值给变量 result
	} else if api >= 101 && api <= 200 {              //空气污染指数在 101～200
		result = "轻度污染"                           //将"轻度污染"赋值给变量 result
	} else if api >= 201 && api <= 300 {              //空气污染指数在 201～300
		result = "中度污染"                           //将"中度污染"赋值给变量 result
	} else {                                          //如果 api 的值不符合上述条件
		result = "重度污染"                           //将"重度污染"赋值给变量 result
	}
	fmt.Printf("空气质量状况：" + result)             //输出空气质量状况
}
```

运行结果如下。

```
空气质量状况：良好
```

4．if 嵌套语句

if 语句不但可以单独使用，还可以嵌套应用，即在 if、else if 或 else 语句中嵌套其他 if 语句。基本语法格式如下。

```
if 表达式 1 {
	if 表达式 2 {
		语句 1
	} else {
		语句 2
	}
} else {
	if 表达式 3 {
		语句 3
	} else {
		语句 4
	}
}
```

说明

在使用 if 语句进行条件判断时，应尽量避免使用过多的 if 嵌套语句，过多的 if 嵌套语句不但会使代码冗余，而且不利于程序的维护。

【例 4.4】判断年龄段（**实例位置：资源包\TM\sl\4\4**）

使用 if 嵌套语句判断 25 岁处在哪个年龄段。已知年龄在 18 岁以下为未成年，年满 18 岁为成年，其中，年龄在 0～6 岁属于儿童，年龄在 7～17 岁属于少年，年龄在 18～40 岁属于青年，年龄在 41～65 岁属于中年，年龄在 66 岁以上属于老年。代码如下。

```
package main

import "fmt"

func main() {
    var age int = 25                                                    //定义年龄
    var ageGroup string                                                 //定义判断结果
    if age < 18 {                                                       //年龄在 18 岁以下
        if age > 0 && age <= 6 {                                        //年龄在 0~6 岁
            ageGroup = "儿童"
        } else {                                                        //年龄在 7~17 岁
            ageGroup = "少年"
        }
    } else {                                                            //年龄在 18 岁以上
        if age >= 18 && age <= 40 {                                     //年龄在 18~40 岁
            ageGroup = "青年"
        } else if age >= 41 && age <= 65 {                              //年龄在 41~65 岁
            ageGroup = "中年"
        } else {                                                        //年龄在 66 岁以上
            ageGroup = "老年"
        }
    }
    fmt.Printf(fmt.Sprintf("%d", age) + "岁正处在" + ageGroup + "时期")   //输出结果
}
```

运行结果如下。

```
25 岁正处在青年时期
```

4.1.2 switch 语句

switch 是典型的多条件分支语句，与 if...else if…else 语句基本相同，但 switch 语句比 if...else if…else 语句更具有可读性，它可以根据一个变量的值选择不同的分支执行。switch 语句允许在找不到匹配条件时执行一组默认语句。switch 语句有 3 种使用形式，语法格式分别如下。

```
//形式 1
switch 变量 {
    case 值 1:
        语句 1
    case 值 2:
        语句 2
     …
    default:
        语句 n
}
//形式 2
switch 定义变量; 变量 {
    case 值 1:
        语句 1
    case 值 2:
        语句 2
     …
    default:
        语句 n
}
//形式 3
```

```
switch {
    case 表达式 1:
        语句 1
    case 表达式 2:
        语句 2
      …
    default:
        语句 n
}
```

语法格式说明如下。

☑　switch 后面可以根据需要决定是否设置变量。

☑　switch 语句中可以有多个 case 语句，但只能有一个 default 语句。

☑　case 后面的值或表达式用来设置变量的匹配项或判断条件。case 语句从上到下按顺序执行，如果匹配成功或条件成立，则执行对应的语句，执行后直接跳出整个 switch 语句。

switch 关键字后设置了变量的执行流程如图 4.4 所示。

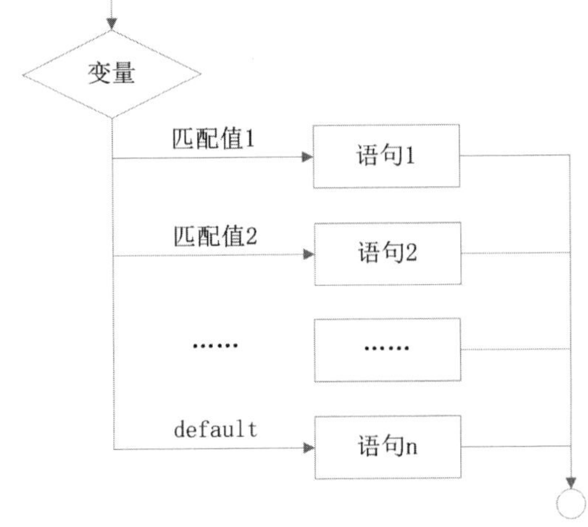

图 4.4　switch 关键字后设置了变量的执行流程

switch 关键字后未设置变量的执行流程如图 4.5 所示。

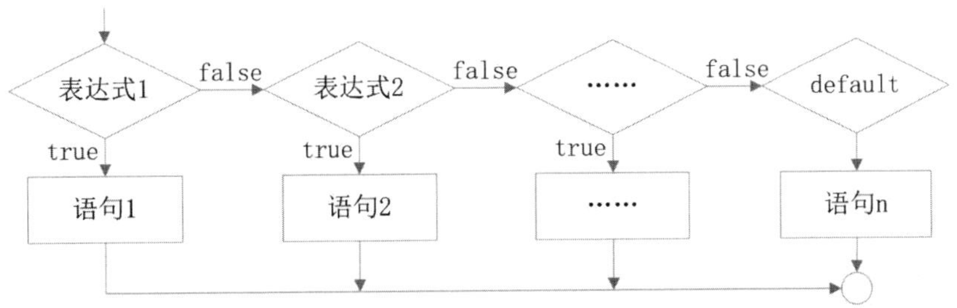

图 4.5　switch 关键字后面未设置变量的执行流程

switch 语句比较常见的应用是从多个 case 中找到和变量匹配的值，从而执行对应的语句。下面通过示例来了解一下 switch 语句几种不同形式的用法。

【例 4.5】输出贴心提醒警句（**实例位置：资源包\TM\sl\4\5**）

将“今天是星期几”定义在变量中，根据“今天是星期几”输出不同的贴心提醒警句。代码如下。

```
package main

import "fmt"

func main() {
	weekday := "星期六"
	switch weekday {
	case "星期一":
		fmt.Printf("今天是星期一，新的一周开始了。")
	case "星期二":
		fmt.Printf("今天是星期二，保持昨天的好状态，继续努力!")
	case "星期三":
		fmt.Printf("今天是星期三，真快啊，过去 1/2 周了。")
	case "星期四":
		fmt.Printf("今天是星期四，继续加油！")
	case "星期五":
		fmt.Printf("今天是星期五，好好想想明天去哪里玩。")
	default:
		fmt.Printf("今天是周末，可以好好放松一下了。")
	}
}
```

运行结果如下。

```
今天是周末，可以好好放松一下了。
```

相对于其他一些语言来说，Go 语言中的 switch 语句结构更加灵活，语法设计也是以方便为主。使用 switch 语句匹配变量的值，还可以将变量的赋值操作定义在 switch 关键字后面。在例 4.5 中，将变量的赋值放在 switch 关键字后面，将代码中的“switch weekday”修改为“switch weekday := "星期六"; weekday”即可。

在设置变量的匹配项时，还可以在 case 后面设置多个值，多个值之间用逗号分隔。

【例 4.6】判断当前季节（**实例位置：资源包\TM\sl\4\6**）

使用 switch 语句判断当前月份属于哪个季节，代码如下。

```
package main

import "fmt"

func main() {
	month := 9
	fmt.Println("现在是", month, "月")
	switch month {
	case 1, 2, 3:
		fmt.Printf("当前月份属于春季")
	case 4, 5, 6:
		fmt.Printf("当前月份属于夏季")
	case 7, 8, 9:
		fmt.Printf("当前月份属于秋季")
	default:
		fmt.Printf("当前月份属于冬季")
	}
}
```

运行结果如下。

```
现在是 9 月
当前月份属于秋季
```

当 switch 关键字后未设置变量时，case 后面必须是一个包含运算符的表达式，用于对已经声明的变量进行条件判断。

【例 4.7】输出考试成绩对应的等级（**实例位置：资源包\TM\sl\4\7**）

将某学校的学生成绩转化为不同等级，划分标准如下。

☑ “优秀”，大于或等于 90 分；
☑ “良好”，大于或等于 75 分；
☑ “及格”，大于或等于 60 分；
☑ “不及格”，小于 60 分。

假设某学生的考试成绩是 66 分，输出该成绩对应的等级。代码如下。

```
package main

import "fmt"

func main() {
	score := 66
	switch {
	case score >= 90:
		fmt.Printf("考试成绩等级：优秀")
	case score >= 75:
		fmt.Printf("考试成绩等级：良好")
	case score >= 60:
		fmt.Printf("考试成绩等级：及格")
	default:
		fmt.Printf("考试成绩等级：不及格")
	}
}
```

运行结果如下。

```
考试成绩等级：及格
```

在默认情况下，当程序执行某个 case 语句之后，不会再向下执行其他 case 语句，而是直接跳出整个 switch 语句。要想继续执行下一个 case 语句，可以在 case 语句中加入 fallthrough 关键字。示例代码如下。

```
package main

import "fmt"

func main() {
	num := 20
	switch num {
	case 10:
		fmt.Println("10")
		fallthrough
	case 20:
		fmt.Println("20")
		fallthrough
	case 30:
		fmt.Println("30")
	default:
		fmt.Println("其他值")
	}
}
```

运行结果如下。

```
20
30
```

从运行结果可以看出，switch 从第一个匹配的 case 语句开始执行，如果 case 语句中设置了 fallthrough，则程序会继续执行下一条 case，而且不会判断下一个 case 后面的值是否匹配。

4.2 循环语句

在编写程序时经常会遇到一些具有规律性的重复操作，在满足条件的情况下重复执行某些语句，就是循环结构。Go 语言中的循环结构只支持 for 循环。在 for 循环中有 3 种不同的表现形式，除了标准的 for 循环之外，还有 for-range 循环和 for 循环嵌套两种形式。下面分别进行介绍。

4.2.1 for 循环

for 循环语句也称为计次循环语句，一般用于循环次数已知的情况。for 循环语句的基本语法格式如下。

```
for 初始化表达式; 条件表达式; 更新表达式 {
    语句
}
```

参数说明如下。

☑ 初始化表达式：初始化语句，用来对变量进行初始化赋值。

☑ 条件表达式：循环条件，一个包含关系运算符的表达式，控制是否继续执行循环。

☑ 更新表达式：用来改变变量的值，控制循环的次数，通常是对变量进行增大或减小的操作。

☑ 语句：用来指定循环体，在循环条件的结果为 true 时，重复执行。

说明

for 循环语句执行的过程是：执行初始化语句，判断循环条件，如果循环条件的结果为 true，则执行一次循环体，否则直接退出循环，通过更新表达式改变变量的值，至此完成一次循环；接下来进行下一次循环，直到循环条件的结果为 false，才结束循环。

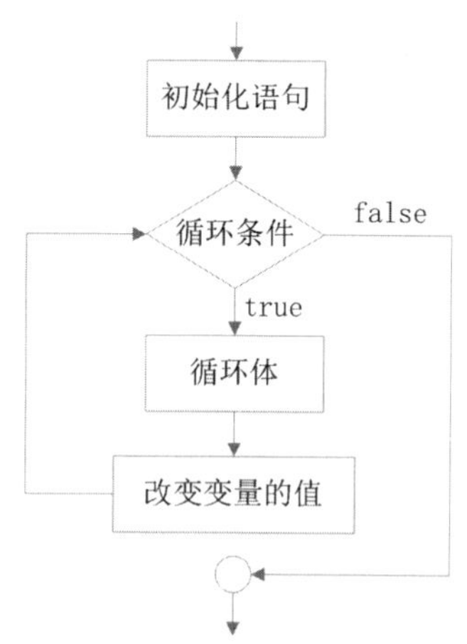

图 4.6　for 循环语句的执行流程

for 循环语句的执行流程如图 4.6 所示。

例如，使用 for 语句输出 1～5 等 5 个数字，代码如下。

```
package main

import "fmt"
```

```
func main() {
	for i := 1; i <= 5; i++ {
		fmt.Println(i)
	}
}
```

运行结果如下。

```
1
2
3
4
5
```

在实际应用中，除了基本使用格式，for 循环还有几种使用格式，分别如下。

☑ 初始化语句写在 for 循环之外。

例如，将上述示例按这种格式进行修改，代码如下。

```
package main

import "fmt"

func main() {
	i := 1
	for ; i <= 5; i++ {
		fmt.Println(i)
	}
}
```

在上述代码中，在 for 循环前定义初始化语句，for 循环中没有初始化语句，此时变量 i 的作用域比在 for 循环中定义时要大。

注意

使用这种格式的 for 循环语句，初始化语句之后的分号必须要写。

☑ 将更新表达式放在循环体中。

例如，将上述示例修改成这种格式，代码如下。

```
package main

import "fmt"

func main() {
	for i := 1; i <= 5; {
		fmt.Println(i)
		i++
	}
}
```

在上述代码中，变量 i 也是在 for 循环中定义并初始化，同时也设置了循环条件，但是变量 i 的更新表达式是在循环体中设置的。这种方式可以更加灵活地控制循环次数。

☑ 只设置循环条件。

例如，将上述示例按这种格式进行修改，代码如下。

```
package main

import "fmt"

func main() {
	var i int = 1
	for i <= 5 {
		fmt.Println(i)
		i++
	}
}
```

在上述代码中，在 for 关键字后只设置了循环条件，在 for 循环之外定义和初始化了变量 i，在循环体中设置了变量 i 的更新表达式。这种方式可以使 for 循环和循环之外的代码实现关联。

☑ 不设置任何条件。

这种格式适用于无限循环的情况，程序将无休止地循环下去。跳出循环可以使用 break 关键字。示例代码如下。

```
package main

import "fmt"

func main() {
	var i int = 1
	for {
		fmt.Println(i)
		if i >= 5 {
			break
		}
		i++
	}
}
```

虽然 Go 语言只支持 for 循环语句，但是使用 for 语句可以实现多种循环方式，在实际开发中可以根据需要灵活使用。

【例 4.8】计算 100 以内所有偶数的和（**实例位置：资源包\TM\sl\4\8**）

使用 for 循环语句计算 100 以内所有偶数的和，并在页面中输出计算后的结果。代码如下。

```
package main

import "fmt"

func main() {
	sum := 0                                    //保存和的变量
	for i := 2; i <= 100; i += 2 {
		sum = sum + i                           //计算 100 以内所有偶数之和
	}
	fmt.Printf("100 以内所有偶数的和为：%d", sum)   //输出计算结果
}
```

运行结果如下。

```
100 以内所有偶数的和为：2550
```

4.2.2　for-range 循环

除了使用 for 循环，还可以使用 for-range 循环，通过 for-range 循环可以遍历数组、切片、集合、字符串及通道。for-range 循环的基本语法格式如下。

```
for key, value := range coll {
    语句
}
```

参数说明如下。

- ☑ key：如果遍历的是数组、切片或字符串，该参数用于保存元素的索引。如果遍历的是集合，则该参数用于保存集合的键。
- ☑ value：用于保存元素的值。
- ☑ coll：要遍历的内容可以是数组、切片、集合、字符串或通道。
- ☑ 语句：用来指定循环体。

例如，定义包含 5 个元素的数组，并使用 for-range 循环遍历输出数组，代码如下。

```
package main

import "fmt"

func main() {
    scores := [5]int{99, 96, 90, 88, 85}
    for i, v := range scores {
        fmt.Printf("第 %d 名： %d 分\n", i+1, v)
    }
}
```

运行结果如下。

```
第 1 名： 99 分
第 2 名： 96 分
第 3 名： 90 分
第 4 名： 88 分
第 5 名： 85 分
```

在实际开发中，可以根据需要省略 for-range 循环中的 key 参数或 value 参数。省略 key 参数的使用格式如下。

```
for _, value := range coll {
    语句
}
```

省略 value 参数的使用格式如下。

```
for key := range coll {
    语句
}
```

或者

```
for key, _ := range coll {
    语句
}
```

例如，将《水浒传》中的几个人物的绰号和姓名定义在一个集合中，使用 for-range 循环遍历输出人物姓名，代码如下。

```
package main

import "fmt"

func main() {
	name := map[string]string{
		"及时雨": "宋江",
		"玉麒麟": "卢俊义",
		"行者":  "武松",
		"豹子头": "林冲",
		"花和尚": "鲁智深",
	}
	for _, v := range name {
		fmt.Println(v)
	}
}
```

运行结果如下。

```
宋江
卢俊义
武松
林冲
鲁智深
```

在上述代码中，省略了 for-range 循环中的 key 参数，只输出了集合中的值。下面省略 for-range 循环中的 value 参数，遍历输出集合中的键，并通过键获取对应的值。代码如下。

```
package main

import "fmt"

func main() {
	name := map[string]string{
		"及时雨": "宋江",
		"玉麒麟": "卢俊义",
		"行者":  "武松",
		"豹子头": "林冲",
		"花和尚": "鲁智深",
	}
	for i := range name {
		fmt.Println(i, "——", name[i])
	}
}
```

运行结果如下：

```
及时雨 —— 宋江
玉麒麟 —— 卢俊义
行者 —— 武松
豹子头 —— 林冲
花和尚 —— 鲁智深
```

4.2.3　循环嵌套

循环嵌套就是在一个循环语句的循环体中包含其他的循环语句。最常用的是在 for 循环中嵌套 for 循环。

在 for 循环中嵌套 for 循环，代码如下。

```
package main

import "fmt"

func main() {
	for i := 1; i <= 5; i++ {
		fmt.Print("第", i, "次循环：")
		for j := 1; j <= 5; j++ {
			fmt.Print(j, " ")
		}
		fmt.Print("\n")
	}
}
```

运行结果如下。

```
第 1 次循环：1 2 3 4 5
第 2 次循环：1 2 3 4 5
第 3 次循环：1 2 3 4 5
第 4 次循环：1 2 3 4 5
第 5 次循环：1 2 3 4 5
```

说明

for 循环和 for-range 循环也可以互相嵌套。在 for 循环中可以使用 for-range 循环，同样，在 for-range 循环中也可以使用 for 循环。

【例 4.9】输出乘法口诀表（**实例位置：资源包\TM\sl\4\9**）

使用嵌套的 for 循环语句输出乘法口诀表，代码如下。

```
package main

import "fmt"

func main() {
	for i := 1; i <= 9; i++ {                    //决定行数
		for j := 1; j <= i; j++ {                //决定列数
			fmt.Print(j, "*", i, "=", j*i, "\t") //输出乘法算式
		}
		fmt.Print("\n")                          //输出换行
	}
}
```

运行结果如下。

```
1*1=1
1*2=2   2*2=4
1*3=3   2*3=6   3*3=9
1*4=4   2*4=8   3*4=12  4*4=16
1*5=5   2*5=10  3*5=15  4*5=20  5*5=25
1*6=6   2*6=12  3*6=18  4*6=24  5*6=30  6*6=36
1*7=7   2*7=14  3*7=21  4*7=28  5*7=35  6*7=42  7*7=49
1*8=8   2*8=16  3*8=24  4*8=32  5*8=40  6*8=48  7*8=56  8*8=64
1*9=9   2*9=18  3*9=27  4*9=36  5*9=45  6*9=54  7*9=63  8*9=72  9*9=81
```

4.3 循环控制语句

在编写循环程序时，如果循环还未结束就已经处理完所有任务，那么就没有必要让循环继续执行下去，继续执行下去既浪费时间又浪费内存资源。Go 语言提供了 3 个控制循环语句：break 语句、continue 语句和 goto 语句。

4.3.1 break 语句

在循环语句中，break 语句用于跳出循环。另外，break 语句后面还可以添加一个标签，表示退出该标签对应的代码块，要求标签必须定义在要跳出的循环代码块之上。break 语句的语法格式如下。

```
break
```

或者

```
break label
```

label 标签表示要跳出循环代码块上的标签。

例如，在 for 语句中使用 break 语句，当变量 i 的值等于 3 时跳出循环。代码如下。

```
package main

import "fmt"

func main() {
	i := 1
	for i <= 5 {
		fmt.Println("第", i, "次循环输出：", i)
		if i == 3 {
			break
		}
		i++
	}
}
```

运行结果如下。

```
第 1 次循环输出： 1
第 2 次循环输出： 2
第 3 次循环输出： 3
```

在嵌套的循环语句中，break 语句只能跳出当前这一层的循环语句，而不是跳出所有的循环语句。

例如，在嵌套 for 循环语句中使用 break 语句，代码如下。

```
package main

import "fmt"

func main() {
	for i := 1; i <= 5; i++ {
		fmt.Print("第", i, "次循环输出：")
		for j := 1; j <= 5; j++ {
			fmt.Print(j, " ")
			if j == 3 {
				break
			}
		}
		fmt.Print("\n")
	}
}
```

运行结果如下。

```
第 1 次循环输出：1 2 3
第 2 次循环输出：1 2 3
第 3 次循环输出：1 2 3
第 4 次循环输出：1 2 3
第 5 次循环输出：1 2 3
```

由此可以看出，在内层 for 循环语句中使用 break 语句只能跳出内层循环，外层 for 循环仍继续执行。如果要跳出所有循环，则可以在最外层循环代码上方添加一个标签，在 break 关键字后添加该标签即可。例如，在最外层 for 循环代码上方添加标签 tag，并使用 break 语句跳出所有循环。代码如下。

```
package main

import "fmt"

func main() {
tag:
	for i := 1; i <= 5; i++ {
		fmt.Print("第", i, "次循环输出：")
		for j := 1; j <= 5; j++ {
			fmt.Print(j, " ")
			if j == 3 {
				break tag
			}
		}
		fmt.Print("\n")
	}
}
```

运行结果如下。

```
第 1 次循环输出：1 2 3
```

4.3.2　continue 语句

在循环语句中，continue 语句用于跳过本次循环，并开始下一次循环。另外，continue 语句后可以

添加一个标签，表示跳到该标签对应的代码块继续循环。语法格式如下。

```
continue
```

或者

```
continue label
```

label 标签表示跳到该标签对应的代码块继续执行循环。

例如，在 for 语句中使用 continue 语句，当变量 i 的值等于 3 时跳过本次循环。代码如下。

```
package main

import "fmt"

func main() {
	for i := 1; i <= 5; i++ {
		if i == 3 {
			continue
		}
		fmt.Println("第", i, "次循环输出：", i)
	}
}
```

运行结果如下。

```
第 1 次循环输出： 1
第 2 次循环输出： 2
第 4 次循环输出： 4
第 5 次循环输出： 5
```

由运行结果可以看出，当变量 i 的值等于 3 时，使用 continue 语句跳过了本次循环，跳过循环后 continue 下面的循环体语句就不会执行了，所以在结果中没有输出 3。

在使用 continue 语句时，也可以在 continue 关键字后面加上一个标签，这样可以直接跳到该标签对应的代码块继续循环。例如，在最外层 for 循环代码上方添加一个标签 tag，并使用 continue 语句跳到外层 for 循环继续执行。代码如下。

```
package main

import "fmt"

func main() {
tag:
	for i := 1; i <= 5; i++ {
		fmt.Print("第", i, "次循环输出：")
		for j := 1; j <= 5; j++ {
			if j == 3 {
				continue tag
			}
			fmt.Print(j, " ")
		}
		fmt.Print("\n")
	}
}
```

运行结果如下。

```
第 1 次循环输出：1 2 第 2 次循环输出：1 2 第 3 次循环输出：1 2 第 4 次循环输出：1 2 第 5 次循环输出：1 2
```

4.3.3　goto 语句

在 Go 语言中还有一种用于实现跳转的语句——goto 语句。goto 语句可以在循环中实现无条件跳转，使用该语句可以快速跳出循环。语法格式如下。

```
goto label
```

label 标签表示程序跳转到该标签对应的代码处。

例如，在嵌套的 for 循环语句中使用 goto 语句跳转到指定标签对应的代码处。代码如下。

```
package main

import "fmt"

func main() {
	for i := 1; i <= 5; i++ {
		fmt.Print("第", i, "次循环输出：")
		for j := 1; j <= 5; j++ {
			if j == 3 {
				goto tag
			}
			fmt.Print(j, " ")
		}
		fmt.Print("\n")
	}
	fmt.Print("\n 不会显示")
tag:
	fmt.Print("\nover")
}
```

运行结果如下。

```
第 1 次循环输出：1 2
over
```

由运行结果可以看出，当变量 j 的值等于 3 时，使用 goto 语句跳转到标签为 tag 的代码处，从而跳出所有循环。程序直接执行第 18 行代码，不执行第 12、14、16 行代码。

4.4　要 点 回 顾

本章介绍了流程控制语句（条件判断语句和循环语句）。通过使用 if 语句与 switch 语句可以基于 bool 类型的测试将程序分成不同部分。通过循环语句可以让程序的一部分重复地执行，直到满足某个终止循环条件。此外，通过循环控制语句还可以控制循环的跳转。通过本章的学习，读者应该掌握如何在程序中灵活、高效地使用流程控制语句。

第 5 章

复合数据类型

一行代码可以定义一个变量。但是，通过定义变量的方式可以存储一家超市上百件商品的价格吗？如果把商品的价格均声明为 float64 型，定义变量时就要编写上百行几乎完全相同的代码（除变量名和变量值不同外）。这样不仅麻烦，还会产生大量重复代码，那么如何解决这个问题呢？下面就带着这个问题学习本章的内容吧。

本章的知识架构及重难点如下。

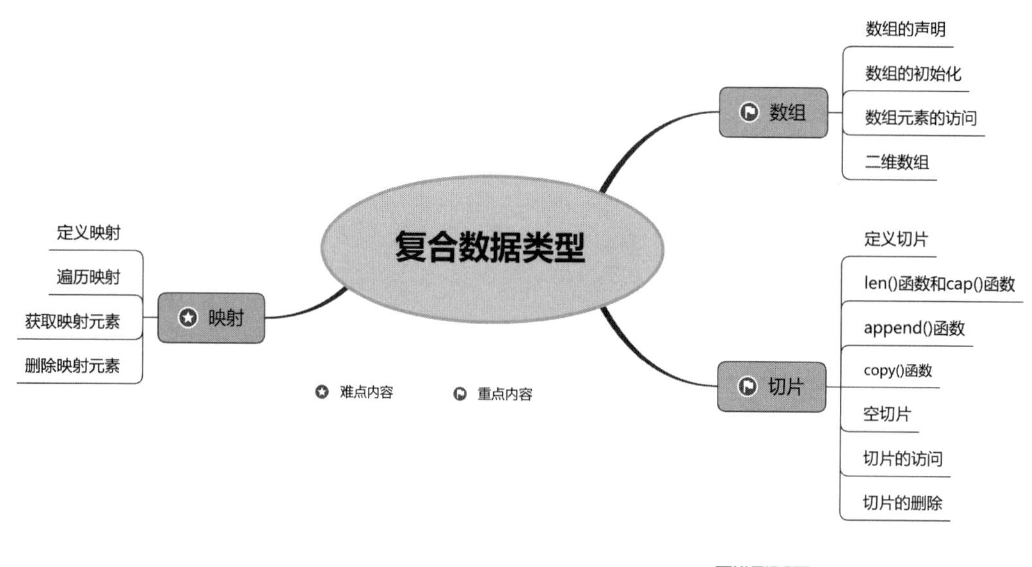

5.1 数　　组

Go 语言包含 4 种复合数据类型，即数组、切片、map（映射/集合）和结构体。本章先讲解数组、切片和 map（映射/集合）；本书的后续章再讲解结构体。下面讲解本章的第一个内容——数组。

数组是具有固定长度、包含零个或多个相同类型元素的序列。数组中的每个元素都是通过索引被访问的；其中，与第一个元素对应的索引是 0，与第二个元素对应的索引是 1，与第 3 个元素对应的索引是 2，以此类推。

5.1.1 数组的声明

Go 语言的 var 关键字不仅可以声明变量，而且可以声明数组。当声明变量时，需要指定变量名和变量的类型。那么，当声明数组时，需要指定哪些与数组相关的要素呢？即数组的长度和数组中元素的类型。声明数组的语法格式如下。

```
var array_name [SIZE]array_type
```

参数说明如下。

- ☑ array_name：数组变量名。
- ☑ SIZE：数组的长度，即数组中的元素个数。
- ☑ array_type：数组中元素的类型。

计算数组的长度

第 3 章讲解了如何使用 len()函数计算字符串的字节长度。需要说明的是，len()函数的功能并不局限于此。当使用 len()函数处理数组时，len()函数具有一个 int 类型的返回值，这个返回值表示数组的长度（即数组中的元素个数）。

例如，声明一个包含 7 个元素的 int 类型数组 value，使用 len()函数计算这个数组的长度，并打印这个数组的长度。代码如下。

```
var value [7]int
fmt.Println("已声明的数组的长度 =", len(value))
```

运行结果如下。

```
已声明的数组的长度 = 7
```

在声明数组后可通过索引访问数组中的元素。以上述示例中的数组 value 为例，第一个元素的表示形式为 value[0]，最后一个元素的表示形式为 value[len(value) - 1]。

在上述示例中，只声明了包含 7 个元素的 int 类型数组 value，但尚未对其执行初始化操作。在这种情况下，数组 value 中的所有元素的值就是 int 类型的默认值，即 0。

打印数组 value 中的第一个元素和最后一个元素的值。代码如下。

```
var value [7]int
fmt.Println("第一个元素的值 =", value[0])
fmt.Println("最后一个元素的值 =", value[len(value)-1])
```

运行结果如下。

```
第一个元素的值 = 0
最后一个元素的值 = 0
```

5.1.2　数组的初始化

数组的初始化是指为数组中的元素设置初始值。下面讲解几种初始化数组的方法。

- ☑ 当初始化数组时，虽然可以省略在声明数组的语法格式中的数组长度和元素类型，但是需要在表达式中指定数组长度和元素类型。

对数组 value 执行初始化操作，设置其中所有元素的初始值依次为 1、3、5、7、9、11 和 13。代码如下。

```
var value = [7]int{1, 3, 5, 7, 9, 11, 13}
```

☑ 使用“短变量声明”的语法格式初始化数组。

按照“短变量声明”的语法格式修改上述初始化数组 value 的代码。代码如下。

```
value := [7]int{1, 3, 5, 7, 9, 11, 13}
```

☑ 当初始化数组时，如果不确定数组长度，那么可使用“...”代替数组长度；编译器将根据元素个数自行推断数组长度。

使用“...”代替上述示例中初始化数组 value 时指定的数组长度。代码如下。

```
var value = [...]int{1, 3, 5, 7, 9, 11, 13}
```

把上述代码按照“短变量声明”的语法格式进行修改。代码如下。

```
value := [...]int{1, 3, 5, 7, 9, 11, 13}
```

判断两个数组是否相等

如果两个数组具有相同的数组长度和元素类型，则可以使用运算符“==”和“!=”判断这两个数组是否相等。

【例 5.1】判断两个数组是否相等（**实例位置：资源包\TM\sl\5\1**）

使用 3 种方式分别初始化数组 a、b 和 c。其中，数组 a 和 c 中的元素是 1、3、5 和 7；数组 b 中的元素是 2、4、6 和 8。使用运算符“==”分别判断数组 a 是否等于数组 b、数组 a 是否等于数组 c 和数组 b 是否等于数组 c。代码如下。

```
package main                                    //声明 main 包

import "fmt"                                    //导入 fmt 包，用于打印字符串

func main() {                                   //声明 main()函数
	var a = [4]int{1, 3, 5, 7}                  //声明并初始化包含 4 个元素的 int 类型数组 a
	b := [4]int{2, 4, 6, 8}                     //声明并初始化包含 4 个元素的 int 类型数组 b
	c := [...]int{1, 3, 5, 7}                   //声明并初始化不确定元素个数的 int 类型数组 c
	fmt.Println("数组 a 等于数组 b:", a == b)   //判断数组 a 是否等于数组 b，并打印判断结果
	fmt.Println("数组 a 等于数组 c:", a == c)   //判断数组 a 是否等于数组 c，并打印判断结果
	fmt.Println("数组 b 等于数组 c:", b == c)   //判断数组 b 是否等于数组 c，并打印判断结果
}
```

运行结果如下。

```
数组 a 等于数组 b: false
数组 a 等于数组 c: true
数组 b 等于数组 c: false
```

注意

在 Go 语言中，不能比较数组长度不同或元素类型不同的数组，否则程序无法完成编译。

如图 5.1 所示，把例 5.1 数组 b 中的元素类型修改为浮点数类型后，当判断数组 a 是否等于数组 b 时，程序无法完成编译；如图 5.2 所示，把例 5.1 数组 c 中的元素个数修改为 3 个后，当判断数组 a 是否等于数组 c 时，程序无法完成编译。

```
开始    demo_01.go 7 ●
demo_01.go > ...
package main // 声明main包

import "fmt" // 导入fmt包，用于打印字符串

func main() { // 声明main()函数
    var a = [4]int{1, 3, 5, 7} // 声明并初始化包含4个元素的int类型数组a
    b := [4]float64{2.0, 4.0, 6.0, 8.0} // 声明并初始化包含4个元素的浮点数类型数组b
    fmt.Println("数组a等于数组b:", a == b) // 判断数组a是否等于数组b，并打印判断结果
demo_01.go 7 个问题(共 7 个)
invalid operation: cannot compare a == b (mismatched types [4]int and [4]float64) compiler(MismatchedTypes)
}
```

图 5.1　两个数组的元素类型不同将无法完成编译

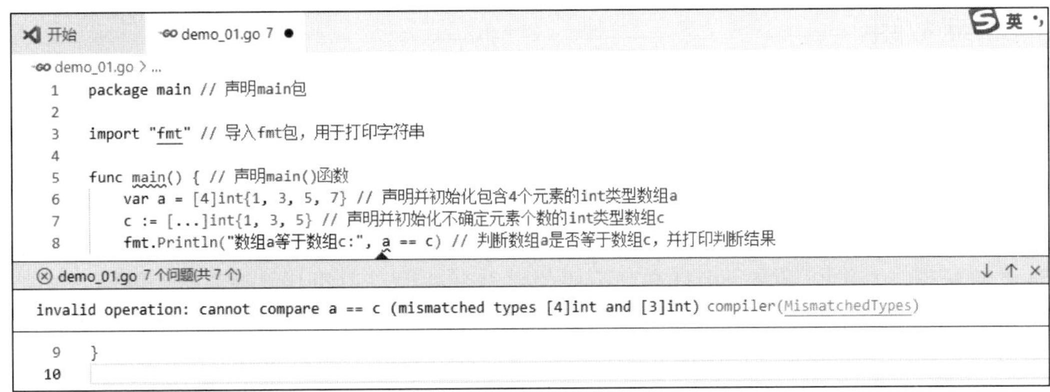
开始
demo_01.go 7 ●
demo_01.go > ...
package main // 声明main包
import "fmt" // 导入fmt包，用于打印字符串
func main() { // 声明main()函数
var a = [4]int{1, 3, 5, 7} // 声明并初始化包含4个元素的int类型数组a
c := [...]int{1, 3, 5} // 声明并初始化不确定元素个数的int类型数组c
fmt.Println("数组a等于数组c:", a == c) // 判断数组a是否等于数组c，并打印判断结果
demo_01.go 7 个问题(共 7 个)
invalid operation: cannot compare a == c (mismatched types [4]int and [3]int) compiler(MismatchedTypes)
}

图 5.2　两个数组的数组长度不同将无法完成编译

5.1.3　数组元素的访问

在数组中，通过元素的索引，即可访问指定元素。如果需要依次访问数组中的每个元素，则需要先依次获取每个元素的索引，这个过程称为遍历数组。那么，该如何依次获取每个元素的索引呢？答案就是 for-range 循环语句。

例 5.2 演示如何使用 for-range 循环语句遍历数组。

【例 5.2】 打印存储在数组中的前 4 位古代著名诗人（**实例位置：资源包\TM\sl\5\2**）

声明并初始化一个包含 4 个元素的字符串类型数组，存储 4 位古代著名诗人；使用 for-range 循环语句遍历数组；并使用 Printf()函数格式化输出数组中的各个元素。代码如下。

```
package main                              //声明 main 包

import "fmt"                              //导入 fmt 包，用于打印字符串

func main() {                             //声明 main()函数
    //声明并初始化包含 4 个元素的字符串类型数组，存储 4 位古代著名诗人
    rankList := [4]string{"屈原", "李白", "杜甫", "苏轼"}
    fmt.Println("排行榜", "诗人姓名")          //打印提示信息
    for i, v := range rankList {          //使用 for-range 循环语句，遍历数组
        fmt.Printf("第%d 名　%v\n", i+1, v)  //格式化输出数组中的各个元素
```

```
    }
}
```

运行结果如下。

```
排行榜 诗人姓名
第 1 名    屈原
第 2 名    李白
第 3 名    杜甫
第 4 名    苏轼
```

注意

在使用 for-range 循环语句遍历数组时，例 5.2 第 9 行代码中的变量 i 表示元素的索引。

5.1.4 二维数组

二维数组是最简单的多维数组，可以把它当作特殊的一维数组。那么，什么是一维数组呢？上文中关于数组的声明、初始化和数组元素的访问等内容就是在讲解如何使用一维数组。

那么，如何才能更高效地理解二维数组呢？如果一个一维数组中的所有元素都是一维数组，那么这个一维数组就是一个二维数组。

在通常情况下，二维数组表示由行和列组成的二维表结构。因此，二维数组中的所有元素都可以通过与二维表结构中的行和列对应的索引访问。也就是说，二维数组中的所有元素都具有两个索引，第一个索引表示元素在二维表结构中所在的行，第二个索引表示元素在二维表结构中所在的列。

1．二维数组的声明

声明二维数组的语法格式如下。

```
var array_name [SIZE1][SIZE2]array_type
```

参数说明如下。

☑ array_name：数组变量名。

☑ SIZE1：二维数组中元素的行数，即二维数组有多少行元素。

☑ SIZE2：二维数组中元素的列数，即二维数组有多少列元素。

☑ array_type：数组中元素的类型。

例如，声明一个 4 行 3 列的 int 类型二维数组 array。代码如下。

```
var array [4][3]int
```

2．二维数组的初始化

二维数组的初始化是指为二维数组中的元素赋值。下面介绍初始化二维数组的两种方式。

☑ 先声明，再赋值。

当为二维数组中的元素赋值时，须使用英文格式下的大括号。

例如，声明一个 4 行 3 列的 int 类型二维数组 array；第一行的元素分别为 1、3 和 5，第二行的元素分别为 2、4 和 6，第 3 行的元素分别为 7、9 和 11，第 4 行的元素分别为 8、10 和 12。代码如下。

```
var array [4][3]int
array = [4][3]int {
    {1, 3, 5},                    //二维数组中的第 1 行元素
    {2, 4, 6},                    //二维数组中的第 2 行元素
    {7, 9, 11},                   //二维数组中的第 3 行元素
    {8, 10, 12},                  //二维数组中的第 4 行元素
}
```

注意

上述示例代码第 6 行的“}”后必须要有逗号，否则程序无法完编译，如图 5.3 所示。

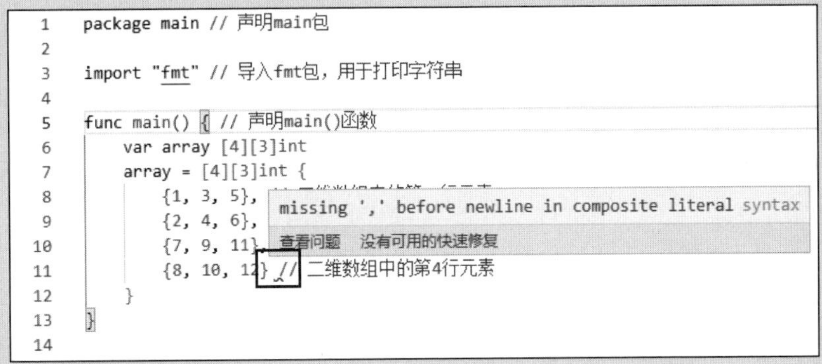

```
1   package main // 声明main包
2
3   import "fmt" // 导入fmt包，用于打印字符串
4
5   func main() { // 声明main()函数
6       var array [4][3]int
7       array = [4][3]int {
8           {1, 3, 5},
9           {2, 4, 6},      missing ',' before newline in composite literal syntax
10          {7, 9, 11},     查看问题  没有可用的快速修复
11          {8, 10, 12} // 二维数组中的第4行元素
12      }
13  }
14
```

图 5.3　第 11 行的“}”后没有逗号无法完成编译

把图 5.3 中第 12 行的“}”置于第 11 行的“}”后，第 11 行的“}”后就可以省略逗号，程序将完成编译，如图 5.4 所示。

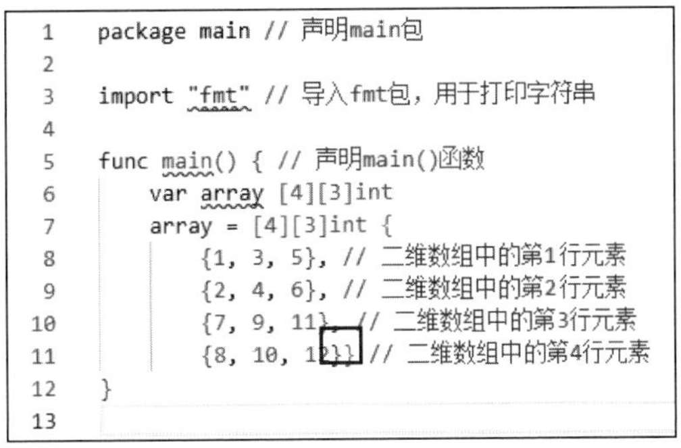

```
1   package main // 声明main包
2
3   import "fmt" // 导入fmt包，用于打印字符串
4
5   func main() { // 声明main()函数
6       var array [4][3]int
7       array = [4][3]int {
8           {1, 3, 5}, // 二维数组中的第1行元素
9           {2, 4, 6}, // 二维数组中的第2行元素
10          {7, 9, 11}, // 二维数组中的第3行元素
11          {8, 10, 12}} // 二维数组中的第4行元素
12  }
13
```

图 5.4　把图 5.3 中第 12 行的“}”置于第 11 行的“}”后将完成编译

☑ 使用“短变量声明”的语法格式，初始化二维数组。

按“短变量声明”的语法格式修改上述初始化二维数组 array 的代码。代码如下。

```
array := [4][3]int{
    {1, 3, 5},                    //二维数组中的第 1 行元素
    {2, 4, 6},                    //二维数组中的第 2 行元素
    {7, 9, 11},                   //二维数组中的第 3 行元素
    {8, 10, 12}}                  //二维数组中的第 4 行元素
```

3．二维数组元素的访问

上文讲解了如何使用 for-range 循环语句访问一维数组中的每个元素。那么，想要访问二维数组中

的所有元素需要使用什么工具呢？本节仅讲解一种比较简单的工具，即嵌套 for 循环语句。

例 5.3 演示如何使用嵌套 for 循环语句访问二维数组中的所有元素。

【例 5.3】 格式化输出二维数组中的每一个元素（**实例位置：资源包\TM\sl\5\3**）

声明一个 4 行 3 列的 int 类型二维数组 array；其中第一行的元素分别为 1、3 和 5，第二行的元素分别为 2、4 和 6，第 3 行的元素分别为 7、9 和 11，第 4 行的元素分别为 8、10 和 12。使用嵌套 for 循环语句访问二维数组中的所有元素，格式化输出二维数组中的每个元素。代码如下。

```
package main                                                    //声明 main 包

import "fmt"                                                    //导入 fmt 包，用于打印字符串

func main() {                                                   //声明 main()函数
	array := [4][3]int{
		{1, 3, 5},                                              //二维数组中的第 1 行元素
		{2, 4, 6},                                              //二维数组中的第 2 行元素
		{7, 9, 11},                                             //二维数组中的第 3 行元素
		{8, 10, 12}}                                            //二维数组中的第 4 行元素
	var i, j int                                                //i 表示行索引、j 表示列索引
	for i = 0; i < len(array); i++ {                            //遍历二维数组中的行
		for j = 0; j < len(array[i]); j++ {                     //遍历二维数组中的列
			fmt.Printf("array[%d][%d] = %d\n", i, j, array[i][j])  //格式化输出二维数组中的每个元素
		}
	}
}
```

运行结果如下。

```
array[0][0] = 1
array[0][1] = 3
array[0][2] = 5
array[1][0] = 2
array[1][1] = 4
array[1][2] = 6
array[2][0] = 7
array[2][1] = 9
array[2][2] = 11
array[3][0] = 8
array[3][1] = 10
array[3][2] = 12
```

说明

除非明确数组的长度，否则 Go 语言中很少使用数组。也就是说，不能使用变量指定数组的长度。

5.2 切　　片

切片是包含相同类型元素的、可变长度的序列。与数组不同，切片的长度是可变的。本节讲解切片的使用方法。

5.2.1　定义切片

定义切片可以分为声明切片和初始化切片两个步骤。

1．声明切片

切片不需要指定长度，可使用“[]”声明切片。声明切片的语法格式如下。

```
var slice_name []slice_type
```

参数说明如下。

☑　slice_name：切片变量名。

☑　slice_type：切片中元素的类型。

2．初始化切片

初始化切片的方式有多种，下面依次讲解常用的方式。

☑　直接初始化切片。

使用“短变量声明”的语法格式初始化 int 类型的切片 slice；在这个切片中，包含 2、5 和 8 这 3 个元素。代码如下。

```
slice := []int{2, 5, 8}                    //等价于 var slice = []int{2, 5, 8}
```

☑　通过引用数组 array 中的所有元素完成切片 slice 的初始化操作。

声明并初始化包含 7 个元素（即 1、3、5、7、9、11 和 13）的 int 类型数组 value，使用“短变量声明”的语法格式初始化切片 slice，并让切片 slice 引用数组 value 中的所有元素。代码如下。

```
value := [7]int{1, 3, 5, 7, 9, 11, 13}     //声明并初始化包含 7 个元素的 int 类型数组
slice := value[:]                          //引用数组 value 中的所有元素
```

☑　通过引用数组 array 中索引为 startIndex 到 endIndex-1 的元素完成切片 slice 的初始化操作。

声明并初始化包含 7 个元素（即 1、3、5、7、9、11 和 13）的 int 类型数组 value，使用“短变量声明”的语法格式初始化切片 slice，并让切片 slice 引用数组 value 中索引为 2～5 的元素。代码如下。

```
value := [7]int{1, 3, 5, 7, 9, 11, 13}     //声明并初始化包含 7 个元素的 int 类型数组
slice := value[2:6]                        //引用数组 value 中索引为 2～5 的元素
```

☑　通过引用数组 array 中索引为 startIndex 的元素后的所有元素完成切片 slice 的初始化操作。

声明并初始化包含 7 个元素（1、3、5、7、9、11 和 13）的 int 类型数组 value，使用“短变量声明”的语法格式初始化切片 slice，并让切片 slice 引用数组 value 中索引为 2 的元素后的所有元素。代码如下。

```
value := [7]int{1, 3, 5, 7, 9, 11, 13}     //声明并初始化包含 7 个元素的 int 类型数组
slice := value[2:]                         //引用数组 value 中索引为 2 的元素后的所有元素
```

☑　通过引用数组 array 中索引为 endIndex 的元素前的所有元素完成切片 slice 的初始化操作。

声明并初始化包含 7 个元素（1、3、5、7、9、11 和 13）的 int 类型数组 value，使用“短变量声明”的语法格式初始化切片 slice，并让切片 slice 引用数组 value 中索引为 5 的元素前的所有元素。代码如下。

```
value := [7]int{1, 3, 5, 7, 9, 11, 13}        //声明并初始化包含 7 个元素的 int 类型数组
slice := value[:5]                            //引用数组 value 中索引为 5 的元素前的所有元素
```

说明

数组和切片是紧密关联的，切片可以访问数组中的部分或全部元素。

☑ 通过切片 slice 初始化切片 slc。

使用“短变量声明”的语法格式初始化包含 6 个 int 类型元素的切片 slice，使用“短变量声明”的语法格式初始化切片 slc，并让切片 slc 引用切片 slice 中索引为 1～3 的元素。代码如下。

```
slice := []int{2, 5, 8, 3, 6, 9}              //声明并初始化包含 6 个 int 类型元素的切片
slc := slice[1:4]                             //引用切片 slice 中索引为 1～3 的元素
```

☑ 使用 make()函数初始化切片。

make()函数是 Go 语言的内置函数，用于初始化切片。make()函数的语法格式如下。

```
make([]Type, size, cap)
```

参数说明如下。

☑ Type：切片的元素类型。

☑ size：为切片分配多少个指定类型的元素，即切片的长度。

☑ cap：切片的容量，可以省略。cap 的值不影响 size 的值，只是提前分配内存空间。

使用“短变量声明”的语法格式和 make()函数初始化元素是 int 类型的切片 slice，并且为这个切片分配 5 个 int 类型的元素。代码如下。

```
slice := make([]int, 5)
```

在上述示例的基础上，设置切片的容量为 10，代码如下。

```
slice := make([]int, 5, 10)
```

5.2.2 len()函数和 cap()函数

len()函数和 cap()函数都是 Go 语言的内置函数。len()函数不仅能够计算字符串的字节长度，还能够计算数组的长度（即数组中的元素个数），以及切片的长度（即切片中的元素个数）。

cap()函数则是用于计算切片的容量。切片是数值序列，切片中元素的值占用内存中连续的地址，而切片的容量指的是切片占用内存中连续地址的大小。

例 5.4 演示如何使用 len()函数和 cap()函数计算切片的长度和切片的容量。

【例 5.4】格式化输出切片的长度和切片的容量（**实例位置：资源包\TM\sl\5\4**）

首先，使用“短变量声明”的语法格式和 make()函数初始化一个元素是 int 类型的切片 slice，为这个切片分配 5 个 int 类型的元素，并设置切片容量为 10；然后，使用 len()和 cap()函数计算切片的长度和容量；最后，将切片的长度和容量格式化输出。代码如下。

```
package main                                  //声明 main 包
```

```
import "fmt"                                    //导入 fmt 包，用于打印字符串

func main() {                                   //声明 main()函数
	/*
	使用 make()函数初始化元素是 int 类型的切片 slice
	为这个切片分配 5 个 int 类型的元素
	设置切片的容量为 10
	*/
	slice := make([]int, 5, 10)
	//格式化输出切片的长度、容量和切片中元素的默认值
	fmt.Printf("len=%d cap=%d slice=%v\n", len(slice), cap(slice), slice)
}
```

运行结果如下。

```
len=5 cap=10 slice=[0 0 0 0 0]
```

5.2.3　append()函数

append()函数也是 Go 语言的内置函数，用于向切片添加元素。例 5.5 演示 append()函数的使用方法。

【例 5.5】把 0～9 添加到切片中（**实例位置：资源包\TM\sl\5\5**）

分别声明一个 int 类型的切片和变量；使用 for 循环把 0～9 依次赋值给变量 i；把变量 i 的值依次添加到切片中；并打印切片。代码如下。

```
package main

import "fmt"

func main() {
	var numbers []int                           //声明 int 类型的切片 numbers
	var i int                                   //声明 int 类型的变量 i
	for i = 0; i < 10; i++ {                    //使用 for 循环把 0~9 依次赋值给变量 i
		numbers = append(numbers, i)        //把 0~9 依次添加到切片 numbers 中
	}
	fmt.Println(numbers)                        //打印切片 numbers
}
```

运行结果如下。

```
[0 1 2 3 4 5 6 7 8 9]
```

每次向切片添加元素都应检测切片是否有足够的容量以容纳新元素。如果切片的容量不足，那么切片就会自动扩展容量。也就是说，切片自动扩展容量后，切片的长度也随之发生变化。下面对例 5.5 进行修改，演示向切片添加元素是如何改变切片的长度和容量的。

【例 5.6】改变切片的长度和容量（**实例位置：资源包\TM\sl\5\6**）

向切片依次添加 0～9，每添加一个元素，先格式化输出切片的长度和容量，再打印切片。代码如下。

```
package main

import "fmt"

func main() {
	var numbers []int                           //声明 int 类型的切片 numbers
	var i int                                   //声明 int 类型的变量 i
```

```
        for i = 0; i < 10; i++ {                    //使用 for 循环把 0~9 依次赋值给变量 i
                numbers = append(numbers, i)        //把 0~9 依次添加到切片中
                //格式化输出切片的长度、切片的容量
                fmt.Printf("len: %d       cap: %d       ", len(numbers), cap(numbers))
                //输出添加元素后的切片 numbers
                fmt.Println("slice:", numbers)
        }
}
```

运行结果如下。

```
len: 1      cap: 1      slice: [0]
len: 2      cap: 2      slice: [0 1]
len: 3      cap: 4      slice: [0 1 2]
len: 4      cap: 4      slice: [0 1 2 3]
len: 5      cap: 8      slice: [0 1 2 3 4]
len: 6      cap: 8      slice: [0 1 2 3 4 5]
len: 7      cap: 8      slice: [0 1 2 3 4 5 6]
len: 8      cap: 8      slice: [0 1 2 3 4 5 6 7]
len: 9      cap: 16     slice: [0 1 2 3 4 5 6 7 8]
len: 10     cap: 16     slice: [0 1 2 3 4 5 6 7 8 9]
```

从上述运行结果能够总结出切片自动扩展容量的规律：按原有容量的两倍进行扩展。

5.2.4 copy()函数

copy()函数是 Go 语言的内置函数，包含两个参数，这两个参数分别是目标切片和源切片。copy()函数用于把源切片复制到目标切片中。注意，目标切片和源切片的元素类型必须相同。此外，copy()函数具有一个返回值，这个返回值表示完成复制操作的元素个数。

【例 5.7】切片的复制（**实例位置：资源包\TM\sl\5\7**）

分别声明并初始化两个 int 类型的切片，即 slice_1 和 slice_2；切片 slice_1 包含 1、3、5、7 和 9 等 5 个元素，切片 slice_2 包含 2、4 和 6 等 3 个元素。

把切片 slice_2 复制到切片 slice_1 中。先让切片 slice_1 恢复原值，再把切片 slice_1 复制到切片 slice_2 中。分别打印上述两次复制切片后的结果。代码如下。

```
package main

import "fmt"

func main() {
        slice_1 := []int{1, 3, 5, 7, 9}                 //声明并初始化包含 5 个 int 类型元素的切片 slice_1
        slice_2 := []int{2, 4, 6}                       //声明并初始化包含 3 个 int 类型元素的切片 slice_2
        /*
            把切片 slice_1 作为目标切片
            把切片 slice_2 作为源切片
            把切片 slice_2 复制到切片 slice_1 中
        */
        copy(slice_1, slice_2)
        fmt.Println("slice_1: ", slice_1)
        slice_1 = []int{1, 3, 5, 7, 9}                  //让切片 slice_1 恢复原值
        /*
            把切片 slice_2 作为目标切片
            把切片 slice_1 作为源切片
```

```
        把切片 slice_1 复制到切片 slice_2 中
    */
    copy(slice_2, slice_1)
    fmt.Println("slice_2: ", slice_2)
}
```

运行结果如下。

```
slice_1:  [2 4 6 7 9]                    //切片 slice_2 的所有元素只替换切片 slice_1 的前 3 个元素
slice_2:  [1 3 5]                        //切片 slice_1 的前 3 个元素替换切片 slice_2 的所有元素
```

5.2.5　空切片

空切片是指尚未被初始化的切片。此时的切片是空的，即在切片中没有元素；空切片的长度为 0。在 Go 语言中用 nil 表示空切片。例 5.8 演示如何打印空切片及其长度和容量。

【例 5.8】打印空切片及其长度和容量（**实例位置：资源包\TM\sl\5\8**）

声明 int 类型的切片 numbers。使用 if 语句判断切片 numbers 是否是空切片；如果切片 numbers 是空切片，则格式化输出切片 numbers 及其长度和容量。代码如下。

```
package main

import "fmt"

func main() {
    var numbers []int                    //声明 int 类型的切片 numbers
    if numbers == nil {                  //如果切片 numbers 是空切片
        //则格式化输出切片 numbers 及其长度和容量
        fmt.Printf("len=%d cap=%d slice=%v\n", len(numbers), cap(numbers), numbers)
    }
}
```

运行结果如下。

```
len=0 cap=0 slice=[]
```

5.2.6　切片的访问

Go 语言访问切片中的元素有两种形式：一种是使用索引的形式；另一种是使用索引切片的形式。

1．使用索引访问切片元素的语法格式

```
slice_Name[index]                        //获取切片 sliceName 的索引为 index 处的元素
```

参数说明如下。

☑　slice_Name：切片变量名。

☑　index：切片中元素的索引。

下面通过示例演示如何使用索引访问切片中的元素。代码如下。

```
package main
```

```
import (
	"fmt"
)

func main() {
	//使用索引的形式，访问单个切片元素
	var s = []int{123, 456, 789}
	s0 := s[0]
	s1 := s[1]
	s2 := s[2]
	fmt.Println("s0 =", s0, "\ns1 =", s1, "\ns2 =", s2)
}
```

运行结果如下。

```
s0 = 123
s1 = 456
s2 = 789
```

2. 使用索引切片访问切片元素的语法格式

```
slice_Name[index1:index2]
```

参数说明如下。

- ☑ slice_Name：切片变量名。
- ☑ index1：起始索引。
- ☑ index2：终止索引。

下例演示如何使用索引切片访问切片中的元素。代码如下。

```
package main

import (
	"fmt"
)

func main() {
	//使用索引切片的形式，访问切片中的元素
	var s = []int{123, 456, 789}
	sr := s[0:2]
	fmt.Println("sr =", sr)
}
```

运行结果如下。

```
sr = [123 456]
```

5.2.7 删除切片

Go 语言没有提供删除切片的函数或接口。与截取切片的实现方式相同，使用元素的索引也能够达到删除切片的目的。根据删除切片中元素的位置可以把删除切片分为如下 3 种情况。

☑ 从切片的起始位置连续删除 n 个元素。

声明并初始化 int 类型的切片 numbers，其中包含 1、2、3、4、5、6、7、8 和 9 等 9 个元素。从切片 numbers 的起始位置，连续删除 n 个元素，代码如下。

```
numbers := []int{1, 2, 3, 4, 5, 6, 7, 8, 9}
numbers = numbers[n:]
```

☑ 从切片的中间位置，连续删除 n 个元素。

从切片 numbers 中索引为 i 的元素开始连续删除 n 个元素，代码如下。

```
numbers := []int{1, 2, 3, 4, 5, 6, 7, 8, 9}
numbers = append(numbers[:i], numbers[(i + n):]...)
```

说明

append()函数虽然不能直接达到删除切片的目的，但发挥着至关重要的作用。

☑ 从切片的尾部位置连续删除 n 个元素。

从切片 numbers 的尾部位置连续删除 i 个元素，代码如下。

```
numbers := []int{1, 2, 3, 4, 5, 6, 7, 8, 9}
numbers = numbers[:(len(numbers)-i)]
```

下例演示如何从切片的中间位置连续删除 n 个元素。

【例 5.9】从切片的中间位置连续删除 3 个元素（**实例位置：资源包\TM\sl\5\9**）

声明并初始化 int 类型的切片 numbers，包含 1、2、3、4、5、6、7、8 和 9 等 9 个元素。从切片 numbers 中索引为 3 的元素往后连续删除 3 个元素。打印删除元素后的切片，代码如下。

```
package main

import "fmt"

func main() {
	numbers := []int{1, 2, 3, 4, 5, 6, 7, 8, 9}          //声明并初始化 int 类型的切片 numbers
	i := 3                                               //切片 numbers 中索引为 3 的元素
	n := 3                                               //连续删除 3 个元素
	//从切片 numbers 中索引为 3 的元素往后连续删除 3 个元素
	numbers = append(numbers[:i], numbers[(i+n):]...)
	fmt.Println(numbers) //打印删除元素后的切片
}
```

运行结果如下。

```
[1 2 3 7 8 9]
```

5.3　映　　射

Go 语言中的映射（map）是散列表的引用。散列表是一种数据结构，是拥有键值对的无序集合。在这个集合中，键是唯一的；通过键可以获取与键对应的值。

5.3.1　定义映射

映射的声明方式有两种，一种是使用 var 关键字，声明映射的语法格式如下。

```
var mapname map[keytype]valuetype
```

另一种是使用 make()函数，声明映射的语法格式如下。

```
mapname := make(map[keytype]valuetype)
```

参数说明如下。

☑ mapname：映射的变量名。

☑ keytype：键的类型。

☑ valuetype：与键对应的值的类型。

注意

因为映射的长度是动态的（在映射中添加键值对后，映射的长度增加），所以在声明映射时，不需要指定映射的长度，并且尚未初始化的映射的默认值是 nil。

在映射中，不仅所有的键具有相同的类型，所有与键对应的值的类型也相同；但是，键的类型和与键对应的值的类型不一定相同。

下例演示如何声明并初始化映射。

【例 5.10】声明并初始化映射（**实例位置：资源包\TM\sl\5\10**）

使用 var 关键字声明处理互相关联的学科和成绩的映射并初始化（语文成绩为 95、数学成绩为 97），格式化输出与各个键对应的值，向映射中添加键值对（英语成绩为 92），打印映射。代码如下。

```
package main

import "fmt"

func main() {
    var subject_score map[string]int                         //声明用于处理互相关联的学科和成绩的映射
    subject_score = map[string]int{"语文": 95, "数学": 97}   //初始化映射
    //格式化输出与键对应的值
    fmt.Printf("语文:%d\n", subject_score["语文"])
    fmt.Printf("数学:%d\n", subject_score["数学"])
    //向映射添加键值对
    subject_score["英语"] = 92
    fmt.Println(subject_score)                                 //打印映射
}
```

运行结果如下。

```
语文:95
数学:97
map[数学:97 英语:92 语文:95]
```

了解如何使用 var 关键字声明并初始化映射后修改例 5.11，演示如何使用 make()函数声明并初始化映射：先使用 make()函数声明一个映射，再给这个映射赋值。例 5.11 修改后的代码如下。

```
package main

import "fmt"

func main() {
    var subject_score map[string]int                         //声明处理互相关联的学科和成绩的映射
```

```
    subject_score = make(map[string]int, 2)    //使用 make()函数声明映射
    //初始化映射
    subject_score["语文"] = 95
    subject_score["数学"] = 97
    //格式化输出与键对应的值
    fmt.Printf("语文:%d\n", subject_score["语文"])
    fmt.Printf("数学:%d\n", subject_score["数学"])
    //向映射添加键值对
    subject_score["英语"] = 92
    fmt.Println(subject_score)                 //打印映射
}
```

运行结果如下。

```
语文:95
数学:97
map[数学:97 英语:92 语文:95]
```

5.3.2　遍历映射

在例 5.10 中，打印映射的结果是 map[数学:97 英语:92 语文:95]。从这个打印结果中，虽然可以看见映射中的所有键值对，但是无法单独获取它们。那么，如何获取映射中的每一组键值对呢？答案是使用 for-range 循环语句遍历映射。代码如下。

```
for k, v := range subject_score {
    fmt.Println(k, v)
}
```

参数说明如下。

☑　k：键。

☑　v：与键对应的值。

运行结果如下。

```
英语 92
语文 95
数学 97
```

说明

映射不需要按顺序处理数据，所以遍历映射中键值对的顺序并不是向映射添加元素的顺序。

当使用 for-range 循环语句遍历映射时，可以同时获取映射中的所有键值对。那么，如何能够在遍历映射的过程中只获取键呢？代码如下。

```
for k := range subject_score {
    fmt.Println(k)
}
```

运行结果如下。

```
语文
数学
英语
```

如果在遍历映射的过程中只获取与键对应的值，又该如何操作呢？代码如下。

```
for _, v := range subject_score {
    fmt.Println(v)
}
```

运行结果如下。

```
95
97
92
```

5.3.3 获取映射元素

当获取映射中的元素时，除了使用遍历映射的方式，还可以通过键获取映射中的元素。

通过键获取映射中的元素返回两个值：一个是在映射中获取到的、对应指定键的元素，另一个是一个 bool 值，表示在映射中是否获取到指定键的元素。

通过键获取映射中的元素的语法格式如下。

```
var value, isOk := mapName[key]
```

参数说明如下。

☑ mapName：映射的变量名。

☑ key：键。

返回值说明如下。

☑ value：在映射中获取到的、对应指定键的元素。

☑ isOK：在映射中是否获取到指定键的元素。

获取映射元素的代码如下。

```
package main

import "fmt"

func main() {
    var subject_score map[string]int                           //声明用于处理互相关联的学科和成绩的映射
    subject_score = map[string]int{"语文": 95, "数学": 97}  //初始化映射
    var value, isOk = subject_score["数学"]
    fmt.Println("value =", value, "\nisOk =", isOk)
}
```

运行结果如下。

```
value = 97
isOk = true
```

5.3.4 删除映射元素

delete()函数是 Go 语言的内置函数，用于删除容器内的元素。使用 delete()函数即可删除映射中的某一组键值对，delete()函数的语法格式如下。

```
delete(map, k)
```

参数说明如下。

☑ map：已经声明且初始化的映射。

☑ k：在映射中要被删除的某一组键值对的键。

注意

如果要删除的键在映射中不存在，那么 delete()函数不会返回任何结果。

【例 5.11】删除数学成绩（**实例位置：资源包\TM\sl\5\11**）

例 5.11 中声明并初始化处理互相关联的学科和成绩的映射，包含“语文成绩为 95”“数学成绩为 97”和“英语成绩为 92”这 3 组键值对。使用 delete()函数删除“数学成绩为 97”键值对，代码如下。

```
package main

import "fmt"

func main() {
	var subject_score map[string]int                               //声明用于处理互相关联的学科和成绩的映射
	subject_score = map[string]int{"语文": 95, "数学": 97}          //初始化映射
	subject_score["英语"] = 92                                      //向映射添加键值对
	delete(subject_score, "数学")                                   //删除“数学成绩为 97”键值对
	for k, v := range subject_score {                             //遍历映射
		fmt.Println(k, v)                                         //打印映射中的键值对
	}
}
```

运行结果如下。

```
语文 95
英语 92
```

5.4　要点回顾

本章讲解的内容有 3 个：数组（包含二维数组）的声明、初始化和访问，定义切片和操作切片的函数，定义、遍历映射和操作映射的函数。数组长度是固定不变的，且数组的下标从 0 开始；与数组不同的是，切片长度是可变的；映射是一种数据结构（即拥有键值对的无序集合），在这个集合中，键是唯一的，通过键可以获取与键对应的值。

第 2 篇

进阶提高

本篇讲解函数、指针、结构体、接口、错误处理、并发编程等内容。学习完本篇，读者将能够熟练编写Go程序。

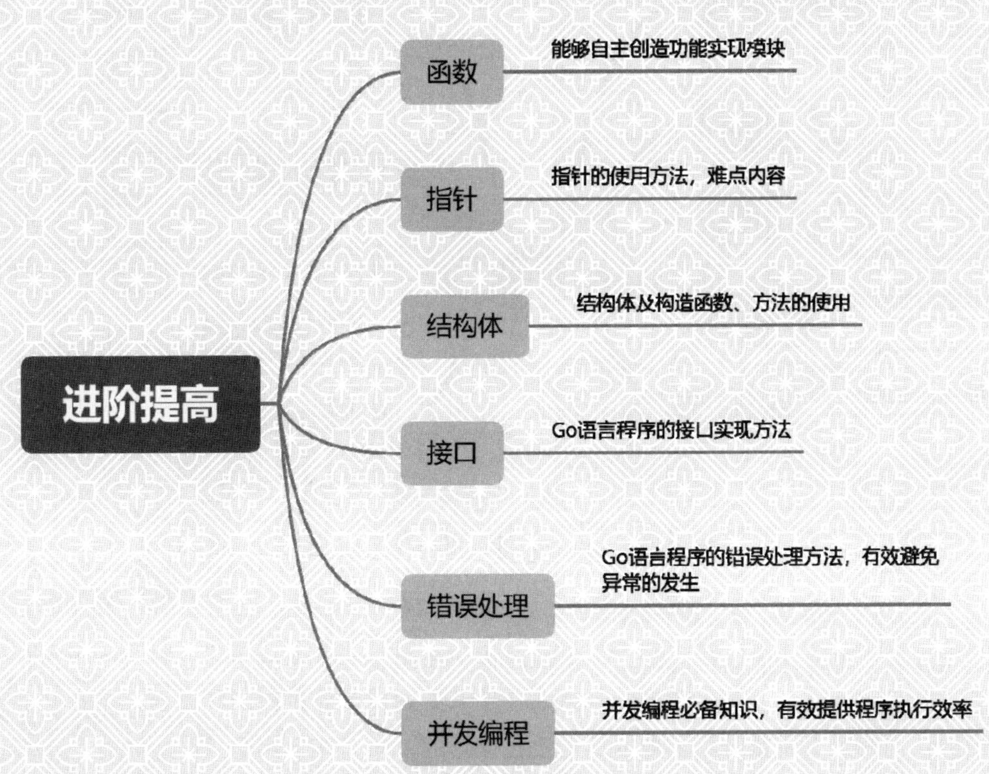

第 6 章

函数

在 Go 语言中，函数是用于执行某一项任务的代码块。为了保证 Go 程序的运行，main()函数是必不可少的。在 Go 程序中，可以通过不同的函数实现不同功能，逻辑上每个函数执行的都是 Go 程序需要实现的一个功能。此外，为了便于编码，Go 语言的标准库还提供了很多内置函数。

本章的知识架构及重难点如下。

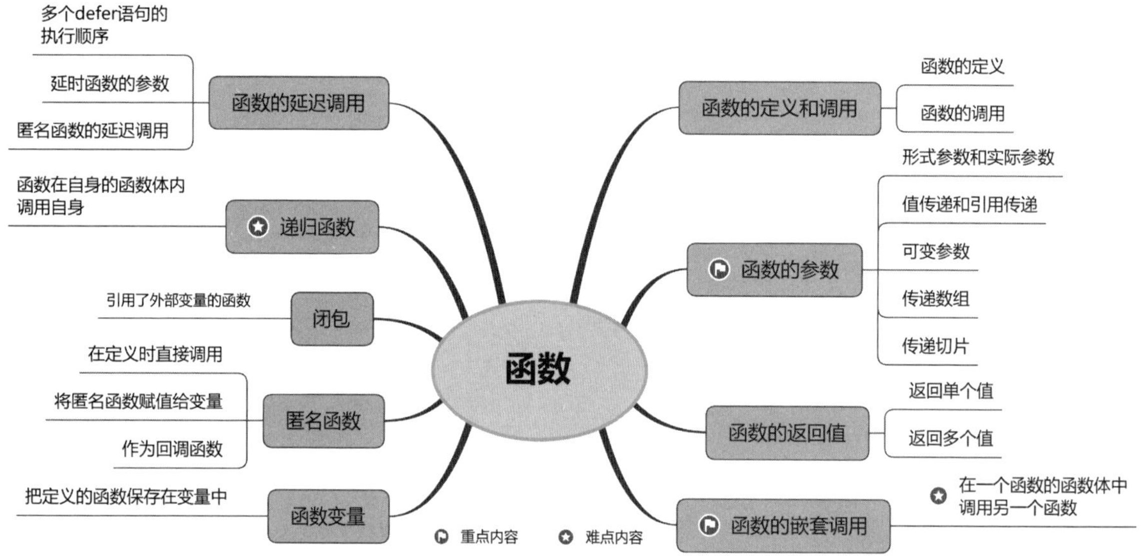

6.1　函数定义和调用

函数是实现某个特定功能的代码段。如果一段程序代码具有某个特定的功能，则可以把它定义成函数。使用函数最大的好处是可以使代码更简洁，提高重用性。在程序中使用自己定义的函数，首先必须定义函数，而在定义函数时，函数本身是不会执行的，只有在调用函数时才执行。下面介绍函数的定义和调用的方法。

6.1.1　函数的定义

在 Go 语言中，定义函数需要使用 func 关键字。函数主要由 5 个部分组成，分别是关键字 func、函数名、参数列表、返回类型和函数体。定义函数的基本语法格式如下。

```
func 函数名([参数 1, 参数 2, …]) (返回类型) {
    函数体
}
```

参数说明如下。

☑　函数名：定义的函数名称。

☑　参数：可选，用于指定参数列表。当使用多个参数时，参数间使用逗号分隔。

☑　返回类型：可选，用于指定返回值的数据类型。如果有多个返回值，必须依次为每个返回值设置数据类型，多个类型之间用逗号分隔。

☑　函数体：用于实现函数功能的语句。

定义没有参数和返回值的函数 hello()，在函数体中输出“Hello Go”字符串。代码如下。

```
func hello() {
    fmt.Print("Hello Go")
}
```

定义用于计算两个数乘积的函数 product()，该函数有两个参数 m 和 n，数据类型都是 int，返回值的类型同样是 int。代码如下。

```
func product(m int, n int) int {
    var r int
    r = m * n
    return r
}
```

6.1.2　函数的调用

函数定义后不自动执行，执行函数要在特定的位置调用函数。调用函数需要创建调用语句，调用语句包含函数名称和一对小括号，如果有参数则需要在小括号中传递参数具体值。格式如下。

```
函数名(传递给函数的参数 1,传递给函数的参数 2, …)
```

定义的函数 hello()的功能是输出“Hello Go”字符串。现在调用该函数，代码如下。

```
package main

import "fmt"

func hello() {                    //定义 hello()函数
    fmt.Print("Hello Go")
}
func main() {
    hello()                       //调用 hello()函数
}
```

运行结果如下。

```
Hello Go
```

【例 6.1】获取切片中的最大值（**实例位置：资源包\TM\sl\6\1**）

定义函数 getMax()，在函数中定义切片，通过遍历切片的方式获取并输出切片中的最大值，最后调用函数输出结果。代码如下。

```
package main

import "fmt"

func getMax() {                                         //定义 getMax()函数
	num := []int{3, 5, 9, 6, 2, 7}                      //定义切片
	maxValue := num[0]                                  //将第一个元素作为最大值
	//遍历切片
	for i := 1; i < len(num); i++ {
		if num[i] > maxValue {
			maxValue = num[i]
		}
	}
	fmt.Print("切片中的最大值是", maxValue)
}
func main() {
	getMax()                                            //调用 getMax()函数
}
```

运行结果如下。

```
切片中的最大值是 9
```

6.2 函数的参数

没有参数的函数使用起来不够灵活。为了向函数中传递不同的值，可以在定义函数时设置函数的参数。在调用函数时，通过参数将值传递给函数。

6.2.1 形式参数和实际参数

在定义函数时指定的参数是形式参数，简称形参；在调用函数时实际传递的值是实际参数，简称实参。在定义函数时，在函数名后面的小括号中可以指定一个或多个参数，多个参数之间用逗号“,”分隔。指定参数的作用在于为被调用的函数传递一个或多个值。

如果定义的函数有参数，那么调用该函数的语法格式如下。

```
函数名(实参 1,实参 2, ...)
```

在通常情况下，在定义函数时使用了多少个形参，在函数调用时就要给出多少个实参，实参之间也必须用逗号“,”分隔。

定义一个带有两个参数的函数，这两个参数用于指定姓名和年龄，然后输出这两个参数，代码如下。

```
package main

import "fmt"

func userInfo(name string, age int) {                   //定义 userInfo()函数
	fmt.Printf("姓名：%s 年龄：%d", name, age)
}
func main() {
```

```
    userInfo("张三", 20)                                    //调用 userInfo()函数并传递参数
}
```

运行结果如下。

```
姓名：张三 年龄：20
```

在上述代码中，在定义 userInfo()函数时设置的 name 和 age 是形式参数，而在调用 userInfo()函数时传递的“张三”和 20 是实际参数。可以根据需要多次调用定义的函数，并传入需要的实际参数。

说明

如果在定义函数时设置了多个形式参数，在调用函数时传入的实际参数需要和每个形式参数一一对应，调用顺序也必须一致。

【例 6.2】根据身高、体重计算 BMI 指数（**实例位置：资源包\TM\sl\6\2**）

定义 fun_bmi()函数，该函数包括 3 个参数，分别用于指定姓名、身高和体重，再根据公式：BMI=体重/（身高×身高）计算 BMI 指数，并输出结果，在主函数中调用两次 fun_bmi()函数。代码如下。

```
package main

import (
    "fmt"
    "strconv"
)

func fun_bmi(person string, height float64, weight float64) {
    fmt.Printf("%s 的身高：%v 米\t 体重：%v 千克\n", person, height, weight)
    bmi := weight / (height * height)                    //计算 BMI 指数，公式为“体重/身高的平方”
    bmi_s := fmt.Sprintf("%.1f", bmi)                    //保留一位小数
    bmi_f, _ := strconv.ParseFloat(bmi_s, 64)            //字符串转换为浮点数
    fmt.Printf("%s 的 BMI 指数为：%v\n", person, bmi_f)  //输出 BMI 指数
    //判断身材是否合理
    if bmi_f < 18.5 {
        fmt.Print("您的体重过轻\n\n")
    } else if bmi_f >= 18.5 && bmi_f < 24.9 {
        fmt.Print("正常范围，注意保持\n\n")
    } else if bmi_f >= 24.9 && bmi_f < 29.9 {
        fmt.Print("您的体重过重\n\n")
    } else {
        fmt.Print("肥胖\n\n")
    }
}
func main() {
    fun_bmi("张三", 1.77, 57)                            //调用 fun_bmi()函数并传递参数
    fun_bmi("李四", 1.65, 54)                            //调用 fun_bmi()函数并传递参数
}
```

运行结果如下。

```
张三的身高：1.77 米 体重：57 千克
张三的 BMI 指数为：18.2
您的体重过轻

李四的身高：1.65 米 体重：54 千克
李四的 BMI 指数为：19.8
正常范围，注意保持
```

6.2.2 值传递和引用传递

在调用函数时，可以通过两种方式传递参数，一种是值传递，另一种是引用传递。下面分别介绍这两种方式。

1. 值传递

值传递是指在调用函数时将实际参数复制并传递到函数中。值传递后，改变形式参数的值，实际参数的值不变。代码如下。

```
package main

import "fmt"

func myfunc(num int) {                              //定义 myfunc()函数
    num = num * 2
    fmt.Println("函数内：num =", num)
}
func main() {
    num := 5
    myfunc(num)                                     //调用 myfunc()函数并传递参数
    fmt.Println("函数外：num =", num)
}
```

运行结果如下。

```
函数内：num = 10
函数外：num = 5
```

在上述代码中，定义函数 myfunc()，将传入的参数值乘以 2 并输出。在主函数中定义变量 num，也就是要传递的实际参数。调用函数 myfunc()并输出实际参数 num 的值。由运行结果可以看出，当改变形式参数的值时，实际参数的值不改变。

说明

在默认情况下，Go 语言使用的是值传递，即在调用函数的过程中不会影响实际参数。

2. 引用传递

引用传递是指在调用函数时将实际参数的地址传递到函数中。进行引用传递后，改变形式参数的值，实际参数的值也一同改变。代码如下。

```
package main

import "fmt"

func myfunc(num *int) {                             //定义 myfunc()函数
    *num = *num * 2
    fmt.Println("函数内：num =", *num)
}
func main() {
    num := 5
    myfunc(&num)                                    //调用 myfunc()函数并传递参数
```

```
	fmt.Println("函数外：num =", num)
}
```

运行结果如下。

```
函数内：num = 10
函数外：num = 10
```

由运行结果可以看出，在传递参数时使用引用传递，在函数中修改参数的值将影响实际参数。

6.2.3　可变参数

在 Go 语言中，定义函数时可以不固定参数的数量，这样的参数叫可变参数。可变参数的函数可以不限制参数的数量。设置可变参数需要在参数的数据类型前添加 3 个点（...），定义的参数以切片形式表示。代码如下。

```
package main

import "fmt"

func sum(num ...int) {                              //定义 sum()函数
	result := 0
	for _, value := range num {
		result += value
	}
	fmt.Println(result)
}
func main() {
	sum(1, 3, 5, 7)                                   //调用 sum()函数并传递参数
	sum(2, 4, 6)                                      //调用 sum()函数并传递参数
}
```

运行结果如下。

```
16
12
```

上述代码定义可变参数的函数 sum()，在调用定义的函数时，可以传递任意数量指定类型的参数，每个参数都必须是 int 类型。如果需要设置不同类型的参数，可以在定义函数时将参数的数据类型定义为 interface 类型。代码如下。

```
package main

import "fmt"

func iterate(num ...interface{}) {                  //定义 iterate()函数
	for _, value := range num {
		fmt.Println(value)
	}
}
func main() {
	iterate(1, 3, 5, 7)                               //调用 iterate()函数并传递参数
	iterate("Tony", "Kelly", "Jerry")                 //调用 iterate()函数并传递参数
}
```

运行结果如下。

```
1
3
5
7
Tony
Kelly
Jerry
```

在上述代码中，将参数 num 设置为 interface 类型，在调用函数时，可以将传递的参数设置为任意的数据类型。

6.2.4 传递数组

在 Go 语言中，函数的参数是按值传递的。当调用函数时，每个传递的参数都复制一份再赋值给对应的参数变量，所以函数接收到的并不是原始参数。使用这种传递参数的方式，在传递较大的数组时，效率较低，而且在函数内部修改数组不影响原始数组。代码如下。

```
package main

import "fmt"

func showName(names [3]string) [3]string {                //定义 showName()函数
    names[len(names)-1] = "Jerry"                         //修改数组最后一个元素
    return names
}
func main() {
    //初始化原始数组
    s_names := [3]string{"Tony", "Kelly", "Tom"}
    //将数组传递给 showName()函数并输出结果
    fmt.Println(showName(s_names))
    fmt.Println(s_names)                                   //输出原始数组
}
```

运行结果如下。

```
[Tony Kelly Jerry]
[Tony Kelly Tom]
```

在上述代码中，在定义的函数内修改传入数组的最后一个元素，在主函数中调用自定义函数并输出结果，由结果可以看出，修改传入数组不改变原始数组。要想改变原始数组可以使用数组指针。代码如下。

```
package main

import "fmt"

func showName(names *[3]string) *[3]string {              //定义 showName()函数
    names[len(names)-1] = "Jerry"                         //修改数组最后一个元素
    return names
}
func main() {
    //初始化原始数组
    s_names := &[3]string{"Tony", "Kelly", "Tom"}
    //将数组传递给 showName()函数并输出结果
    fmt.Println(showName(s_names))
```

```
    fmt.Println(s_names)                              //输出原始数组
}
```

运行结果如下。

```
&[Tony Kelly Jerry]
&[Tony Kelly Jerry]
```

由运行结果可以看出，原始数组已被修改。由此可见，数组指针可以使用被调用的函数修改原始数组。

6.2.5 传递切片

在 Go 语言中，切片是数组的引用，属于引用类型。如果在调用函数时传递的实参包含引用类型，那么在函数体中就可以通过形参改变实参。代码如下。

```
package main

import "fmt"

func showName(names []string) []string {              //定义 showName()函数
    names[len(names)-1] = "Jerry"                     //修改切片最后一个元素
    return names
}
func main() {
    //定义切片
    s_names := []string{"Tony", "Kelly", "Tom"}
    //将切片传递给 showName()函数并输出结果
    fmt.Println(showName(s_names))
    fmt.Println(s_names)                              //输出切片
}
```

运行结果如下。

```
[Tony Kelly Jerry]
[Tony Kelly Jerry]
```

在上述代码中，将切片作为函数的实参进行传递。由运行结果可以看出，修改传入切片将直接影响定义切片的原始值。

6.3 函数的返回值

函数的功能并不仅限于简单的输出。调用函数常用于获取一些数据，再将这些数据应用到其他程序中，函数返回值就是获取的数据。设置函数的返回值使用 return 关键字，定义函数的返回值可以是一个，也可以是多个。下面分别介绍这两种情况。

6.3.1 返回单个值

返回单个值是设置函数返回值最简单的形式。在定义函数时需要指定返回单个值的数据类型，在

函数体中使用 return 关键字定义函数的返回值，返回值需要与定义函数时的返回类型一致。

1. 返回基本数据类型

函数可以返回基本数据类型的值，包括数值、字符串等。例如，定义计算两个数的乘积的函数 product()，并将计算结果作为函数的返回值，代码如下。

```
package main

import "fmt"

func product(m int, n int) int {                    //定义 product()函数
    return m * n                                    //返回两个参数的乘积
}
func main() {
    fmt.Print(product(5, 6))                        //调用 product()函数
}
```

运行结果如下。

```
30
```

函数的返回值可以直接赋给变量或用于表达式中，也就是说可以在表达式中调用函数。例如，将上面示例中函数的返回值赋给变量 result，再输出，代码如下。

```
package main

import "fmt"

func product(m int, n int) int {                    //定义 product()函数
    return m * n                                    //返回两个参数的乘积
}
func main() {
    result := product(5, 6)                         //调用 product()函数
    fmt.Print(result)
}
```

【例 6.3】计算商品总价（**实例位置：资源包\TM\sl\6\3**）

某顾客去商场购物，购买的商品信息如下。

☑ 华为手机：单价 2699 元，购买数量 2 部。

☑ 戴尔笔记本电脑：单价 3666 元，购买数量 3 台。

定义一个带有两个参数的函数 price()，将商品单价和商品数量作为参数进行传递。通过调用函数并传递不同的参数分别计算两种商品的总价，最后计算所有商品的总价并输出。代码如下。

```
package main

import "fmt"

func price(unitPrice, number int) int {             //定义函数，将商品单价和商品数量作为参数传递
    totalPrice := unitPrice * number                //计算单个商品总价
    return totalPrice                               //返回单个商品总价
}

func main() {
    phone := price(2699, 2)                         //调用函数，计算手机总价
    computer := price(3666, 3)                      //调用函数，计算笔记本电脑总价
```

```
    total := phone + computer                            //计算所有商品总价
    fmt.Print("所有商品总价：", total, "元")              //输出所有商品总价
}
```

运行结果如下。

```
所有商品总价：16396 元
```

2. 返回复合数据类型

函数除了返回基本数据类型的值，还可以返回复合数据类型的值，包括数组、切片和集合等数据结构。代码如下。

```
package main

import "fmt"

func GetInfo(key string, value int) map[string]int {     //定义 GetInfo()函数
    info[key] = value
    return info
}

var info = make(map[string]int)

func main() {
    GetInfo("Tony", 25)                                 //调用 GetInfo()函数
    GetInfo("Jimmy", 23)                                //调用 GetInfo()函数
    GetInfo("Terry", 26)                                //调用 GetInfo()函数
    for k, v := range info {                            //遍历输出
        fmt.Println(k+"：", v, "岁")
    }
}
```

运行结果如下。

```
Tony：  25 岁
Jimmy：  23 岁
Terry：  26 岁
```

在上述代码中，GetInfo()函数返回一个集合，通过调用该函数并传递参数向集合中添加数据，再使用 for-range 循环遍历并输出集合中的数据。

6.3.2　返回多个值

Go 语言支持函数返回多个值，但返回的值要与定义函数时的返回类型一致。代码如下。

```
package main

import "fmt"

func swap(str1, str2 string) (string, string) {          //定义 swap()函数
    return str2, str1                                   //交换位置
}
func main() {
    type1, type2 := swap("手机", "电脑")                  //调用 swap()函数
    fmt.Println(type1, type2)                           //输出结果
}
```

运行结果如下。

```
电脑 手机
```

【例 6.4】获取最小值和最大值（**实例位置：资源包\TM\sl\6\4**）

通过自定义函数获取切片中的最小值和最大值。代码如下。

```
package main

import "fmt"

func minmax(num []int) (int, int) {                          //定义 minmax()函数
    minValue := num[0]                                        //将第一个元素作为最小值
    //获取最小值
    for i := 1; i < len(num); i++ {
        if num[i] < minValue {
            minValue = num[i]
        }
    }
    maxValue := num[0]                                        //将第一个元素作为最大值
    //获取最大值
    for i := 1; i < len(num); i++ {
        if num[i] > maxValue {
            maxValue = num[i]
        }
    }
    return minValue, maxValue                                 //返回最小值和最大值
}
func main() {
    minValue, maxValue := minmax([]int{6, 9, 7, 3, 5, 2})     //调用 minmax()函数
    fmt.Printf("最小值是%d，最大值是%d", minValue, maxValue)    //输出结果
}
```

运行结果如下。

```
最小值是 2，最大值是 9
```

在定义函数时，还可以给返回值定义变量名，返回值变量的默认值为返回类型的默认值，即数值为 0，字符串为空字符串，布尔值为 false 等。

例如，定义一个函数并设置返回值，为两个整型返回值设置变量名，分别为 m 和 n。代码如下。

```
package main

import "fmt"

func cal(num1, num2 int) (m, n int) {                        //定义 cal()函数
    m = num1 * 10
    n = num2 * 10
    return
}
func main() {
    r1, r2 := cal(6, 9)                                       //调用 cal()函数
    fmt.Println(r1, r2)                                       //输出结果
}
```

运行结果如下。

```
60 90
```

在上述代码中，在定义函数时将返回值命名为 m 和 n，在函数体中可以直接对 m 和 n 进行赋值，并使用 return 关键字进行返回，这样就可以直接返回定义的两个返回值 m 和 n。

6.4　函数的嵌套调用

函数的嵌套调用就是在一个函数的函数体中调用另一个函数。例如，在函数 myfun2() 中调用函数 myfun1()，代码如下。

```
package main

import "fmt"

func myfun1() {                                     //定义 myfun1()函数
	fmt.Print("理想是人生的太阳")
}
func myfun2() {                                     //定义 myfun2()函数
	myfun1()                                        //在 myfun2()函数中调用 myfun1()函数
}
func main() {
	myfun2()                                        //调用 myfun2()函数
}
```

运行结果如下。

```
理想是人生的太阳
```

在上述代码中，在主函数中调用 myfun2()函数，并在 myfun2()函数中调用 myfun1()函数，所以结果输出字符串“理想是人生的太阳”。

【例 6.5】获得选手的平均分（**实例位置：资源包\TM\sl\6\5**）

某歌唱比赛中有 3 个评委，在选手演唱完毕后，3 位评委分别给出分数，将 3 个分数的平均分作为该选手的最后得分。某参赛选手在演唱完毕后，3 位评委给出的分数分别为 95 分、97 分、96 分，通过函数的嵌套调用获取该参赛选手的最后得分。代码如下。

```
package main

import (
	"fmt"
	"strconv"
)

func getAverage(score1, score2, score3 float64) float64 {      //定义获取平均分的函数
	average := (score1 + score2 + score3) / 3                    //获取 3 个参数的平均值
	//四舍五入取整数
	score, _ := strconv.ParseFloat(fmt.Sprintf("%.0f", average), 64)
	return score                                                 //返回平均分
}

func getResult(score1, score2, score3 float64) {                 //定义输出结果的函数
	//输出 3 个评委打分
	fmt.Printf("3 个评委打分：%v 分、%v 分、%v 分\n", score1, score2, score3)
	result := getAverage(score1, score2, score3)                 //调用 getAverage()函数
```

```
    fmt.Printf("该选手最后得分：%v 分", result)                //输出选手最后得分
}

func main() {
    getResult(95, 97, 96)                                      //调用 getResult()函数
}
```

运行结果如下。

```
3 个评委打分：95 分、97 分、96 分
该选手最后得分：96 分
```

6.5 函数变量

在 Go 语言中，函数也是一种类型，可以像其他数据类型一样将函数保存在变量中。代码如下。

```
package main

import "fmt"

func sum(m int, n int) int {                               //定义 sum()函数
    return m + n                                           //返回两个参数的和
}
func main() {
    var add func(m int, n int) int                         //定义函数变量
    add = sum                                              //将函数作为 add 变量的值
    fmt.Print(add(5, 7))                                   //调用函数
}
```

运行结果如下。

```
12
```

上述代码定义了包含两个参数的函数 sum()，返回值为 int 类型。在主函数中定义函数变量 add，数据类型是函数类型 func()，将定义的函数名 sum 赋值给函数变量 add，在变量 add 后加上小括号并传递两个实参，相当于调用 sum()函数。

注意

如果在定义函数时设置了参数和返回值，那么在定义函数变量时，用于声明函数类型的 func 关键字后面也需要加上函数的参数列表和返回类型列表。

【例 6.6】 切片排序（**实例位置：资源包\TM\sl\6\6**）

使用函数变量的形式实现切片排序功能，根据指定的排序规则实现对应的排序。代码如下。

```
package main

import "fmt"

func AscSlice(num []int) {                                 //定义 AscSlice()函数
    //对切片元素升序排列
    for i := 0; i < len(num)-1; i++ {
```

```
		for j := i + 1; j < len(num); j++ {
			if num[j] < num[i] {
				num[i], num[j] = num[j], num[i]
			}
		}
	}
}
func DescSlice(num []int) {                                //定义 DescSlice()函数
	//对切片元素降序排列
	for i := 0; i < len(num)-1; i++ {
		for j := i + 1; j < len(num); j++ {
			if num[j] > num[i] {
				num[i], num[j] = num[j], num[i]
			}
		}
	}
}
func SortSlice(num []int, sort func(num []int)) {
	sort(num)                                              //调用函数
	fmt.Println(num)                                       //输出排序结果
}
func main() {
	var nums = []int{5, 9, 7, 3, 2, 6}                     //定义切片
	var rule string = "desc"
	if rule == "desc" {
		SortSlice(nums, DescSlice)                         //调用 SortSlice()函数实现降序排列
	} else {
		SortSlice(nums, AscSlice)                          //调用 SortSlice()函数实现升序排列
	}
}
```

运行结果如下。

```
[9 7 6 5 3 2]
```

在上述代码中，自定义 AscSlice()函数对切片元素升序排列，自定义 DescSlice()函数对切片元素降序排列。函数 SortSlice()的第一个参数 num 接收要排序的切片，第二个参数 sort 接收一个函数，通过函数变量 sort 将函数当作参数进行传递。在主函数中进行判断，如果变量 rule 的值是 desc，就调用 DescSlice()函数降序排列切片，否则，调用 AscSlice()函数升序排列切片。

6.6　匿名函数

匿名函数是不需要定义函数名的函数，它可以简化代码，增强代码的可读性。如果某个功能的业务逻辑比较简单，只在后续的代码块发挥作用，不需要重复使用，那么就可以把这个功能定义为匿名函数。对于业务逻辑比较复杂，需要重复使用的功能，则更适合定义为命名函数。通过定义匿名函数，避免了函数名冲突，便于为代码块添加功能。在 Go 语言中，匿名函数的定义主要由关键字 func、参数列表、返回类型和函数体几部分组成。语法格式如下。

```
func([参数 1, 参数 2, …]) (返回类型) {
	函数体
}
```

匿名函数有 3 种使用方式：在定义时直接调用，将匿名函数赋值给变量，作为回调函数，下面分别介绍这 3 种使用方式。

6.6.1 在定义时直接调用

在定义时直接调用是指在定义匿名函数的同时执行函数的调用。采用这种方式程序只能执行一次，无法实现函数的多次调用。代码如下。

```
package main

import "fmt"

func main() {
	//定义匿名函数并直接调用
	func(m int, n int) {
		fmt.Print(m + n)
	}(10, 20)
}
```

运行结果如下。

```
30
```

在上述代码中，关键字 func 后面直接设置函数的参数，定义匿名函数后直接调用，并传递两个实参 10 和 20，这就是在定义匿名函数的同时直接调用函数的方式。

6.6.2 将匿名函数赋值给变量

使用匿名函数最常用的方式是把定义的匿名函数赋值给一个变量，后面的程序就可以通过变量调用匿名函数，这样在程序中可以多次调用匿名函数，而且这种方式使代码更易读。

例如，定义一个返回两个数字之和的匿名函数，代码如下。

```
package main

import "fmt"

func main() {
	//定义匿名函数
	sum := func(m, n int) int {
		return m + n
	}
	result1 := sum(10, 20)				//调用匿名函数
	result2 := sum(30, 40)				//调用匿名函数
	fmt.Println("10 + 20 =", result1)
	fmt.Println("30 + 40 =", result2)
}
```

运行结果如下。

```
10 + 20 = 30
30 + 40 = 70
```

在上述代码中，将定义的匿名函数赋值给变量 sum，只要在 sum 后面使用小括号就可以调用匿名

函数，而且可以多次调用。

【例 6.7】找出 1000 以内能同时被 3 和 5 整除的正整数（**实例位置：资源包\TM\sl\6\7**）

编写一个判断某个整数是否能同时被 3 和 5 整除的匿名函数，在页面中输出 1000 以内所有能同时被 3 和 5 整除的正整数，要求每行显示 6 个数字。代码如下。

```
package main

import "fmt"

func main() {
	//定义匿名函数
	getNum := func(num int) bool {
		//判断是否能同时被 3 和 5 整除
		if num%3 == 0 && num%5 == 0 {
			return true
		} else {
			return false
		}
	}
	n := 0
	for i := 1; i <= 1000; i++ {                        //遍历 1～1000 的整数
		if getNum(i) {                                  //判断遍历的整数是否符合要求
			n++                                         //符合要求的整数个数加 1
			fmt.Print(i, "\t\t")
			if n%6 == 0 {                               //判断符合要求的整数个数是否是 6 的倍数
				fmt.Print("\n")
			}
		}
	}
}
```

运行结果如下。

```
15      30      45      60      75      90
105     120     135     150     165     180
195     210     225     240     255     270
285     300     315     330     345     360
375     390     405     420     435     450
465     480     495     510     525     540
555     570     585     600     615     630
645     660     675     690     705     720
735     750     765     780     795     810
825     840     855     870     885     900
915     930     945     960     975     990
```

6.6.3 作为回调函数

匿名函数的使用比较广泛，它本身相当于一个值，因此也可以作为回调函数进行一些操作。例如，在遍历切片时，使用匿名函数实现获取中文字符串中的第一个字符，找出四句藏头诗中的暗藏文字，代码如下。

```
package main

import "fmt"
```

```
//遍历切片，并调用参数指定的函数
func getText(list []string, f func(string)) {
	for _, v := range list {
		f(v)
	}
}
func main() {
	//定义藏头诗
	poem := []string{"芦花丛中一扁舟", "俊杰俄从此地游", "义士若能知此理", "反躬逃难可无忧"}
	//使用匿名函数输出每句诗中的第一个字
	getText(poem, func(v string) {
		u := []rune(v)
		fmt.Printf("%c", u[0])
	})
}
```

运行结果如下。

```
芦俊义反
```

在上述代码中，使用自定义函数 getText() 封装切片的遍历。在主函数中调用 getText() 时传递一个回调函数作为参数，该回调函数使用的就是匿名函数，它的作用是输出每句诗中的第一个字，在遍历时实现找出藏头诗中暗藏文字的功能。

6.7 闭　　包

在 Go 语言中，闭包是引用外部变量的函数，变量不在这个函数中定义，而是在定义函数的环境中定义。被引用的外部变量和函数一同存在，即使已经离开了引用外部变量的环境，在闭包中仍然可以继续使用这个外部变量。

例如，使用闭包计算购买商品的总价，代码如下。

```
package main

import (
	"fmt"
)

func getTotal() func(name string, price float64) float64 {
	var total float64                                          //商品总价
	//返回闭包函数
	return func(name string, price float64) float64 {
		fmt.Printf("商品名称：%s 价格：%v\n", name, price)
		total = total + price                              //计算商品总价
		return total                                       //返回商品总价
	}
}
func main() {
	fruit := getTotal()
	fmt.Println("水果总价：", fruit("苹果", 15.6))
	fmt.Println("水果总价：", fruit("香蕉", 17.6))
	vegetable := getTotal()
	fmt.Println("蔬菜总价：", vegetable("黄瓜", 9.2))
```

```
    fmt.Println("蔬菜总价：", vegetable("菠菜", 6.9))
}
```

运行结果如下。

```
商品名称：苹果 价格：15.6
水果总价： 15.6
商品名称：香蕉 价格：17.6
水果总价： 33.2
商品名称：黄瓜 价格：9.2
蔬菜总价： 9.2
商品名称：菠菜 价格：6.9
蔬菜总价： 16.1
```

上述代码定义了函数 getTotal()，以及表示商品总价的变量 total。getTotal()函数的返回值是匿名函数，且在匿名函数中引用 total 变量形成闭包。在主函数中两次调用 getTotal()函数，函数返回值以变量 fruit 和 vegetable 表示，变量 fruit 和 vegetable 是匿名函数的函数变量，通过这两个变量实现匿名函数的调用。两次调用 getTotal()函数形成两个不同的闭包，分别计算购买水果和蔬菜的总价。

说明

在该示例中，闭包除了使用 getTotal()函数定义的变量，还可以使用 getTotal()函数的参数作为引用的外部变量。

6.8 递归函数

递归函数是函数在自身的函数体内调用自身，使用递归函数时一定要当心，处理不当将使程序进入无限循环。递归函数经常用于解决一些数学问题，如计算数字的阶乘、生成斐波那契数列等。

递归函数的基本语法格式如下。

```
func 函数名([参数 1]) [返回类型] {
    函数名([参数 2])
}
```

例如，使用递归函数计算 10 的阶乘 10!的值，其中 10!=10*9!，而 9!=9*8!，以此类推，最后 1!=1，这样的数学公式可以使用递归函数进行描述，使用 f(n)表示 n!的值，当 1<n<10 时，f(n)=n*f(n-1)，当 n<=1 时，f(n)=1。代码如下。

```
package main

import (
    "fmt"
)

func f(num int) int {                          //定义递归函数
    if num <= 1 {                              //如果参数 num 的值小于或等于 1
        return 1                               //则返回 1
    } else {
        return f(num-1) * num                  //递归调用
```

```
    }
}
func main() {
    n := 10
    result := f(n)                                          //调用递归函数
    fmt.Printf("%d!的结果为：%d", n, result)
}
```

运行结果如下。

```
10!的结果为：3628800
```

在定义递归函数时需要两个必要条件。

☑ 结束递归的条件。

如上面示例中的 if num <= 1 语句，如果满足条件，则执行 return 1 语句，不再递归。

☑ 递归调用语句。

如上面示例中的 return f(num-1) * num 语句，用于实现递归调用。

【例 6.8】输出指定长度的斐波那契数列（**实例位置：资源包\TM\sl\6\8**）

斐波那契数列又称黄金分割数列，它是由意大利数学家列昂纳多·斐波那契提出的。斐波那契数列指的是这样一个数列：1, 1, 2, 3, 5, 8, 13, 21, 34…。从第 3 项开始，该数列的每一项都等于前两项之和。编写程序输出一段指定长度的斐波那契数列。代码如下。

```
package main

import (
    "fmt"
)

func recursion(n int) int {
    if n <= 2 {                                             //第一项和第二项
        return 1                                            //直接返回 1
    }
    return recursion(n-1) + recursion(n-2)                  //递归，计算前两项的和
}
func main() {
    n := 10                                                 //定义数列长度
    //遍历输出数列
    for i := 1; i <= n; i++ {
        fmt.Print(recursion(i), " ")
    }
}
```

运行结果如下。

```
1 1 2 3 5 8 13 21 34 55
```

在上述代码中，recursion()函数是递归函数，参数 n 表示数列中的第几项。当参数 n 小于或等于 2 时，直接返回 1，表示数列的前两项都是 1。当参数 n 大于 2 时递归调用 recursion()函数，参数分别是 n-1 和 n-2，表示数列中的第 n 项等于前两项之和。在每次执行递归操作时，参数 n 逐渐减小，直到 n 小于或等于 2 时结束递归操作。

6.9　函数的延迟调用

在 Go 语言中，使用 defer 语句可以延迟处理其后定义的函数或语句。如果在某个函数中使用 defer 语句，则紧跟在该语句后面的程序在 defer 所在的函数即将返回时执行。

6.9.1　多个 defer 语句的执行顺序

在函数中使用多个 defer 语句时，当该函数即将返回时，多个延迟处理的语句将按 defer 语句的逆序执行。也就是说，先使用 defer 的语句后执行，后使用 defer 的语句先执行。

代码如下。

```
package main

import (
	"fmt"
)

func main() {
	fmt.Println("程序开始")
	defer fmt.Println(1)                                    //最后调用
	defer fmt.Println(2)
	defer fmt.Println(3)                                    //最先调用
	fmt.Println("程序结束")
}
```

运行结果如下。

```
程序开始
程序结束
3
2
1
```

由运行结果可以看出，延迟调用是在 defer 语句所在函数结束时进行的，并且最后使用 defer 语句先进行调用。

6.9.2　延迟函数的参数

defer 语句中的内容虽然在函数结束时执行，但如果延迟函数有参数则先计算参数的值。代码如下。

```
package main

import (
	"fmt"
)

func first(num int) int {                                 //定义 first()函数
	fmt.Println("我是 first")
```

```
	return num + 10
}
func second(num int) int {                                    //定义 second()函数
	fmt.Println("我是 second")
	return num + 20
}
func third(num int) int {                                     //定义 third()函数
	fmt.Println("我是 third")
	return num + 30
}

func main() {
	num := 10
	fmt.Println("程序开始")
	defer first(num)
	defer fmt.Println(second(num))
	num = 20
	defer fmt.Println(third(num))
	fmt.Println("程序结束")
}
```

运行结果如下。

```
程序开始
我是 second
我是 third
程序结束
50
30
我是 first
```

上述代码分析如下。

☑ 共有 3 个自定义函数 first()、second()和 third()，使用 defer 语句延迟调用函数 first()。second()和 third()函数是延迟函数的参数，正常输出“我是 second”和“我是 third”。second()和 third()两个函数的返回值和“我是 first”在函数结束时输出。

☑ 在调用 second()函数时，传入的参数 num 的值是 10，后面对 num 值的修改不影响 second()函数的返回值。在调用 third()函数时，参数 num 的值修改为 20，所以在调用两个函数时，实参的值是不同的。

6.9.3 匿名函数的延迟调用

使用 defer 语句延迟调用的函数可以是匿名函数，这种情况的应用比较广泛。代码如下。

```
package main

import (
	"fmt"
)

func main() {
	fmt.Println("程序开始")
	defer func() {
		fmt.Println("延迟调用")
	}()
```

```
    fmt.Println("程序结束")
}
```

运行结果如下。

```
程序开始
程序结束
延迟调用
```

在函数中使用 defer 语句延迟调用匿名函数时，如果该函数有返回值，则可能有两种情况，一种是返回值未设置变量名，另一种是为返回值设置变量名。

1. 返回值未设置变量名

如果使用 defer 语句的函数有返回值，而且该返回值未设置变量名，那么在执行 defer 语句时不能修改返回值。代码如下。

```
package main

import (
    "fmt"
)

func test() int {
    var i int
    defer func() {
        i++
        fmt.Println("defer2:", i)
    }()
    defer func() {
        i++
        fmt.Println("defer1:", i)
    }()
    return i
}

func main() {
    fmt.Println("return:", test())
}
```

运行结果如下。

```
defer1: 1
defer2: 2
return: 0
```

在上述代码中，test()函数的返回值未设置变量名，函数返回的是函数内声明的变量 i 的值，这样，在执行 defer 语句时不能修改 test()函数的返回值，所以调用 test()函数得到的返回值是变量 i 的默认值 0。

2. 返回值设置变量名

如果使用 defer 语句的函数有返回值，并为该返回值设置变量名，那么在执行 defer 语句时可以修改返回值。代码如下。

```
package main

import (
```

```
    "fmt"
)

func test() (i int) {
    defer func() {
        i++
        fmt.Println("defer2:", i)
    }()
    defer func() {
        i++
        fmt.Println("defer1:", i)
    }()
    return i
}

func main() {
    fmt.Println("return:", test())
}
```

运行结果如下。

```
defer1: 1
defer2: 2
return: 2
```

在上述代码中，test()函数的返回值设置为变量 i，这样，在执行 defer 语句时可以修改 test()函数的返回值，所以调用 test()函数的返回值是执行两次 i++后的结果——2。

6.10 要点回顾

函数构成代码执行的逻辑结构。在 Go 语言中，函数的基本组成部分是关键字 func、函数名、参数列表、返回值、函数体和返回语句。每个 Go 程序都包含很多函数，函数是 Go 程序中的基本代码块。因为 Go 语言是编译型语言，所以函数的编写顺序无关紧要。但是，为了增加代码的可读性，建议把 main()函数写在 Go 文件的末尾，其他函数按照被调用的顺序编写。

第7章 指针

Go 语言中的指针学起来很容易。在 Go 语言中，使用指针执行某些任务更简单。通过指针，Go 语言的开发者可以控制特定集合的数据结构、分配的数量及内存访问模式。指针对于性能的影响是不言而喻的，对于构建运行良好的系统也是非常重要的。在系统编程、操作系统或网络应用等领域，指针更是不可或缺的。

本章的知识架构及重难点如下。

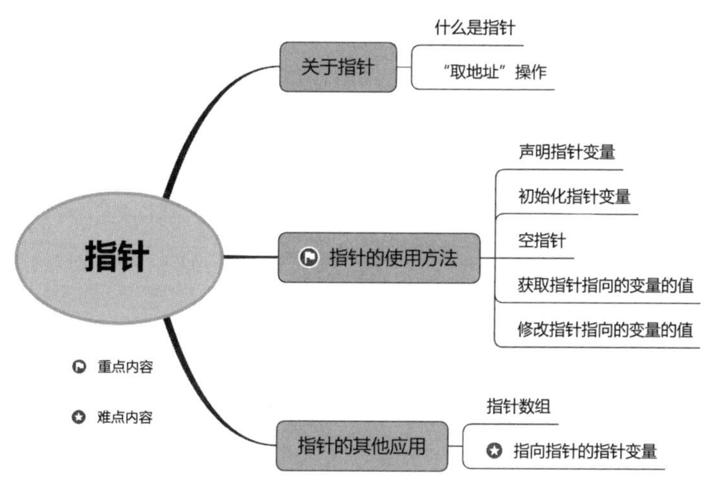

7.1 关于指针

由于指针的应用较为复杂，Java、C#、Python 等编程语言把指针替换为引用。Go 语言在保留指针的同时，对指针做了很多限制，例如不能对指针进行运算等。下面讲解 Go 语言中的指针。

说明

指针和引用的区别在于指针是变量，在内存中具有存储位置；引用是一种形式，例如，引用变量是实际变量的别名，操作引用变量就是在操作实际变量，引用变量在内存中没有存储位置。

7.1.1 什么是指针

指针又称为指针变量，即指针本身是变量。变量是用于存储数据的，那么指针存储的数据是什么呢？变量存储在一个或多个连续的内存地址中，如果把指针看作箭头，那么这个箭头指向的是某个变量的内存地址。因此，指针存储的数据就是某个变量的内存地址。

例如，声明一个 32 位的 int 类型变量 x，并将其初始化为 10。因为存储一个 32 位的 int 类型变量需要占用 4 个字节的内存，所以可以把变量 x 存储在如图 7.1 所示的 4 个字节中；其中，变量 x 的内存地址从 1 开始，到 4 结束。

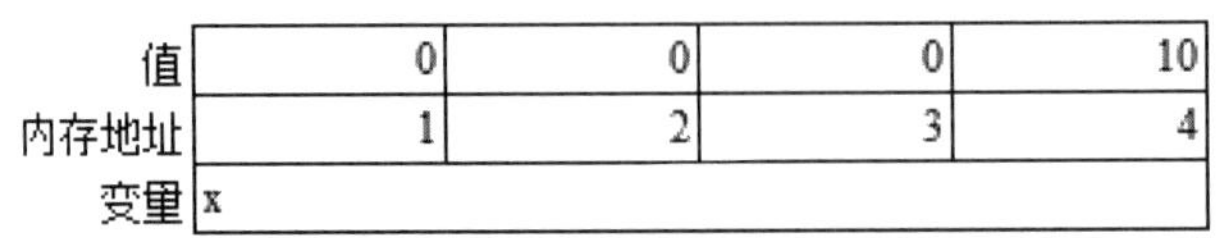

值	0	0	0	10
内存地址	1	2	3	4
变量	x			

图 7.1　把变量 x 存储在 4 个字节中

指针也是变量，它的值是变量的内存地址。虽然不同类型的变量占用不同数量字节的内存，但是不同类型的指针占用的是相同数量字节的内存。这是因为不同类型的指针的值均为表示某个变量的内存地址的数字，存储指针相当于存储数字，需要占用 4 个字节的内存。如图 7.2 所示，变量 pointerX 表示用于存储变量 x 内存地址的指针，存储在 4 个字节中；其中，变量 pointerX 的内存地址从 5 开始，到 8 结束。因为变量 x 的内存地址是从 1 开始的，所以变量 pointerX 的值为 1。

值	0	0	0	10	0	0	0	1
内存地址	1	2	3	4	5	6	7	8
变量	x				pointerX			

图 7.2　把指针存储在 4 个字节中

7.1.2　“取地址”操作

指针变量可以存储任何一个变量的内存地址。变量占用内存的字节数量只取决于计算机系统的位数，与变量的值无关。计算机系统的位数是 32 位，变量占用 4 个字节的内存；计算机系统的位数是 64 位，变量占用 8 个字节的内存。

在 Go 语言中，指针的默认值为 nil。也就是说，如果指针没有存储任何变量的内存地址，那么就把这个指针的值默认设置为 nil。

程序中的每个变量在程序运行时都在内存中拥有一个存储位置。为了获取某个变量在内存中的存储位置，Go 语言提供了&字符。把&字符置于某个变量前，就能获取这个变量的内存地址（即这个变量在内存中的存储位置）；Go 语言把这种操作称作“取地址”操作。“取地址”操作的语法格式如下。

```
ptr := &v
```

参数说明如下。

☑　v：被执行“取地址”操作的变量。

☑　ptr：指针变量。

例 7.1 演示如何对变量执行“取地址”操作。

【例 7.1】 获取变量的内存地址（**实例位置：资源包\TM\sl\7\1**）

首先，声明并初始化 int 类型且值为 10 的变量 number，以及 string 类型且值为 success 的变量 str。然后，分别格式化输出变量 number 的内存地址和变量 str 的内存地址。代码如下。

```
package main                                              //声明 main 包

import "fmt"                                              //导入 fmt 包，用于打印字符串

func main() {                                             //声明 main()函数
	number := 10                                          //声明并初始化 int 类型且值为 10 的变量 number
	str := "success"                                      //声明并初始化 string 类型且值为 success 的变量 str
	fmt.Printf("变量 number 的内存地址是%p\n", &number)   //格式化输出变量 number 的内存地址
	fmt.Printf("变量 str 的内存地址是%p", &str)           //格式化输出变量 str 的内存地址
}
```

运行结果如下。

```
变量 number 的内存地址是 0xc000016088
变量 str 的内存地址是 0xc000042250
```

说明

变量、指针（变量）和内存地址之间的关系是每个变量都拥有一个内存地址，指针（变量）的值就是某个变量的内存地址。

7.2　指针的使用方法

在 Go 语言中，指针的使用流程分为如下 3 个步骤：声明指针变量、初始化指针变量和访问指针变量的值。下面依次讲解这 3 个步骤。

7.2.1　声明指针变量

在使用指针前，要使用 var 关键字声明指针。声明指针的语法格式如下。

```
var ptr_name *ptr_type
```

参数说明如下。

☑　ptr_name：指针变量的变量名。

☑　*：表示指针，即让指定变量成为一个指针。

☑　ptr_type：指针变量的类型。

例如，使用 var 关键字分别声明指向 32 位的 int 类型指针变量 num，以及 64 位的 float 类型指针变量 flt_num。代码如下。

```
var num *int32                                //指向 32 位的 int 类型指针变量 num
var flt_num *float64                          //指向 64 位的 float 类型指针变量 flt_num
```

7.2.2　初始化指针变量

在 7.2.1 节中，使用 var 关键字声明指向 32 位的 int 类型指针变量 num。那么，能否使用赋值运算符“=”把 10 赋值给指针变量 num 呢？下面将编写一个程序验证上述说法，代码如下。

```
package main                                                    //声明 main 包

import "fmt"                                                    //导入 fmt 包，用于打印字符串

func main() {                                                   //声明 main()函数
    var num *int32                                              //指向 32 位的 int 类型指针变量 num
    *num = 10                                                   //把 10 赋值给指针变量 num
    fmt.Println("指针变量 num 指向的内存地址:", num)               //打印指针变量 num 指向的内存地址
}
```

运行结果如图 7.3 所示。

```
panic: runtime error: invalid memory address or nil pointer dereference
[signal 0xc0000005 code=0x1 addr=0x0 pc=0x10de496]

goroutine 1 [running]:
main.main()
    d:/VSCode/GoDemos/demo_02.go:7 +0x16
exit status 2
```

图 7.3 程序引发 panic

由图 7.3 可知，使用赋值运算符“=”把 10 赋值给指针变量 num 的方式是不可行的。那么，上述代码为什么会引发 panic 呢？在 Go 语言中，指针变量是引用类型的变量。在使用引用类型的变量前，不仅要声明这个变量，还要为这个变量分配内存空间；否则，无法存储赋给这个变量的值。

Go 语言的内置函数 new()可以给引用类型的变量分配内存空间。new()函数的语法格式如下。

```
func new(Type) *Type
```

参数说明如下。

☑ Type：指针变量的类型。

返回值说明如下。

☑ *Type：指向某个类型的指针。

下例演示如何使用 new()函数初始化指针变量。

【例 7.2】使用 new()函数初始化指针变量（**实例位置：资源包\TM\sl\7\2**）

首先，声明指向 32 位的 int 类型指针变量 num。然后，使用 new()函数为指针变量 num 分配内存空间。接着，使用赋值运算符“=”把 10 赋值给指针变量 num。最后，打印指针变量 num 指向的内存地址。代码如下。

```
package main                                                    //声明 main 包

import "fmt"                                                    //导入 fmt 包，用于打印字符串

func main() {                                                   //声明 main()函数
    var num *int32                                              //指向 32 位的 int 类型指针变量 num
    num = new(int32)                                            //为指针变量 num 分配内存空间
    *num = 10                                                   //把 10 赋值给指针变量 num
    fmt.Println("指针变量 num 指向的内存地址:", num)               //打印指针变量 num 指向的内存地址
}
```

运行结果如下。

```
指针变量 num 指向的内存地址: 0xc000016088
```

注意

上述程序每次运行后的结果都是不同的，用以表示指针变量 num 在程序运行时指向的内存地址。

使用“短变量声明”的语法格式能够精简例 7.2 的代码，即把

```
var num *int32            //指向 32 位的、int 类型的指针变量 num
num = new(int32)          //为指针变量 num 分配内存空间
```

简化为

```
num := new(int32)         //声明指向 32 位的、int 类型的指针变量 num，并为指针变量 num 分配内存空间
```

在实际开发中，并不经常使用内置函数 new()初始化指针变量，这是因为通过内置函数 new()得到的是指向某个类型的指针，如果不为这个指针赋值，那么这个指针的值就是这个类型的默认值。

例如，使用“短变量声明”的语法格式分别声明 int 类型的指针变量 num，以及 bool 类型的指针变量 bln，并使用内置函数 new()为它们分配内存空间；分别打印指针变量 num 和 bln 的值。代码如下。

```
num := new(int)           //声明 int 类型的指针变量 num，并为指针变量 num 分配内存空间
bln := new(bool)          //声明 bool 类型的指针变量 bln，并为指针变量 bln 分配内存空间
fmt.Println(*num)         //打印指针变量 num 的值
fmt.Println(*bln)         //打印指针变量 bln 的值
```

运行结果如下。

```
0                         //int 类型的默认值
false                     //bool 类型的默认值
```

既然使用内置函数 new()初始化指针变量并不常用，那么初始化指针变量的常用方式又是什么呢？为了回答这个问题，先通过编写代码，实现如下步骤。

☑ 声明并初始化值为 10 的 int 类型变量 number。

☑ 声明指向 int 类型的指针变量 ptr。

☑ 使用&字符获取变量 number 的内存地址，让指针变量 ptr 指向变量 number 的内存地址。

代码如下。

```
var number int = 10
var ptr *int
ptr = &number
```

通过这 3 行代码，即可初始化指针变量 ptr，这就是初始化指针变量的常用方式。

使用“短变量声明”的语法格式可以进一步简化初始化指针变量 ptr 的代码。

```
number := 10
ptr := &number
```

7.2.3　空指针

当指针定义后且尚未分配任意变量时，它的值为 nil。nil 指针又称为空指针。nil 在概念上和其他语言的 null、None、NULL 一样都表示零值或空值。

使用 if 语句判断空指针有如下两种编码格式。

```
if(ptr != nil)                                    /* ptr 不是空指针 */
if(ptr == nil)                                    /* ptr 是空指针 */
```

下面演示如何判断指针是否为空指针。代码如下。

```
var ptr *int
/* ptr 不是空指针 */
if ptr != nil {
    fmt.Printf("ptr 的值为 : %x\n", ptr)
}
/* ptr 是空指针 */
if ptr == nil {
    fmt.Printf("ptr 是空指针!")
}
```

运行结果如下。

```
ptr 是空指针!
```

7.2.4 获取指针指向的变量的值

当对某个变量执行“取地址”操作时，要使用&字符，进而获取指向这个变量的内存地址的指针变量；也就是说，指针变量的值是这个变量的内存地址。

当对某个指针变量执行“取值”操作时，要使用*字符，进而获取这个指针变量指向的变量的值。

说明

Go 语言把&字符称作取地址操作符；把*字符称作取值操作符。取地址操作符和取值操作符是一对互补操作符。

下例演示对变量执行“取地址”操作的过程，并演示对指针变量执行“取值”操作的过程。

【例 7.3】取地址操作符和取值操作符的用法（**实例位置：资源包\TM\sl\7\3**）

使用“短变量声明”的语法格式声明并初始化 string 类型的变量 str；声明并初始化指向变量 str 内存地址的指针变量 ptr；分别格式化输出指针变量 ptr 的类型和变量 str 的内存地址；在对指针变量 ptr 执行“取值”操作，并把操作结果赋值给另一个 string 类型的变量 str_value 后，分别格式化输出变量 str_value 的类型和值。代码如下。

```
package main                                          //声明 main 包

import "fmt"                                          //导入 fmt 包，用于打印字符串

func main() {                                         //声明 main()函数
    str := "知识就是力量"                              //声明并初始化 string 类型的变量 str
    ptr := &str                                       //声明并初始化指向变量 str 的内存地址的指针变量 ptr
    fmt.Printf("指针变量 ptr 的类型：%T\n", ptr)        //打印指针变量 ptr 的类型
    fmt.Printf("变量 str 的内存地址：%p\n", ptr)        //打印变量 str 的内存地址
    str_value := *ptr                                 //对指针变量 ptr 执行“取值”操作
    fmt.Printf("变量 str_value 的类型：%T\n", str_value) //打印变量 str_value 的类型
    fmt.Printf("变量 str_value 的值：%s\n", str_value)   //打印变量 str_value 的值
}
```

运行结果如下。

```
指针变量 ptr 的类型：*string
变量 str 的内存地址：0xc000104220
变量 str_value 的类型：string
变量 str_value 的值：知识就是力量
```

7.2.5　修改指针指向的变量的值

指针不仅可以获取其指向的变量的值，还可以修改其指向的变量的值。在讲解如何使用指针修改变量值之前，按如下步骤编写程序。

☑ 定义修改变量值的 modifyValue()函数。此函数有一个参数，即 int 类型的变量 number。

☑ 向 modifyValue()函数传参后，把变量 number 的值修改为 11。

☑ 在 main()函数中，声明并初始化值为 7 的 int 类型变量 number。

☑ 调用 modifyValue()函数，并向其传递变量 number。

☑ 打印变量 number 的值。

代码如下。

```
package main                                    //声明 main 包

import "fmt"                                    //导入 fmt 包，用于打印字符串

func modifyValue(number int) {                  //定义用于修改变量的值的函数，参数是 int 类型的变量 number
	number = 11                                 //将 int 类型的变量 number 的值修改为 11
}

func main() {                                   //声明 main()函数
	number := 7                                 //声明并初始化值为 7 的 int 类型变量 number
	modifyValue(number)                         //调用用于修改变量的值的函数，并向其传递变量 number
	fmt.Println("number =", number)             //打印变量 number 的值
}
```

运行结果如下。

```
number = 7
```

通过运行结果不难发现，modifyValue()函数没有把变量 number 的值修改为 11。那么，为了让 modifyValue()函数实现既定功能应该如何修改程序呢？下面将使用指针修改 modifyValue()函数。

指针指向的是变量的内存地址，而非变量的值。在使用*字符对某个指针执行“取值”操作后，就能够获取这个指针指向的变量的值。这样就可以修改这个指针指向的变量的值。根据这个原理，即可修改上述程序，具体修改的内容如下。

☑ 把 modifyValue()函数中的参数修改为 int 类型的指针变量 number。

☑ 使用*字符对指针变量 number 执行“取值”操作，把指针变量 number 指向的变量值改为 11。

☑ 在 main()函数中，当调用 modifyValue()函数时，先使用&字符对变量 number 执行“取地址”操作，再向 modifyValue()函数传递获取的变量 number 的内存地址。

上述程序经修改后，代码如下。

```
package main                                    //声明 main 包

import "fmt"                                    //导入 fmt 包，用于打印字符串

func modifyValue(number *int) {                 //定义修改变量的值的函数，参数是一个指针变量
    *number = 11                                //使用*字符对这个指针变量执行取值操作，进而将其指向的变量的值修改为 11
}

func main() {                                   //声明 main()函数
    number := 7                                 //声明并初始化值为 7 的 int 类型变量 number
    //调用用于修改变量的值的函数，并向其传递变量 number 的内存地址
    modifyValue(&number)
    fmt.Println("number =", number)             //打印变量 number 的值
}
```

运行结果如下。

```
number = 11
```

在第 3 章的例 3.1 中，通过声明、初始化变量和赋值运算符“=”交换两个变量的值。那么，有没有其他方式也能实现同样的功能呢？例 7.4 演示如何使用指针交换两个变量的值。

【例 7.4】使用指针交换两个变量的值（**实例位置：资源包\TM\sl\7\4**）

定义用于交换两个变量的值的 exchangeValue()函数。这个函数中有两个参数，即 int 类型的指针变量 i 和 j。使用*字符对指针变量 i 执行“取值”操作，将其指向的变量的值赋值给 int 类型的变量 k。使用*字符对指针变量 j 执行“取值”操作，将其指向的变量的值赋值给指针变量 i 指向的变量。把变量 k 的值赋值给指针变量 j 指向的变量。

在 main()函数中，声明并初始化，值分别为 7 和 11 的两个 int 类型变量 x 和 y。格式化输出变量 x 和 y 的值。调用 exchangeValue()函数，并向其传递变量 x 和 y 的内存地址。再次格式化输出变量 x 和 y 的值。代码如下。

```
package main                                    //声明 main 包

import "fmt"                                    //导入 fmt 包，用于打印字符串

func exchangeValue(i, j *int) {                 //定义用于交换变量的值的函数，参数是两个指针变量
    k := *i                  //先使用*字符对指针变量 i 执行取值操作，再将其指向的变量的值赋值给 int 类型的变量 k
    *i = *j                  //先使用*字符对指针变量 j 执行取值操作，再将其指向的变量的值赋值给指针变量 i 指向的变量
    *j = k                                      //把变量 k 的值赋值给指针变量 j 指向的变量
}

func main() {                                   //声明 main()函数
    x, y := 7, 11                               //声明并初始化两个 int 类型的变量 x 和 y，值分别为 7 和 11
    fmt.Printf("x = %d, y = %d\n", x, y)        //格式化输出变量 x 和 y 的值
    //调用用于交换变量的值的函数，并向其传递变量 x 和 y 的内存地址
    exchangeValue(&x, &y)
    fmt.Printf("x = %d, y = %d\n", x, y)        //格式化输出变量 x 和 y 的值
}
```

运行结果如下。

```
x = 7, y = 11
x = 11, y = 7
```

7.3　指针的其他应用

7.2 节介绍了指针的基本用法。下面讲解指针在 Go 语言中的其他应用。

7.3.1　指针数组

指针数组即元素均为指针的数组。在 Go 语言中，使用 var 关键字声明指针数组。声明指针数组的语法格式如下。

```
var ptr [length]*type
```

参数说明如下。

☑　ptr：指针数组的变量名。

☑　length：指针数组的长度。

☑　*：表示指针。

☑　type：指针数组的类型。

那么，指针数组的应用场景是什么呢？如果在 Go 语言程序开发过程中需要保存一个数组，那么就需要使用指针。

定义长度为 4 的 int 类型数组后，使用 for 循环遍历数组，并格式化输出数组中的元素。代码如下。

```
package main                                          //声明 main 包

import "fmt"                                          //导入 fmt 包，用于打印字符串

const length = 4                                      //定义表示数组长度为 4 的常量

func main() {
	number := []int{2, 4, 6, 8}                       //定义长度为 4 的 int 类型数组
	for i := 0; i < length; i++ {                     //遍历数组
		fmt.Printf("number[%d] = %d\n", i, number[i]) //格式化输出数组中的元素
	}
}
```

运行结果如下。

```
number[0] = 2
number[1] = 4
number[2] = 6
number[3] = 8
```

为了保存数组 number 需要使用元素个数与数组 number 相同的指针数组，将数组 number 中每个元素的内存地址依次赋值给指针数组中的各个元素。通过对指针数组中的各个元素执行“取值”操作，可以获取指针数组中的各个元素指向的变量的值。

下例演示如何实现保存数组 number 的功能。

【例 7.5】保存数组 number（**实例位置：资源包\TM\sl\7\5**）

定义元素个数与数组 number 相同的指针数组 ptr，将数组 number 中每个元素的内存地址依次赋值

给指针数组中的各个元素；格式化分别输出赋值前和赋值后的指针数组及其类型；遍历指针数组，格式化输出指针数组中各个元素指向的数组 number 中相应元素的值。代码如下。

```
package main                                  //声明 main 包

import "fmt"                                  //导入 fmt 包，用于打印字符串

const length = 4                              //定义表示数组长度为 4 的常量

func main() {
	number := []int{2, 4, 6, 8}               //定义长度为 4 的 int 类型数组
	var ptr [length]*int                      //声明长度为 length 的 int 类型指针数组
	fmt.Printf("%v, %T \n", ptr, ptr)         //格式化分别输出指针数组及其类型
	for i := 0; i < length; i++ {             //遍历数组
		ptr[i] = &number[i]                   //将数组 number 中每个元素的内存地址依次赋值给指针数组中的各个元素
	}
	fmt.Printf("%v, %T \n", ptr, ptr)         //格式化分别输出指针数组及其类型
	for i := 0; i < length; i++ {             //遍历指针数组
		//格式化输出指针数组中各个元素指向的数组 number 中相应元素的值
		fmt.Printf("number[%d] = %d\n", i, *ptr[i])
	}
}
```

运行结果如下。

```
[<nil> <nil> <nil> <nil>], [4]*int
[0xc0000a4060 0xc0000a4068 0xc0000a4070 0xc0000a4078], [4]*int
number[0] = 2
number[1] = 4
number[2] = 6
number[3] = 8
```

7.3.2 指向指针的指针变量

如果第一个指针变量的值是第二个指针变量的内存地址，那么就把第一个指针变量称作指向指针的指针变量。也就是说，定义一个指向指针的指针变量，第一个指针指向第二个指针的内存地址；第二个指针指向变量的内存地址。

声明指向指针的指针变量的语法格式如下。

```
var ptr **type
```

参数说明如下。

☑ ptr：指向指针的指针变量的变量名。

☑ **：表示指向指针的指针变量。

☑ type：指向指针的指针变量的类型。

下例演示指向指针的指针变量的使用方法。

【例 7.6】输出指向指针的指针变量指向的变量的值（**实例位置：资源包\TM\sl\7\6**）

声明并初始化 string 类型的变量 str，再声明 string 类型的指针变量 ptr，以及 string 类型的指向指针 ptr 的指针变量 pptr。使用&字符获取变量 str 的内存地址，让指针 ptr 指向变量 str 的内存地址；再使用&字符获取指针 ptr 的内存地址，让指针 pptr 指向指针 ptr 的内存地址。格式化输出变量 str 的值、

指针 ptr 指向变量的值，以及指针 pptr 指向变量的值，查看这 3 个值是否一致。代码如下。

```
package main                                   //声明 main 包

import "fmt"                                   //导入 fmt 包，用于打印字符串

func main() {                                  //声明 main()函数
    str := "目标越接近，困难越增加"              //声明并初始化 string 类型的变量 str
    var ptr *string                            //声明 string 类型的指针变量 ptr
    var pptr **string                          //声明 string 类型的指向指针 ptr 的指针变量 pptr
    ptr = &str                                 //使用&字符获取变量 str 的内存地址，再让指针 ptr 指向变量 str 的内存地址
    pptr = &ptr                                //使用&字符获取指针 ptr 的内存地址，再让指针 pptr 指向指针 ptr 的内存地址
    fmt.Printf("str = %d\n", str)              //格式化输出变量 str 的值
    fmt.Printf("*ptr = %d\n", *ptr)            //格式化输出指针 ptr 指向的变量的值
    fmt.Printf("**pptr = %d\n", **pptr)        //格式化输出指针 pptr 指向的变量的值
}
```

运行结果如下。

```
str = 目标越接近，困难越增加
*ptr = 目标越接近，困难越增加
**pptr = 目标越接近，困难越增加
```

7.4 要点回顾

可以把 Go 语言的指针看作类型指针，它允许修改指针类型的数据，传递数据可以直接使用指针，无须复制数据，但不能进行偏移和运算。受益于这样的约束和拆分，Go 语言的指针既具有 C/C++语言的指针特点（即高效访问性），又不会进行偏移和运算，从而避免非法修改关键性数据的问题，而且易于检索和回收。

第 8 章

结构体

Go 语言的数组只能存储同一类型的数据。要为不同项定义不同的数据类型应该如何使用 Go 语言处理呢？为此，Go 语言提出了结构体的概念。结构体是由一系列具有相同类型或不同类型的数据构成的数据集合。结构体表示一项记录，例如，保存 4S 店在售汽车的信息，每辆车都有品牌、颜色、出厂日期和价格等属性。

本章的知识架构及重难点如下。

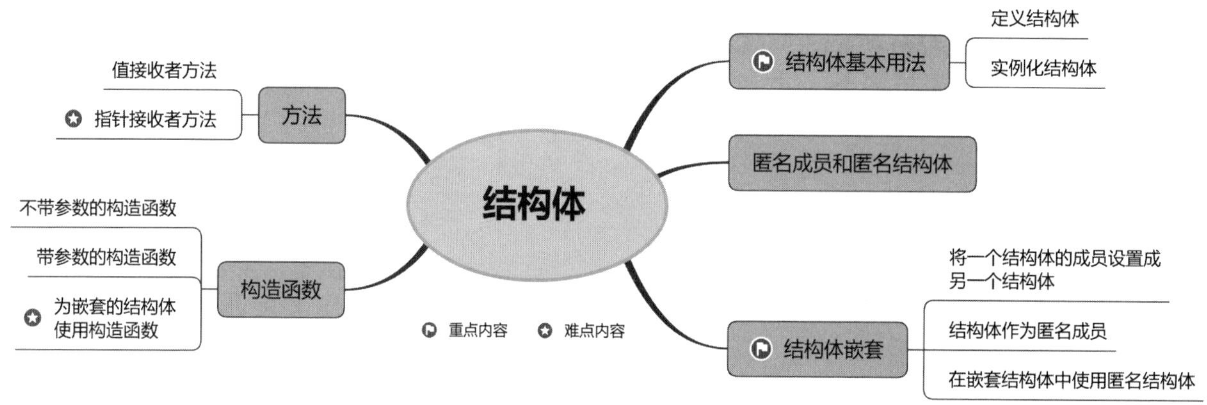

8.1 结构体基本用法

大多数编程语言都使用 class 关键字定义类，但在 Go 语言中没有“类”的概念。它使用更加灵活的“结构体”代替传统的“类”。结构体是由一系列具有相同类型或不同类型的数据构成的数据集合，每项数据都是结构体的一个成员。

在 Go 语言中，数组和切片可以存储同一类型的数据，而在结构体中可以为不同成员定义不同的数据类型。结构体成员也称为元素或字段，它有以下两个特性。

☑ 成员有自己的类型和值，可以是任意数据类型。

☑ 成员名必须唯一。

8.1.1 定义结构体

定义结构体使用 type 和 struct 关键字。定义结构体的基本语法格式如下。

```
type name struct {
    member datatype
    member datatype
    ...
}
```

参数说明如下。

☑ type：用于自定义类型的关键字。

☑ name：定义的结构体名称。

☑ struct：声明为结构体类型。

☑ member：结构体的成员名。

☑ datatype：成员的数据类型。

定义表示个人简介的结构体 profile，其中包括成员 name、age 和 interest，分别表示姓名、年龄和兴趣爱好。代码如下。

```
type profile struct {
    name string
    age int
    interest []string
}
```

8.1.2　实例化结构体

定义结构体之后，还要实例化才能使用结构体中的成员。实例化就是为结构体中的成员赋值。在 Go 语言中，结构体有多种实例化方法，根据实际需要可以选用不同的方法。

1．在结构体名称后直接赋值

在结构体名称后面使用大括号进行实例化，同时为每个成员设置值。例如，使用该方法实例化 profile 结构体，并访问结构体的成员，代码如下。

```
package main

import (
    "fmt"
)

type profile struct {
    name     string
    age      int
    interest []string
}

func main() {
    p1 := profile{name: "Tony", age: 20, interest: []string{"运动", "旅游", "看电影"}}
    //访问成员
    fmt.Printf("姓名：%v\n", p1.name)
    fmt.Printf("年龄：%v\n", p1.age)
    fmt.Printf("兴趣爱好：%v\n", p1.interest)
}
```

运行结果如下。

```
姓名：Tony
年龄：20
兴趣爱好：[运动 旅游 看电影]
```

说明

访问结构体成员需要使用点（.）操作符，格式为“结构体实例名称.成员名”。

没有为某个成员设置值时，该成员使用默认值。例如，在实例化 profile 结构体时只设置成员 name 和 interest 的值，代码如下。

```
p1 := profile{name: "Tony", interest: []string{"运动", "旅游", "看电影"}}
```

再次运行程序，成员 age 的值显示为 0。

2．定义结构体变量再赋值

结构体本身也是一种类型，可以使用 var 关键字声明结构体的方式完成实例化。例如，实例化结构体 profile，并为结构体成员赋值，再访问结构体的成员，关键代码如下。

```
func main() {
    var p2 profile                                    //实例化结构体
    //对结构体成员赋值
    p2.name = "Tony"
    p2.age = 20
    p2.interest = []string{"运动", "旅游", "看电影"}
    //访问成员
    fmt.Printf("姓名：%v\n", p2.name)
    fmt.Printf("年龄：%v\n", p2.age)
    fmt.Printf("兴趣爱好：%v\n", p2.interest)
}
```

在上述代码中，p2 即创建的结构体实例。

3．使用 new()函数实例化

使用 Go 语言内置的 new()函数也可以实例化结构体。使用这种方式创建的结构体实例是指针类型。例如，使用该方法实例化结构体 profile，然后对结构体成员进行赋值，再访问结构体的成员，关键代码如下。

```
func main() {
    p3 := new(profile)                                //实例化结构体
    //对结构体成员赋值
    p3.name = "Tony"
    p3.age = 20
    p3.interest = []string{"运动", "旅游", "看电影"}
    //访问成员
    fmt.Printf("姓名：%v\n", p3.name)
    fmt.Printf("年龄：%v\n", p3.age)
    fmt.Printf("兴趣爱好：%v\n", p3.interest)
}
```

4．取结构体的地址进行实例化

使用取地址操作符“&”实例化结构体。使用该方法实例化结构体 profile 的关键代码如下。

```
func main() {
	p4 := &profile{}                                    //实例化结构体
	//对结构体成员赋值
	p4.name = "Tony"
	p4.age = 20
	p4.interest = []string{"运动", "旅游", "看电影"}
	//访问成员
	fmt.Printf("姓名：%v\n", p4.name)
	fmt.Printf("年龄：%v\n", p4.age)
	fmt.Printf("兴趣爱好：%v\n", p4.interest)
}
```

8.2　匿名成员和匿名结构体

8.2.1　匿名成员

在定义结构体时，只定义数据类型，没有定义名称的成员是匿名成员。在实例化结构体时，可以通过成员的数据类型访问该成员。

例如，定义表示个人简介的结构体 intro，其中包括 4 个匿名成员，数据类型分别是 string、int、float64 和 bool，实例化结构体后通过成员的数据类型访问该成员。代码如下。

```
package main

import (
	"fmt"
)

type intro struct {
	string
	int
	float64
	bool
}

func main() {
	//实例化结构体
	info := intro{"Jerry", 23, 165, false}
	//访问匿名成员
	fmt.Printf("姓名：%v\n", info.string)
	fmt.Printf("年龄：%v\n", info.int)
	fmt.Printf("身高：%v cm\n", info.float64)
	if info.bool {
		fmt.Print("有无工作经验：有")
	} else {
		fmt.Print("有无工作经验：无")
	}

}
```

运行结果如下。

```
姓名：Jerry
```

```
年龄：23
身高：165 cm
有无工作经验：无
```

注意

在结构体中，匿名成员的数据类型只能是 int、string、float 或 bool 等基本数据类型，不能是数组、切片或集合等复合数据类型。

8.2.2 匿名结构体

和匿名函数类似，匿名结构体就是没有名字的结构体。在定义匿名结构体时，不需要使用 type 关键字。匿名结构体主要有两种使用方式：使用 var 关键字定义和使用“:=”定义，下面分别进行介绍。

1. 使用 var 关键字定义

使用这种方式定义匿名结构体，需要先声明表示结构体的变量，再通过该变量为结构体中的成员赋值。

代码如下。

```
package main

import (
    "fmt"
)

func main() {
    //定义匿名结构体
    var actor struct {
        name        string
        work        []string
        achievement string
    }
    //为成员赋值
    actor.name = "金·凯瑞"
    actor.work = []string{"变相怪杰", "楚门的世界", "冒牌天神"}
    actor.achievement = "金球奖最佳男主角"
    //访问匿名结构体成员
    fmt.Printf("中文名：%v\n", actor.name)
    fmt.Printf("代表作品：%v\n", actor.work)
    fmt.Printf("主要成就：%v\n", actor.achievement)
}
```

运行结果如下。

```
中文名：金·凯瑞
代表作品：[变相怪杰 楚门的世界 冒牌天神]
主要成就：金球奖最佳男主角
```

在上述代码中，先声明结构体类型的变量 actor，再通过该变量为结构体中的成员赋值。

2. 使用“:=”定义

将匿名结构体赋值给一个变量，同时为结构体中的成员设置初始值。代码如下。

```
package main

import (
	"fmt"
)

func main() {
	//定义匿名结构体，同时为成员赋值
	actor := struct {
		name        string
		work        []string
		achievement string
	}{
		name:        "金·凯瑞",
		work:        []string{"变相怪杰", "楚门的世界", "冒牌天神"},
		achievement: "金球奖最佳男主角",
	}
	//访问匿名结构体成员
	fmt.Printf("中文名：%v\n", actor.name)
	fmt.Printf("代表作品：%v\n", actor.work)
	fmt.Printf("主要成就：%v\n", actor.achievement)
}
```

运行结果如下。

```
中文名：金·凯瑞
代表作品：[变相怪杰 楚门的世界 冒牌天神]
主要成就：金球奖最佳男主角
```

在上述代码中，在定义匿名结构体的同时为结构体成员设置初始值，每个成员的值以“键值对”的格式表示，每个“键值对”的末尾必须使用逗号作为分隔符。

8.3　结构体的嵌套

结构体由多个成员组成。由于每个成员可以设置为不同的数据类型，因此结构体成员的数据类型也可以设置为结构体，这就是结构体的嵌套功能。结构体的嵌套是将一个结构体的成员设置为另一个结构体。代码如下。

```
type exam struct {
	subject string
	score int
}
type info struct {
	name string
	age int
	record exam
}
```

在上述代码中，定义两个结构体 exam 和 info，其中，结构体 info 中的成员 record 的数据类型指向结构体 exam，说明该成员为结构体类型。这样，info 结构体就拥有了 exam 的所有成员，实例化后可以自由访问 exam 的所有成员，这里使用的就是结构体的嵌套。在实例化两个结构体时，record 成员的值是 exam 结构体的实例。代码如下。

```
package main

import (
	"fmt"
)

type exam struct {
	subject string
	score int
}
type info struct {
	name string
	age int
	record exam
}
func main() {
	//实例化结构体
	e := exam{subject: "机械制图", score: 80}
	i := info{name: "江南", age: 23, record: e}
	//访问结构体成员
	fmt.Printf("姓名：%v\n", i.name)
	fmt.Printf("年龄：%v\n", i.age)
	fmt.Printf("考试科目：%v\n", i.record.subject)
	fmt.Printf("考试分数：%v\n", i.record.score)
}
```

运行结果如下。

```
姓名：江南
年龄：23
考试科目：机械制图
考试分数：80
```

在上述代码中，分别实例化两个结构体。在实例化 info 结构体时，record 成员的值是创建的 exam 结构体的实例 e。通过结构体实例 i 访问 exam 结构体的成员同样使用点（.）操作符。如 i.record.subject，i 是结构体 info 的实例名，record 是结构体 info 的成员，subject 是结构体 exam 的成员。

【例 8.1】输出长春市简介（**实例位置：资源包\TM\sl\8\1**）

使用结构体的嵌套展示关于长春市的城市名称、电话区号和著名景点等信息。代码如下。

```
package main

import (
	"encoding/json"
	"fmt"
)

type spots struct {
	//定义结构体，成员为切片类型，切片元素同样为结构体
	Spot []struct {
		Name	string
		Level	string
		Ticket int
	}
}
type city struct {
	name  string
	code   string
	tourism spots
```

```
}

func main() {
	var s spots //实例化 spots 结构体
	//实例化 city 结构体
	c := city{name: "长春市", code: "0431", tourism: s}
	//JSON 格式的数据
	j := `{"spot":[
		{"name":"净月潭公园","level":"AAAAA 级","ticket":30},
		{"name":"东北虎园","level":"AAAAA 级","ticket":60},
		{"name":"长影世纪城","level":"AAAAA 级","ticket":240}]
	}`
	json.Unmarshal([]byte(j), &s) //JSON 转换为结构体
	fmt.Printf("城市名称：%v\n", c.name)
	fmt.Printf("电话区号：%v\n", c.code)
	fmt.Println("著名景点如下：")
	fmt.Println("------------------------------------------------")
	for _, v := range s.Spot {
		//访问结构体成员
		fmt.Printf("景点名称：%v\t", v.Name)
		fmt.Printf("景点级别：%v\t", v.Level)
		fmt.Printf("门票价格：%v 元\n", v.Ticket)
	}
}
```

运行结果如下。

```
城市名称：长春市
电话区号：0431
著名景点如下：
------------------------------------------------
景点名称：净月潭公园	景点级别：AAAAA 级	门票价格：30 元
景点名称：东北虎园	景点级别：AAAAA 级	门票价格：60 元
景点名称：长影世纪城	景点级别：AAAAA 级	门票价格：240 元
```

结构体是一种数据类型，所以它也可以作为匿名成员。这时，访问嵌套的结构体成员只需要使用“结构体实例名.成员名”即可。代码如下。

```
package main

import (
	"fmt"
)

type exam struct {
	subject string
	score   int
}
type info struct {
	name string
	age  int
	exam  //匿名成员
}

func main() {
	//实例化结构体
	e := exam{subject: "机械制图", score: 80}
	i := info{name: "江南", age: 23, exam: e}
	//访问结构体成员
```

```
	fmt.Printf("姓名：%v\n", i.name)
	fmt.Printf("年龄：%v\n", i.age)
	fmt.Printf("考试科目：%v\n", i.subject)
	fmt.Printf("考试分数：%v\n", i.score)
}
```

在上述代码中，通过结构体实例 i 可以直接访问 exam 结构体的成员 subject 和 score，不必使用 i.exam.subject 和 i.exam.score。运行结果如下。

```
姓名：江南
年龄：23
考试科目：机械制图
考试分数：80
```

匿名结构体也可以应用在结构体的嵌套中。在嵌套结构体中使用匿名结构体的好处是可以简化定义多个结构体的步骤，使代码更简洁。代码如下。

```
package main

import (
	"fmt"
)

type exam struct {
	subject	string
	score		int
}
type info struct {
	name		string
	age		int
	record exam
	//结构体嵌套中使用匿名结构体
	job struct {
		position	string
		year		int
	}
}

func main() {
	//实例化结构体
	e := exam{subject: "计算机技术与软件专业技术资格", score: 80}
	i := info{name: "江南", age: 30, record: e}
	i.job.position = "项目经理"
	i.job.year = 5
	//访问结构体成员
	fmt.Printf("姓名：%v\n", i.name)
	fmt.Printf("年龄：%v\n", i.age)
	fmt.Printf("职位：%v\n", i.job.position)
	fmt.Printf("工作年限：%v 年\n", i.job.year)
	fmt.Printf("考试科目：%v\n", i.record.subject)
	fmt.Printf("考试分数：%v\n", i.record.score)
}
```

运行结果如下。

```
姓名：江南
年龄：30
职位：项目经理
工作年限：5 年
```

```
考试科目：计算机技术与软件专业技术资格
考试分数：80
```

在上述代码中，在定义结构体 info 中的成员 job 时使用匿名结构体，在代码中可以更直观地显示嵌套结构体的数据结构。

8.4 构 造 函 数

Go 语言中没有构造函数的概念，但是通过结构体初始化的过程可以模拟构造函数，也就是以构造函数的方式实例化结构体，并在实例化过程中为结构体中的成员赋值。函数的返回值是结构体的实例，并以指针形式表示。

8.4.1 不带参数的构造函数

如果构造函数未设置参数，那么结构体的成员值可以在函数内定义。代码如下。

```
package main

import (
	"fmt"
)

type profile struct {
	name string
	age  int
}

func NewProfile() *profile {
	//定义变量，作为结构体的成员值
	name := "张三"
	age := 20
	//初始化结构体
	p := profile{
		name: name,
		age:  age,
	}
	return &p
}
func main() {
	//调用函数
	p := NewProfile()
	fmt.Printf("姓名：%v\n", p.name)
	fmt.Printf("年龄：%v\n", p.age)
}
```

运行结果如下。

```
姓名：张三
年龄：20
```

上述代码定义表示个人简介的结构体 profile，通过模拟构造函数初始化结构体，在函数中将变量

的值作为结构体的成员值。

8.4.2 带参数的构造函数

为了灵活地使用构造函数，可以将函数的参数作为结构体成员值进行传递。例如，将上述示例代码中的构造函数修改为使用参数的形式，代码如下。

```
package main

import (
	"fmt"
)

type profile struct {
	name string
	age  int
}

func NewProfile(name string, age int) *profile {
	//初始化结构体
	p := profile{
		name: name,
		age:  age,
	}
	return &p
}
func main() {
	//调用函数
	p := NewProfile("张三", 20)
	fmt.Printf("姓名：%v\n", p.name)
	fmt.Printf("年龄：%v\n", p.age)
}
```

运行结果如下：

```
姓名：张三
年龄：20
```

8.4.3 为嵌套的结构体使用构造函数

如果想通过模拟构造函数初始化嵌套结构体，则可以分别为多个结构体创建构造函数。代码如下。

```
package main

import (
	"fmt"
)

type job struct {
	position	string
	year		int
}
type info struct {
	name		string
	age		int
```

```
	record job
}

func NewJob(position string, year int) *job {
	//初始化 job 结构体
	return &job{
		position:	position,
		year:		year,
	}
}
func NewInfo(name string, age int, position string, year int) *info {
	//调用函数初始化 job 结构体
	record := *NewJob(position, year)
	//初始化 info 结构体
	return &info{
		name:	name,
		age:		age,
		record:	record,
	}
}
func main() {
	//调用函数
	p := NewInfo("张三", 32, "艺术总监", 6)
	fmt.Printf("姓名：%v\n", p.name)
	fmt.Printf("年龄：%v\n", p.age)
	fmt.Printf("职位：%v\n", p.record.position)
	fmt.Printf("工作年限：%v 年\n", p.record.year)
}
```

运行结果如下。

```
姓名：张三
年龄：32
职位：艺术总监
工作年限：6 年
```

上述代码分别为 job 结构体和 info 结构体创建构造函数，通过这两个构造函数可以快速实例化两个结构体。

8.5　方　法 

传统面向对象语言的方法是定义在类中，而结构体的方法是定义在结构体之外的。通过将结构体和结构体方法分离，Go 语言的代码更加灵活。

和函数一样，结构体方法也使用 func 关键字定义。结构体方法和函数的最大区别是结构体方法需要在 func 关键字和方法名之间使用小括号声明一个变量作为方法的接收者。根据变量的类型，结构体的方法分为两种形式：值接收者方法和指针接收者方法，下面分别进行介绍。

8.5.1　值接收者方法

定义值接收者方法的语法格式如下。

```
func (变量 结构体名称) 方法名([参数 1, 参数 2,...]) (返回类型) {
方法体
return
}
```

在上述语法格式中，结构体名称前的变量表示定义的结构体实例。参数列表和返回类型可以为空。在返回类型为空时，可以省略 return 语句。

说明

结构体方法只能由创建的结构体实例化变量进行调用。

代码如下。

```
package main

import (
	"fmt"
	"strconv"
)

//定义结构体
type profile struct {
	name string
	age   int
}

//定义结构体方法
func (p profile) get_info(subject string, score int) string {
	info := "姓名：" + p.name + "\n 年龄：" + strconv.Itoa(p.age)
	info += "\n 考试科目：" + subject + "\n 考试分数：" + strconv.Itoa(score)
	return info
}
func main() {
	//实例化结构体
	p := profile{name: "张三", age: 20}
	//调用结构体方法
	result := p.get_info("综合知识", 76)
	fmt.Printf(result)
}
```

运行结果如下。

```
姓名：张三
年龄：20
考试科目：综合知识
考试分数：76
```

上述代码定义结构体方法 get_info()，参数 p 是该方法的接收者，用于传递定义的结构体实例名。在调用 get_info()方法时，由创建的结构体实例 p 进行调用。

8.5.2 指针接收者方法

在某些情况下，要使用指针类型的变量作为方法的接收者。一种是在调用方法时需要修改变量值，还有一种是结构体成员较多，占用内存较大。定义指针接收者方法的语法格式如下：

```
func (变量 *结构体名称) 方法名([参数 1, 参数 2,...]) (返回类型) {
方法体
return
}
```

例如，修改 8.5.1 节中的示例代码，在 profile 结构体中添加两个成员，在定义结构体方法时声明结构体方法的指针接收者，代码如下。

```
package main

import (
	"fmt"
	"strconv"
)

//定义结构体
type profile struct {
	name		string
	age		int
	interest []	string
	evaluate	string
}

//定义指针接收者方法
func (p *profile) get_info(subject string, score int) string {
	info := "姓名：" + p.name + "\n 年龄：" + strconv.Itoa(p.age)
	var hobby string
	for _, v := range p.interest {
		hobby += v + " "
	}
	info += "\n 兴趣爱好：" + hobby + "\n 自我评价：" + p.evaluate
	info += "\n 考试科目：" + subject + "\n 考试分数：" + strconv.Itoa(score)
	return info
}
func main() {
	//实例化结构体
	p := &profile{
		name:		"张三",
		age:		20,
		interest: []string{"看电影", "弹琴", "唱歌"},
		evaluate: "谦虚谨慎，自信乐观",
	}
	//调用结构体方法
	result := p.get_info("综合知识", 76)
	fmt.Printf(result)
}
```

运行结果如下。

```
姓名：张三
年龄：20
兴趣爱好：看电影 弹琴 唱歌
自我评价：谦虚谨慎，自信乐观
考试科目：综合知识
考试分数：76
```

上述代码使用结构体的指针变量作为结构体方法的接收者。如果要修改结构体成员的原始数据，那么就要使用指针类型的接收者。因为值接收者是通过数据拷贝的方式传递，所以在方法中修改结构体成员的值不改变成员的原有值。

说明

无论结构体方法采用值接收者还是指针接收者，结构体方法的调用方式都是一样的。

【例 8.2】计算商品总价（**实例位置：资源包\TM\sl\8\2**）

定义表示商品信息的结构体，包括商品名称、商品单价和商品数量，分别通过结构体方法初始化结构体、获取商品信息和计算商品总价。代码如下。

```
package main

import (
	"fmt"
	"strconv"
)

//定义结构体
type goods struct {
	name		[]string
	price		[]int
	num		[]int
}

//定义结构体方法，获取商品信息
func (g *goods) show() string {
	var info string
	for k, v := range g.name {
		info += "商品名称：" + v
		info += " 商品单价：" + strconv.Itoa(g.price[k]) + "元"
		info += " 商品数量：" + strconv.Itoa(g.num[k]) + "\n"
	}
	return info
}

//定义结构体方法，计算商品总价
func (g *goods) count() int {
	var total int //商品总价
	for k, v := range g.price {
		total += v * g.num[k]
	}
	return total
}

//定义结构体方法
func (g *goods) init(name []string, price []int, num []int) {
	//初始化结构体成员
	g.name = name
	g.price = price
	g.num = num
}
func main() {
	//实例化结构体
	g := &goods{}
	//调用结构体方法，初始化结构体成员值
	g.init([]string{"品牌手机", "品牌计算机"}, []int{1699, 2399}, []int{2, 3})
	info := g.show()		//调用结构体方法，获取商品信息
```

```
    result := g.count() //调用结构体方法，计算商品总价
    fmt.Print(info)
    fmt.Printf("商品总价：%v 元", result)
}
```

运行结果如下。

```
商品名称：品牌手机 商品单价：1699 元 商品数量：2
商品名称：品牌计算机 商品单价：2399 元 商品数量：3
商品总价：10595 元
```

8.6　要 点 回 顾

Go 语言中没有“类”，也没有“类”的继承等面向对象的概念。Go 语言通过用自定义的方式形成新的类型，结构体是类型中带有成员的复合类型。Go 语言使用结构体和结构体成员描述真实世界的实体以及和实体对应的各种属性。结构体比面向对象具有更高的扩展性和灵活性。在 Go 语言中不仅结构体能拥有方法，并且每种自定义类型也可以拥有自己的方法。

第 9 章

接口

Go 语言提供的另外一种数据类型是接口。接口把所有具有共性的方法定义在一起，任何其他类型只要实现这些方法就是实现这个接口。接口可以将不同类型绑定在一组公共方法上，实现多态和灵活的设计。Go 语言中的接口是隐式实现的；也就是说，类型实现一个接口定义的所有方法，它就自动实现该接口。

本章的知识架构及重难点如下。

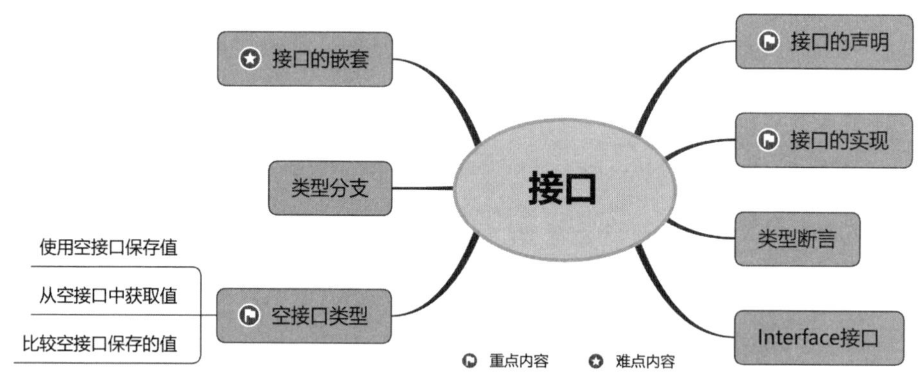

9.1　接口的声明

Go 语言不是面向对象的编程语言（这是因为在 Go 语言中没有类和继承），但是它提供了接口。不同于面向对象的编程语言，Go 语言提供的接口是隐式接口。那么，应该如何理解“隐式接口”呢？在 Go 语言程序开发中，无须标明具体实现哪些接口，只要实现某个接口中的所有函数就说明这个接口被实现了。

在 Go 语言中，使用 type 和 interface 关键字声明接口，接口包含多个函数。声明接口的语法格式如下。

```
type 接口名称 interface{
    函数名 1(参数列表 1) 返回值列表 1
    函数名 2(参数列表 2) 返回值列表 2
    …
}
```

参数说明如下。

☑　接口名称：Go 语言内置接口的名称通常以 er 结尾；例如，Writer 是执行写操作的接口，Stringer

是实现字符串功能的接口，Closer 是实现关闭功能的接口。

☑ 函数名：当函数名和接口名的首字母都大写时，这个函数可以被接口所在包之外的 go 文件访问。

☑ 参数列表、返回值列表：可以省略参数列表和返回值列表中的参数变量名。

例如，在 io 包提供的 Writer 接口中，包含一个参数为字节数组的 Write()函数；Write()函数有两个返回值，一个是写入的字符数，另一个是在写入字符的过程中可能发生的错误。代码如下。

```
type Writer interface {
    Write(p []byte) (n int, err error)
}
```

上述代码还可以省略参数列表和返回值列表中的参数变量名，代码如下。

```
type Writer interface {
    Write([]byte) (int, error)
}
```

9.2　接口的实现

在 Go 语言程序开发中，要使用声明的接口，首先要实现这个接口，即实现接口中的所有函数。只不过，Go 语言没有提供显式实现接口的工具，如 implements 关键字。在实现接口的过程中，要遵循以下两个规则。

☑ 接口中的函数与实现接口的函数在格式（即函数名称、参数列表和返回值列表）上保持一致。

☑ 接口中的所有函数都要被实现。

下例演示如何实现已经声明的接口。

【例 9.1】打印一辆小汽车的行驶过程（**实例位置：资源包\TM\sl\9\1**）

为行驶中的汽车声明接口 carInMotion，并定义用于实现这个接口的结构体 car。在接口中包含 4 个函数，它们分别是行驶函数（参数是汽车此刻的行驶速度）、刹车函数（返回值分别是刹车前的速度和刹车后的速度）、泊车函数和消耗燃油函数（参数分别为剩余燃油量和燃油平均消耗，返回值是汽车还能行驶的距离）。在结构体中，包含一个表示颜色的 string 类型字段 color。在 main()函数中，依次实现上述 4 个接口，打印这辆小汽车的行驶过程。代码如下。

```
package main                                           //声明 main 包

import "fmt"                                           //导入 fmt 包，用于打印字符串

type carInMotion interface {                           //为行驶中的汽车声明接口
    move(speed int)                                    //行驶函数。参数是汽车此刻的行驶速度
    brake() (int, int)                                 //刹车函数。返回值分别是刹车前的速度和刹车后的速度
    park()                                             //泊车函数
    //消耗燃油函数。参数分别为剩余燃油量和燃油平均消耗，返回值是汽车还能行驶的距离
    consumeOil(fuelLeft float64, aver_consumption float64) (distance float64)
}

type car struct {                                      //表示汽车的结构体
    color string                                       //车身颜色
```

```
}

func (c *car) move(speed int) {                          //实现接口中的 move()函数
    fmt.Printf("一辆%v 的汽车在以%vkm/h 的速度匀速行驶\n", c.color, speed)
}

func (c *car) brake() (int, int) {                       //实现接口中的 brake()函数
    fmt.Printf("这辆%v 的汽车开始刹车\n", c.color)
    speedBeforeBrake := 60                               //刹车前的速度
    speedAfterBrake := 0                                 //刹车后的速度
    return speedBeforeBrake, speedAfterBrake
}

func (c *car) park() {                                   //实现接口中的 park()函数
    fmt.Printf("这辆%v 的汽车停在路边的车位里\n", c.color)
}

//实现接口中的 consumeOil()函数
func (c *car) consumeOil(fuelLeft float64, aver_consumption float64) (distance float64) {
    fmt.Printf("这辆%v 的汽车剩余燃油%vL，燃油平均消耗%vL/100km\n",
        c.color, fuelLeft, aver_consumption)
    return fuelLeft / aver_consumption * 100
}

func main() {                                            //声明 main()函数
    var cim carInMotion                                  //声明接口变量
    cr := car{color: "红色"}                              //键值对初始化结构体
    cim = &cr                                            //对初始化的结构体变量执行“取地址”操作
    cim.move(60)                                         //调用 move()函数，并传递参数
    speedBeforeBrake, speedAfterBrake := cim.brake()     //调用 brake()函数，获取返回值
    fmt.Printf("刹车前的速度是%vkm/h，刹车后的速度是%vkm/h\n",
        speedBeforeBrake, speedAfterBrake)
    cim.park()                                           //调用 park()函数
    distance := cim.consumeOil(27, 6.3)                  //调用 consumeOil()函数，先传递参数，再获取返回值
    fmt.Printf("还能继续行驶%.2fkm\n", distance)          //对计算结果保留两位小数
}
```

运行结果如下。

```
一辆红色的汽车在以 60km/h 的速度匀速行驶
这辆红色的汽车开始刹车
刹车前的速度是 60km/h，刹车后的速度是 0km/h
这辆红色的汽车停在路边的车位里
这辆红色的汽车剩余燃油 27L，燃油平均消耗 6.3L/100km
还能继续行驶 428.57km
```

对例 9.1 进行归纳总结后，即可得到如下结论。

☑ 接口无法单独使用，须与结构体搭配使用。

☑ 使用接口前，须声明接口变量和实例化结构体。

9.3 类型断言

类型断言即判断接口的数据类型。在 Go 语言中，类型断言的语法格式如下。

```
value, ok := x.(T)
```

参数说明如下。

☑ x：接口变量。

☑ T：接口的数据类型。

返回值说明如下。

☑ value：接口变量的值。

☑ ok：检查 x 的数据类型是否是 T 类型。

那么，在实际开发过程中，如何使用类型断言呢？

☑ 如果 T 是某个具体的数据类型且 x 的数据类型是 T 类型，那么类型断言返回的结果是 x 的值和 true。

下例演示类型断言的第一种使用方法。

【例 9.2】检查接口变量的数据类型是否是 int 类型（**实例位置：资源包\TM\sl\9\2**）

声明两个接口变量 a 和 b，它们的值分别为 711 和“实践出真知”。使用类型断言的语法格式分别检查 a 和 b 的数据类型是否是 int 类型，并打印检查后的结果。代码如下。

```
package main                                              //声明 main 包

import "fmt"                                              //导入 fmt 包，用于打印字符串

func main() {                                             //声明 main()函数
	var a, b interface{}                                  //声明两个接口变量
	a = 711                                               //a 的值为 711
	b = "实践出真知"                                       //b 的值为“实践出真知”
	value_a, ok_a := a.(int)                              //检查 a 的数据类型是否是 int 类型
	fmt.Printf("a 的值为%v，数据类型是 int 类型：%v\n", value_a, ok_a)
	value_b, ok_b := b.(int)                              //检查 a 的数据类型是否是 int 类型
	fmt.Printf("b 的值为%v，数据类型是 int 类型：%v\n", value_b, ok_b)
}
```

运行结果如下。

```
a 的值为 711，数据类型是 int 类型：true
b 的值为 0，数据类型是 int 类型：false
```

注意

（1）在类型断言的语法格式中，两个返回值缺一不可，否则引发 panic。

（2）在类型断言的语法格式中，x 的值不能为 nil，否则引发 panic。

（3）有关 panic 相关内容详见 10.4 节。

☑ T 是接口类型，且 x 的数据类型是 T 类型，则类型断言返回的结果是 T 类型的接口值和 true。

例 9.3 演示类型断言的第二种使用方法。

【例 9.3】检查接口变量的数据类型是否是 person 类型（**实例位置：资源包\TM\sl\9\3**）

为奔跑的生物声明接口 runner，其中包含奔跑函数 run()。分别定义表示人和猫的结构体，这两个结构体都包含表示腿的数量的 int 类型字段 legs，并且都能实现接口 runner。在 main()函数中，声明接口变量 r，分别使用键值对初始化这两个结构体，分别对初始化的两个结构体执行“取地址”操作，把操作后的结果先后赋值给接口变量 r，并检查 r 的数据类型是否是 person 类型，打印检查结果。代码如下。

```
package main                                   //声明 main 包

import "fmt"                                   //导入 fmt 包，用于打印字符串

type runner interface {                        //为奔跑的生物声明接口
	run()                                      //奔跑函数
}

type person struct {                           //表示人的结构体
	legs int                                   //腿的数量
}

type cat struct {                              //表示猫的结构体
	legs int                                   //腿的数量
}

func (p *person) run() {                       //表示人的结构体实现接口中的 run()函数
	fmt.Printf("人类用%v 条腿奔跑\n", p.legs)
}

func (c *cat) run() {                          //表示猫的结构体实现接口中的 run()函数
	fmt.Printf("猫用%v 条腿奔跑\n", c.legs)
}

func main() {                                  //声明 main()函数
	var r runner                               //声明一个接口变量
	//键值对初始化结构体
	pn := person{legs: 2}
	ct := cat{legs: 4}
	r = &pn                                    //对 pn 执行"取地址"操作
	value_pn, ok_pn := r.(*person)             //检查 r 的数据类型是否是 person 类型
	fmt.Printf("r 的值为%v，数据类型是 person 类型：%v\n", value_pn, ok_pn)
	r = &ct                                    //对 ct 执行"取地址"操作
	value_ct, ok_ct := r.(*person)             //检查 r 的数据类型是否是 person 类型
	fmt.Printf("r 的值为%v，数据类型是 person 类型：%v\n", value_ct, ok_ct)
}
```

运行结果如下。

```
r 的值为&{2}，数据类型是 person 类型：true
r 的值为<nil>，数据类型是 person 类型：false
```

9.4 Interface 接口

Go 语言通过 sort 包中的 Interface 接口对序列进行排序。在 Interface 接口中包含 3 个函数，分别是用于获取序列长度的 Len()函数、用于比较两个元素的 Less()函数和用于交换两个元素的 Swap()函数。声明 Interface 接口的代码如下。

```
type Interface interface {
	Len() int                    //获取序列长度
	Less(i, j int) bool          //比较两个元素
	Swap(i, j int)               //交换两个元素
}
```

说明

在Go语言中，序列通常是指一个切片。

为了排序序列需要先声明用于实现Len()、Less()和Swap()等函数的类型，再调用sort包中的Sort()函数处理这个类型的一个实例。声明这个类型并实现Len()、Less()和Swap()等函数的代码如下。

```
type p []T                                                   //把T类型的切片声明为p类型
func (e p) Len() int { return len(m) }                       //实现Interface接口中的Len()函数
func (e p) Less(i, j int) bool { return m[i] < m[j] }        //实现Interface接口中的Less()函数
func (e p) Swap(i, j int) { m[i], m[j] = m[j], m[i] }        //实现Interface接口中的Swap()函数
```

下例实现排序序列的功能。

【例9.4】排序int类型的切片（**实例位置：资源包\TM\sl\9\4**）

导入fmt包和sort包，把int类型的切片声明为numbers类型，依次实现Interface接口中的Len()、Less()和Swap()等函数。在main()函数中，初始化一个被打乱顺序的numbers类型切片，调用sort包中的Sort()函数排序切片中的元素，遍历排序后的切片元素并打印结果。代码如下。

```
package main                                       //声明main包

import (
    "fmt"                                          //导入fmt包，用于打印字符串
    "sort"                                         //导入sort包，用于调用Sort()函数
)

type numbers []int                                 //把int类型的切片声明为numbers类型

func (n numbers) Len() int {                       //实现Interface接口中的Len()函数
    return len(n)
}

func (n numbers) Less(i, j int) bool {             //实现Interface接口中的Less()函数
    return n[i] < n[j]
}

func (n numbers) Swap(i, j int) {                  //实现Interface接口中的Swap()函数
    n[i], n[j] = n[j], n[i]
}

func main() {                                      //声明main()函数
    nums := numbers{10, 8, 6, 9, 3, 7, 2, 4, 1, 5} //被打乱顺序的、int类型的切片
    sort.Sort(nums)                                //调用sort包中的Sort()函数对切片中的元素进行排序
    for _, v := range nums {                       //遍历排序后的、切片中的元素，并打印结果
        fmt.Printf("%v\t", v)
    }
}
```

运行结果如下。

```
1    2    3    4    5    6    7    8    9    10
```

例9.4实现的功能是排序int类型的切片。使用sort包中的Interface接口除了可以排序基础类型的序列，还可以排序结构体。注意，在排序结构体的过程中，结构体中的字段遵循多种规则。例如，按某个字段的首字母进行升序排列、按某个字段中的数值进行升序排序等。

【例 9.5】排序结构体（**实例位置：资源包\TM\sl\9\5**）

导入 fmt 包和 sort 包，声明表示汽车的结构体 Car，其中包含两个字段，即汽车的品牌 Brand 和汽车的颜色 Color。把 Car 指针类型的切片声明为 Cars 类型后，依次实现 Interface 接口中的 Len()、Less()和 Swap()等函数；其中，在实现 Less()函数时，指定结构体中的字段需遵循的规则，即按汽车品牌的首字母排序。初始化打乱顺序的 Car 指针类型切片，调用 sort 包中的 Sort()函数排序切片中的元素，遍历排序后的切片元素并打印结果。代码如下。

```
package main                                //声明 main 包

import (
    "fmt"                                   //导入 fmt 包，用于打印字符串
    "sort"                                  //导入 sort 包，用于调用 Sort 函数
)

type Car struct {                           //声明表示汽车的结构体
    Brand string                            //汽车的品牌
    Color string                            //汽车的颜色
}

type Cars []*Car                            //把 Car 指针类型的切片声明为 Cars 类型

func (c Cars) Len() int {                   //实现 Interface 接口中的 Len()函数
    return len(c)
}

func (c Cars) Less(i, j int) bool {         //实现 Interface 接口中的 Less()函数
    return c[i].Brand < c[j].Brand          //按汽车品牌的首字母进行排序
}

func (c Cars) Swap(i, j int) {              //实现 Interface 接口中的 Swap()函数
    c[i], c[j] = c[j], c[i]
}

func main() {                               //声明 main()函数
    cars := Cars{
        &Car{"Volkswagen", "black"},
        &Car{"Toyota", "red"},
        &Car{"Honda", "white"},
        &Car{"LEXUS", "silver"},
        &Car{"BMW", "king"},
        &Car{"FORD", "blue"},
    }                                       //一个被打乱顺序的、Car 指针类型的切片
    sort.Sort(cars)                         //调用 sort 包中的 Sort()函数对切片中的元素进行排序
    for _, v := range cars {                //遍历排序后的、切片中的元素，并打印结果
        fmt.Printf("%v\n", v)
    }
}
```

运行结果如下。

```
&{BMW king}
&{FORD blue}
&{Honda white}
&{LEXUS silver}
&{Toyota red}
&{Volkswagen black}
```

比较例 9.4 和例 9.5 发现排序结构体比排序基础类型序列复杂得多。为此，Go 语言提供了一个更简便的，用于实现排序功能的函数，即 sort 包中的 Slice()函数。Slice()函数还支持 Interface 接口，其语法格式如下。

```
func Slice(slice interface{}, less func(i, j int) bool)
```

下面使用 Slice()函数简化例 9.5，代码如下。

```
package main                                        //声明 main 包

import (
    "fmt"                                           //导入 fmt 包，用于打印字符串
    "sort"                                          //导入 sort 包，用于调用 Slice()函数
)

type Car struct {                                   //声明表示汽车的结构体
    Brand string                                    //汽车的品牌
    Color string                                    //汽车的颜色
}

func main() {                                       //声明 main()函数
    cars := []*Car{
        {"Volkswagen", "black"},
        {"Toyota", "red"},
        {"Honda", "white"},
        {"LEXUS", "silver"},
        {"BMW", "king"},
        {"FORD", "blue"},
    }                                               //被打乱顺序的、Car 指针类型的切片
    sort.Slice(cars, func(i, j int) bool {          //调用 sort 包中的 Slice()函数
        return cars[i].Brand < cars[j].Brand        //按汽车品牌的首字母进行排序
    })
    for _, v := range cars {                        //遍历排序后的、切片中的元素，并打印结果
        fmt.Printf("%v\n", v)
    }
}
```

9.5　空接口类型

空接口类型是指在接口中没有任何函数，用“interface{}”表示。因为在空接口中没有任何函数，所以任何类型的变量都可以实现空接口。也正因为如此，在实际开发过程中，开发者既可以使用空接口保存任何类型的值，又可以从空接口中获取任何类型的值。

9.5.1　使用空接口保存值

空接口变量在没有被赋值的情况下，它的值及其数据类型都是 nil。对空接口变量执行赋值操作，空接口变量的值及其数据类型将发生变化。

【例 9.6】使用空接口保存基础类型变量的值（**实例位置：资源包\TM\sl\9\6**）

声明空接口后，在 main()函数中声明空接口变量，格式化输出空接口变量的值及其类型。分别声

明初始值为 711 的 int 类型变量、初始值为“hello, go”的 string 类型变量，以及初始值为 true 的 bool 类型变量，把这 3 个变量的值依次赋值给空接口变量，并格式化输出此时空接口变量的值及其类型。代码如下。

```
package main                                                          //声明 main 包

import "fmt"                                                          //导入 fmt 包，用于打印字符串

type noFunctions interface{}                                          //声明空接口

func main() {                                                         //声明 main()函数
	var nf noFunctions                                                //声明空接口变量
	fmt.Printf("空接口保存的值：%v，空接口的类型：%T\n", nf, nf)    //打印空接口变量的值及其类型
	num := 711                                                        //声明初始值为 711 的 int 类型变量 num
	nf = num                                                          //把变量 num 的值赋值给空接口变量 nf
	fmt.Printf("空接口保存的值：%v，空接口的类型：%T\n", nf, nf)    //打印空接口变量的值及其类型
	str := "hello, go"                                                //声明初始值为"hello, go"的 string 类型变量 str
	nf = str                                                          //把变量 str 的值赋值给空接口变量 nf
	fmt.Printf("空接口保存的值：%v，空接口的类型：%T\n", nf, nf)    //打印空接口变量的值及其类型
	b := true                                                         //声明初始值为 true 的 bool 类型变量 b
	nf = b                                                            //把变量 b 的值赋值给空接口变量 nf
	fmt.Printf("空接口保存的值：%v，空接口的类型：%T\n", nf, nf)    //打印空接口变量的值及其类型
}
```

运行结果如下。

```
空接口保存的值：<nil>，空接口的类型：<nil>
空接口保存的值：711，空接口的类型：int
空接口保存的值：hello, go，空接口的类型：string
空接口保存的值：true，空接口的类型：bool
```

空接口不仅可以保存基础变量的值，还能保存切片类型的数据、映射类型的数据和结构体中字段类型的数据。具体的使用方式如下。

☑ 当把切片类型设置为空接口类型时，这个切片可以保存不同类型的数据。

☑ 当把映射类型设置为空接口类型时，这个映射中所有与键对应的值都可以保存不同类型的数据。

☑ 当把结构体中某个字段的类型设置为空接口类型时，这个字段可以保存不同类型的数据。

下例演示如何保存切片类型的数据、映射类型的数据和结构体中字段类型的数据。

【例 9.7】空接口类型的切片、映射和结构体中的字段（**实例位置：资源包\TM\sl\9\7**）

初始化空接口类型的切片，切片中的数据为 123、hello 和 true；初始化空接口类型的映射，映射的值为“map[price:15 product:cap]”；声明表示汽车的结构体，其中包含一个表示价格的空接口类型字段，依次把 159800 和“壹拾伍万玖仟捌佰圆整”赋值给这个字段。代码如下。

```
package main                                                  //声明 main 包

import "fmt"                                                  //导入 fmt 包，用于打印字符串

func main() {                                                 //声明 main()函数
	s := []interface{}{123, "hello", true}                    //初始化空接口类型的切片
	fmt.Printf("切片中的数据：%v\n", s)                        //打印切片中的数据
	m := map[string]interface{}{}                             //初始化空接口类型的映射
	m["product"] = "cap"                                      //初始化一组键值对，与键对应的值的类型是 string
	m["price"] = 15                                           //初始化一组键值对，与键对应的值的类型是 int
	fmt.Printf("集合中的数据：%v\n", m)                        //打印映射中的数据
```

```
	var car struct {                                                 //声明一个表示汽车的结构体
		price interface{}                                            //声明表示价格的空接口类型字段
	}
	car.price = 159800                                               //初始化字段的值，类型是 int
	//打印结构体中的字段数据及其数据类型
	fmt.Printf("结构体中的字段数据：%v，其数据类型：%T\n", car.price, car.price)
	car.price = "壹拾伍万玖仟捌佰圆整"                                 //对字段重新赋值，其类型是 string
	//打印结构体中的字段数据及其数据类型
	fmt.Printf("结构体中的字段数据：%v，其数据类型：%T\n", car.price, car.price)
}
```

运行结果如下。

```
切片中的数据：[123 hello true]
集合中的数据：map[price:15 product:cap]
结构体中的字段数据：159800，其数据类型：int
结构体中的字段数据：壹拾伍万玖仟捌佰圆整，其数据类型：string
```

9.5.2　从空接口中获取值

空接口变量被赋值后，如果直接从中获取这个值，并把它赋值给与其具有相同数据类型的另一个变量，将发生编译错误。

初始化一个值为 711 的 int 类型变量 num，再初始化一个空接口变量，把变量 num 的值赋给这个空接口变量，接着直接从空接口中获取值，并将其赋给 int 类型变量 value，打印 int 类型变量 value 的值。代码如下。

```
package main                                   //声明 main 包

import "fmt"                                   //导入 fmt 包，用于打印字符串

func main() {                                  //声明 main()函数
	num := 711                                 //初始化值为 711 的 int 类型变量 num
	var nf interface{} = num                   //初始化空接口变量，把变量 num 的值赋给这个空接口变量
	var value int = nf                         //直接从空接口中获取值，并将其赋给 int 类型变量 value
	fmt.Printf("value = %v\n", value)          //打印 int 类型变量 value 的值
}
```

上述代码编写完成后，出现如图 9.1 所示的编译错误。

```
1   package main // 声明main包
2
3   import "fmt" // 导入fmt包，用于打印字符串
4
5   func main() { // 声明main()函数
6       num := 711 // 初始化值为711的int类型变量num
7       var nf interface{} = num // 初始化空接口变量，把变量num的值赋给这个空接口变量
8       var value int = nf // 直接从空接口中获取值，并将其赋给int类型变量value
9       fmt.Printf("value = %v\n", value) // 打印int类型变量value的值
10  }
```

图 9.1　发生编译错误

把鼠标光标移至图 9.1 中第 8 行代码的方框处，编译器弹出如图 9.2 所示的报错信息。

```
var nf interface{}
cannot use nf (variable of type interface{}) as int value in variable declaration: need
type assertion compiler(IncompatibleAssign)
查看问题   没有可用的快速修复
```

图 9.2　报错信息

把变量 num 的值赋给空接口变量 nf 后，虽然空接口变量 nf 的值是 int 类型，但是变量 nf 的数据类型仍然是空接口类型，这就是出现编译错误的原因。在图 9.2 的提示信息中，编译器提示使用 type assertion（即“类型断言”）纠正错误。

下面使用“类型断言”修改图 9.1 中第 8 行代码，代码如下。

```
var value int = nf.(int)
```

9.5.3　比较空接口保存的值

使用空接口保存不同的值后，可以使用“==”运算符比较。在比较空接口保存的值时，需要注意以下几个问题。

☑ 当空接口类型是基础类型、数组类型或结构体类型时，不论空接口的类型是否相同，都可以比较空接口保存的值。

先声明一个空接口变量 num，设置它的初始值为 11，再声明一个空接口变量 str，设置它的初始值为“hello”，接着分别打印这两个空接口变量的值及其数据类型，使用“==”运算符比较这两个空接口变量的值。代码如下。

```
package main                                          //声明 main 包

import "fmt"                                          //导入 fmt 包，用于打印字符串

func main() {                                         //声明 main()函数
    var num interface{} = 11                          //声明空接口变量 num，设置初始值为 11
    //打印变量 num 的值及其数据类型
    fmt.Printf("空接口变量 num 的值：%v，其数据类型：%T\n", num, num)
    var str interface{} = "hello"                     //声明空接口变量 str，设置初始值为 hello
    //打印变量 str 的值及其数据类型
    fmt.Printf("空接口变量 str 的值：%v，其数据类型：%T\n", str, str)
    fmt.Println("num 和 str 的比较结果：", num == str)    //打印对空接口保存的值进行比较后的结果
}
```

运行结果如下。

```
空接口变量 num 的值：11，其数据类型：int
空接口变量 str 的值：hello，其数据类型：string
num 和 str 的比较结果： false
```

☑ 如果空接口类型是切片类型或映射类型，则无法比较空接口保存的值。

声明空接口变量sl_1，设置它的初始值为包含 5 个元素的 int 类型切片，再声明一个空接口变量sl_2，设置它的初始值为包含 10 个元素的 int 类型切片，使用“==”运算符比较这两个空接口变量的值。代码如下。

```
package main                                          //声明 main 包
```

```
import "fmt"                                              //导入 fmt 包，用于打印字符串

func main() {                                             //声明 main()函数
    //声明空接口变量 sl_1，设置初始值为包含 5 个元素的 int 类型切片
    var sl_1 interface{} = []int{5}
    //声明空接口变量 sl_2，设置初始值为包含 10 个元素的 int 类型切片
    var sl_2 interface{} = []int{10}
    fmt.Println("sl_1 和 sl_2 的比较结果：", sl_1 == sl_2)  //打印比较空接口保存的值之后的结果
}
```

运行结果如下。

```
panic: runtime error: comparing uncomparable type []int
```

说明

上述示例的运行结果是运行时错误，提示 int 类型的切片（即“[]int”）是不可比较的类型。

9.6 类型分支

如果接口类型是多种可能的类型之一，那么为了确定这个接口的类型就需要一长串的，实现类型断言功能的 if-else 语句。在 Go 语言中，是否有其他方法能简化这一长串的 if-else 语句呢？为此，Go 语言提供了类型分支（type-switch）。类型分支（type-switch）的语法格式如下。

```
switch 接口变量.(type) {
case 类型 1:
    //当变量类型是类型 1 时执行的代码
case 类型 2:
    //当变量类型是类型 2 时执行的代码
…
default:
    //当变量类型不是所有 case 中列举的类型时执行的代码
}
```

参数说明如下。

☑ type：接口的数据类型。

type-switch 与 switch 语句类似，二者之间的区别在于 switch 语句中比较的是操作数，而 type-switch 中比较的是“接口变量.(type)”。

【例 9.8】使用 type-switch 判断基础类型（**实例位置：资源包\TM\sl\9\8**）

声明判断类型的 judgeType()函数，其参数是空接口类型的变量。在这个函数中，使用 type-switch 分别判断变量的类型是否是 int、bool 或 string 类型，并打印判断结果。在 main()函数中，分别调用 judgeType()函数，并把参数的值设置为 7、false 和“真理是检验实践的唯一标准”。代码如下。

```
package main                                              //声明 main 包

import "fmt"                                              //导入 fmt 包，用于打印字符串

func judgeType(v interface{}) {                           //声明用于判断类型的函数，其参数是空接口类型的变量
    switch v.(type) {                                     //类型分支
```

```
    case int:                                              //如果变量的类型是 int 类型
        fmt.Printf("%v 的数据类型是 int 类型。\n", v)       //则打印变量的类型是 int 类型
    case bool:                                             //如果变量的类型是 bool 类型
        fmt.Printf("%v 的数据类型是 bool 类型。\n", v)      //则打印变量的类型是 bool 类型
    case string:                                           //如果变量的类型是 string 类型
        fmt.Printf("\"%v\"的数据类型是 string 类型。\n", v) //则打印变量的类型是 string 类型
    }
}

func main() {                                              //声明 main()函数
    judgeType(7)                                           //调用 judgeType()函数，把参数的值设置为 int 类型的 7
    judgeType(false)                                       //调用 judgeType()函数，把参数的值设置为 bool 类型的 false
    judgeType("真理是检验实践的唯一标准")                    //调用 judgeType 函数，把参数的值设置为字符串
}
```

运行结果如下。

```
7 的数据类型是 int 类型。
false 的数据类型是 bool 类型。
"真理是检验实践的唯一标准"的数据类型是 string 类型。
```

类型分支不仅可以判断基础类型，还可以判断接口类型。

下面修改例 9.3 的 main()函数，判断接口变量的数据类型是 person 类型，还是 cat 类型。

在 main()函数中，增加两个内容：一个是对结构体变量 ct 执行“取地址”操作（即先对结构体变量 pn 执行“取地址”操作，再对结构体变量 ct 执行“取地址”操作），另一个是 type-switch。代码如下。

```
func main() {                                              //声明 main()函数
    var r runner                                           //声明接口变量
    //键值对初始化结构体
    pn := person{legs: 2}
    ct := cat{legs: 4}
    r = &pn                                                //对 pn 执行“取地址”操作
    r = &ct                                                //对 ct 执行“取地址”操作
    switch r.(type) {
    case *person:                                          //如果 r 的数据类型是 person 类型
        fmt.Printf("r 的值为%v，数据类型是 person 类型。\n", r)
    case *cat:                                             //如果 r 的数据类型是 cat 类型
        fmt.Printf("r 的值为%v，数据类型是 cat 类型。\n", r)
    default:                                               //如果 r 的数据类型既不是 person 类型，也不是 cat 类型
        fmt.Printf("r 的值为%v，它什么类型都不是！\n", r)
    }
}
```

运行结果如下。

```
r 的值为&{4}，数据类型是 cat 类型。
```

9.7 接口的嵌套

接口的嵌套是指在一个接口中包含一个或多个其他接口。通过接口的嵌套使得多个接口组成一个新接口，其中每个接口中的方法都是唯一的。虽然接口的嵌套允许在不同接口中包含同名方法，但是

同名方法的参数和返回值必须保持一致，否则程序在运行时会报错。这是因为程序把同名方法默认为同一个方法。因此，在使用接口的嵌套时，建议为各个接口中的方法设置不同名称。如果在不同接口中包含同名方法，那么建议使用“接口名称_方法名称”的格式加以区分。

例 9.9 演示如何使用接口的嵌套。

【例 9.9】嵌套接口的使用方法（**实例位置：资源包\TM\sl\9\9**）

为读者声明接口 reader，其中包含读书函数 read()。为少儿读者声明包含接口 reader 的嵌套接口 childReader，除了包含读书函数 read()，该接口中还包含少儿读书函数 childReader_read()。声明表示少儿的结构体，其中包含一个表示“姓名”的 string 类型字段 name。分别实现接口 reader 中的 read()函数（打印“××××在读书……”）和接口 childReader 中的 childReader_read()函数（打印“××××在读漫画书……”）。在 main()函数中，声明一个接口变量，使用键值对初始化结构体，对初始化的结构体变量执行“取地址”操作，分别调用接口 reader 中的 read()函数和调用接口 childReader 中的 childReader_read()函数。代码如下。

```
package main                                    //声明 main 包

import "fmt"                                    //导入 fmt 包，用于打印字符串

type reader interface {                         //为读者声明接口
    read()                                      //读书函数
}

type childReader interface {                    //为少儿读者声明包含接口 reader 的嵌套接口
    read()                                      //读书函数
    childReader_read()                          //少儿读书函数
}

type child struct {                             //表示少儿的结构体
    name string                                 //姓名
}

func (c *child) read() {                        //实现接口 reader 中的 read()函数
    fmt.Printf("%v 在读书……\n", *c)
}

func (c *child) childReader_read() {            //实现接口 childReader 中的 childReader_read()函数
    fmt.Printf("%v 在读漫画书……\n", *c)
}

func main() {                                   //声明 main()函数
    var cr childReader                          //声明接口变量
    c := child{name: "Leon"}                    //键值对初始化结构体
    cr = &c                                     //对初始化的结构体变量执行“取地址”操作
    cr.read()                                   //调用接口 reader 中的 read()函数
    cr.childReader_read()                       //调用接口 childReader 中的 childReader_read()函数
}
```

运行结果如下。

```
{Leon}在读书……
{Leon}在读漫画书……
```

9.8 要点回顾

接口本身是接口编写者和接口实现者都要遵守的协议。Go 语言的接口设计是非侵入式的；接口编写者无须知道接口被哪些类型实现，而接口实现者只需要知道实现的是什么样子的接口，但无须指明实现的是哪个接口。编译器在最终编译时知道使用哪个类型实现哪个接口，或接口应该由谁实现。这样，不仅可以提高编译器的编译速度，还能降低项目之间的耦合度。

第 10 章

错误处理

错误处理在每个编程语言中都是重要的内容，在 Go 语言中也不例外。Go 语言通过内置的错误接口提供非常简单的错误处理机制。error 类型是一个接口类型，Go 语言的开发者可以在编码中通过实现 error 接口类型生成错误信息。error 处理过程类似 C 语言中的错误码，可逐层返回，直到被处理。

本章的知识架构及重难点如下。

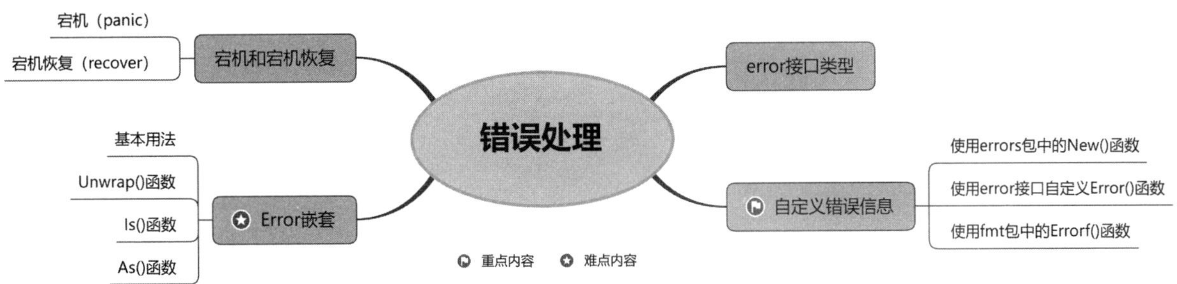

10.1 error 接口类型

错误处理对于每种编程语言都非常重要。在程序运行过程中，经常遇到各种各样的错误。Go 语言引入 error 接口类型作为错误处理的标准模式。本节主要介绍使用 error 接口处理错误的函数。

error 接口的定义如下。

```
type error interface {
Error() string
}
```

在 error 接口中包含一个 Error()函数，该函数返回一个字符串，该字符串提供错误的描述信息。在打印错误信息时，在内部调用 Error()函数获取该错误的描述信息。

说明

在通常情况下，如果函数需要返回错误信息，则将 error 作为最后一个返回值。

使用 os 包中的 Open()函数打开当前目录下的 book.txt 文件。代码如下。

```
package main

import (
	"fmt"
	"os"
```

```
)

func main() {
    f, err := os.Open("./book.txt")        //打开文件
    if err != nil {
        fmt.Print(err)                     //输出错误描述信息
    } else {
        fmt.Print(f)
    }
}
```

运行结果如下。

```
open ./book.txt: The system cannot find the file specified.
```

当前目录下不存在 book.txt 文件，所以输出相关的错误信息。在打印错误信息时，Go 语言自动调用 Error()函数，因此代码中的 fmt.Print(err)等价于 fmt.Print(err.Error())。

10.2　自定义错误信息

程序在运行时出现错误，系统给出相应的错误信息，但是这种错误信息看起来不够直观。Go 语言允许用户自定义错误描述信息。下面介绍自定义错误信息的两种方法。

10.2.1　使用 errors 包中的 New 函数

自定义错误信息最简单的方法就是调用 errors 包中的 New()函数。例如，定义一个计算数字平方根的函数，如果数字小于 0，就返回自定义的错误信息。代码如下。

```
package main

import (
    "errors"
    "fmt"
    "math"
)

func Sqrt(num float64) (float64, error) {
    if num < 0 {
        //自定义错误信息
        return -1, errors.New("错误：负数没有平方根！")
    }
    return math.Sqrt(num), nil
}

func main() {
    result, err := Sqrt(-2)                //调用函数
    if err != nil {
        fmt.Print(err)                     //输出错误信息
    } else {
        fmt.Print(result)                  //输出计算结果
    }
}
```

运行结果如下。

```
错误：负数没有平方根！
```

在上述代码中，使用 errors 包中的 New()函数返回错误信息。因为在调用 Sqrt()函数时传入负数-2，所以输出自定义的错误信息“错误：负数没有平方根！”。

10.2.2 使用 error 接口自定义 Error()函数

除了使用 errors 包的 New()函数，还可以使用 error 接口自定义 Error()函数，返回自定义的错误信息。修改上述示例代码，使用 error 接口自定义的 Error()函数获取错误信息。代码如下。

```
package main

import (
	"fmt"
	"math"
)

//定义结构体
type sqrtError struct {
	num float64
}

//定义结构体 Error()函数
func (s sqrtError) Error() string {
	//自定义错误信息
	return fmt.Sprintf("错误：%v 没有平方根", s.num)
}
func Sqrt(num float64) (float64, error) {
	if num < 0 {
		return -1, sqrtError{num: num}
	}
	return math.Sqrt(num), nil
}
func main() {
	result, err := Sqrt(-2)			//调用函数
	if err != nil {
		fmt.Print(err)			//输出错误信息
	} else {
		fmt.Print(result)		//输出计算结果
	}
}
```

运行结果如下。

```
错误：-2 没有平方根
```

在上述代码中，定义了结构体 sqrtError 和结构体的 Error()函数。当调用 Sqrt()函数时，因为传入的参数小于 0，所以返回错误信息，将错误信息保存在变量 err 中，而 err 的值是 Sqrt()函数中返回的结构体实例。当打印 err 的值时，自动调用 err 的 Error()函数，即结构体的 Error()函数，因此输出自定义的错误信息。

【例 10.1】输出除数为 0 时的错误信息（**实例位置：资源包\TM\sl\10\1**）

定义用于计算两个数的除法的函数，当除数为 0 时显示自定义的错误信息，当除数不为 0 时输出

计算结果。代码如下。

```
package main

import (
	"fmt"
)

//定义结构体
type divide struct {
	dividend float64
	divisor  float64
}

//定义结构体 Error()函数
func (d divide) Error() string {
	//自定义错误信息
	err := `
	被除数：%v
	除数：0
	错误：除数不能为 0
	`
	return fmt.Sprintf(err, d.dividend)
}
func divideBy(dividend float64, divisor float64) (float64, error) {
	if divisor == 0 {
		return -1, divide{
			dividend: dividend,
			divisor:  divisor,
		}
	}
	return dividend / divisor, nil
}
func main() {
	result, err := divideBy(6, 0)            //调用函数
	if err != nil {
		fmt.Print(err)                       //输出错误信息
	} else {
		fmt.Print(result)                    //输出计算结果
	}
}
```

运行结果如下。

```
被除数：6
除数：0
错误：除数不能为 0
```

10.2.3 使用 fmt 包的 Errorf()函数

通过 fmt 包的 Errorf()函数可以格式化创建描述性的错误信息。该函数的语法格式如下。

```
func Errorf(format string, a ...interface{}) error
```

参数说明如下。

☑ format：带有占位符的错误信息。例如，%s 表示字符串，%d 表示整数。

☑　a ...interface{}：可选，使用的常量、变量名称或内置函数。

使用 fmt 包的 Errorf()函数自定义错误信息，打印该错误信息和错误发生的时间。代码如下。

```
package main

import (
	"fmt"
	"time"
)

func main() {
	//定义常量
	const name, id = "Tom", 10
	//自定义错误信息
	err := fmt.Errorf("用户 %q (id %d) 不存在", name, id)
	fmt.Println(err)
	fmt.Printf("错误发生时间：%v", time.Now())
}
```

运行结果如下。

```
用户 "Tom" (id 10) 不存在
错误发生时间：2022-10-18 14:36:44.6387491 +0800 CST m=+0.007259101
```

【例 10.2】输出计算长方形面积时的错误信息（**实例位置：资源包\TM\sl\10\2**）

定义用于计算长方形面积的函数，当长方形的长或高小于或等于 0 时显示自定义的错误信息，否则输出计算结果。代码如下。

```
package main

import (
	"fmt"
)

//自定义函数，计算长方形的面积
func area(length float64, width float64) (float64, error) {
	if length <= 0 {
		return -1, fmt.Errorf("长方形的长是%v，长不能小于或等于 0", length)
	}
	if width <= 0 {
		return -1, fmt.Errorf("长方形的宽是%v，宽不能小于或等于 0", width)
	}
	return length * width, nil
}
func main() {
	result, err := area(6, -3)                    //调用函数
	if err != nil {
		fmt.Println(err)                           //输出错误信息
	} else {
		fmt.Printf("长方形的面积为：%v\n", result)   //输出计算结果
	}
	result, err = area(6, 3)                     //调用函数
	if err != nil {
		fmt.Println(err)                           //输出错误信息
	} else {
		fmt.Printf("长方形的面积为：%v\n", result)   //输出计算结果
	}
}
```

运行结果如下。

```
长方形的宽是-3，宽不能小于或等于0
长方形的面积为：18
```

在上述代码中，定义了用于计算长方形面积的函数 area()，两个参数分别表示长方形的长和宽。在函数中判断传入的长和宽是否小于或等于 0，如果小于或等于 0，则使用 fmt 包的 Errorf()函数自定义错误信息，否则计算长方形的面积。在主函数中两次调用 area()函数，第一次调用函数传递的是一个负数，所以输出自定义的错误信息。第二次调用函数传递的两个值都是正数，所以输出长方形的面积。

10.3 Error 嵌套

10.3.1 基本用法

Error 嵌套就是在定义的一个 error 中嵌套另一个 error。因为 error 可以嵌套，所以每次嵌套时都可以提供新的错误信息，并且保留原来的 error。Go 语言扩展了 fmt 包的 Errorf()函数，为该函数增加“%w”占位符生成 Error 嵌套。生成 Error 嵌套的示例代码如下。

```
package main

import (
	"errors"
	"fmt"
)

func main() {
	err := errors.New("结果集中没有行")
	err2 := fmt.Errorf("找不到数据，%w", err)
	fmt.Println(err2)
}
```

运行结果如下。

```
找不到数据，结果集中没有行
```

10.3.2 Unwrap()函数

既然 error 可以嵌套生成一个新的 error，那它也可以被分解，通过 errors 包中的 Unwrap()函数可以得到被嵌套的 error。例如，修改上面的示例，对变量 err2 使用 Unwrap()函数，获取代码中被嵌套的原始错误信息，代码如下。

```
package main

import (
	"errors"
	"fmt"
)
```

```
func main() {
	err := errors.New("结果集中没有行")
	err2 := fmt.Errorf("找不到数据，%w", err)
	fmt.Println(errors.Unwrap(err2))
}
```

运行结果如下。

```
结果集中没有行
```

10.3.3　Is()函数

通过 errors 包中的 Is()函数可以判断两个 error 是否是同一个 error。Is()函数的语法格式如下。

```
func Is(err, target error) bool
```

该函数有两个参数 err 和 target，在调用函数时，如果 err 和 target 是同一个 error 则返回 true。如果 err 是一个嵌套 error，而 target 也包含在这个嵌套 error 链中，那么也返回 true。其他情况返回 false。

修改上面的示例，使用 Is()函数判断 err2 和 err 是否是同一个 error，代码如下。

```
package main

import (
	"errors"
	"fmt"
)

func main() {
	err := errors.New("结果集中没有行")
	err2 := fmt.Errorf("找不到数据，%w", err)
	fmt.Println(errors.Is(err2, err))
}
```

运行结果如下。

```
true
```

10.3.4　As()函数

通过 errors 包中的 As()函数可以匹配指定的错误。As()函数的语法格式如下。

```
func As(err error, target any) bool
```

该函数有两个参数 err 和 target，通过调用函数可以找到 err 链中与 target 匹配的第一个错误，如果找到，则将 target 设置为该错误值并返回 true。否则返回 false。

代码如下。

```
package main

import (
	"errors"
	"fmt"
)
```

```
type TestError struct {
	err string
}

func (t TestError) Error() string {
	return t.err
}

func main() {
	err := TestError{"num 不是数值类型"}
	err1 := fmt.Errorf("数据类型错误: %w", err)
	var test TestError
	if errors.As(err1, &test) {
		fmt.Println("错误信息:", test.err)
	}
}
```

运行结果如下。

```
错误信息: num 不是数值类型
```

10.4 宕机和宕机恢复

在 Go 语言中，程序在编译时可能捕获到一些错误。有些错误只能在运行时出现，例如数组访问越界、空指针引用等，这些运行时出现的错误都会引起宕机（panic）。当宕机发生时，程序停止运行，编译器输出对应的报错信息。如果在宕机后想让程序继续执行，则可以使用宕机恢复（recover）机制。

10.4.1 宕机（panic）

panic()是 Go 语言的内置函数。它类似于其他编程语言中抛出异常的 throw 语句。panic()一般用在函数内部。panic()函数的语法格式如下。

```
func panic(v interface{})
```

panic()函数的参数可以是任意类型的值。

1. 手动触发宕机

在程序中可以手动触发宕机使程序崩溃，这样可以使开发者及时发现错误，减少可能的损失。在手动触发宕机时，堆栈和 goroutine 信息将输出到控制台，所以通过宕机也可以方便地查找发生错误的位置，有利于及时排查和解决问题。

代码如下。

```
package main

func main() {
	panic("Program crash")
}
```

运行结果如下。

```
panic: Program crash

goroutine 1 [running]:
main.main()
	e:/Code/10/demo.go:4 +0x27
exit status 2
```

2．在宕机时触发 defer 语句

当调用函数执行到 panic()时，不执行 panic()后面的代码，如果在 panic()函数前面有 defer 语句则正常执行该语句，之后返回调用函数，执行每一层的 defer 语句，直到所有正在执行的函数都被终止为止。

代码如下。

```
package main

import "fmt"

func test() {
	defer func() {
		fmt.Println("exit func test")
	}()
	panic("Program crash")				//触发宕机
}
func main() {
	defer func() {
		fmt.Println("exit func main")
	}()
	test()
	fmt.Println("不会执行")				//该行代码不会执行
}
```

运行结果如下。

```
exit func test
exit func main
panic: Program crash

goroutine 1 [running]:
main.test()
	e:/Code/10/demo.go:9 +0x49
main.main()
	e:/Code/10/demo.go:15 +0x3f
exit status 2
```

根据运行结果分析代码的执行流程如下。

（1）执行 test()函数中的 panic 触发宕机。

（2）宕机前，优先执行 defer 语句。由于 test()函数内的匿名函数通过 defer 语句延迟执行，因此在触发宕机后，执行 test()函数中的匿名函数，打印“exit func test”。

（3）由于主函数内的匿名函数通过 defer 语句延迟执行，因此在主函数退出前将执行其中的匿名函数，打印“exit func main”。

（4）打印抛出的 panic 并退出程序。

说明

在触发 panic 后执行的 defer 语句内还可以继续触发 panic，进一步抛出异常，直到程序整体崩溃。

10.4.2 宕机恢复（recover）

使用 recover 可以在宕机后让程序继续执行。recover 是 Go 语言的内置函数，该函数可以捕获 panic 信息，类似于其他编程语言中用于捕获异常的 try…catch 语句。recover 通常在使用 defer 语句的函数中执行。

如果当前执行的函数发生 panic，那么调用 recover()函数可以获取 panic 信息，并且恢复程序正常执行。代码如下。

```
package main

import "fmt"

func test() {
	defer func() {
		err := recover()
		if err != nil {
			fmt.Println(err)
		}
		fmt.Println("恢复执行")
	}()
	panic("程序崩溃") //触发宕机
}
func main() {
	fmt.Println("程序开始")
	test()
	fmt.Println("程序结束")
}
```

运行结果如下。

```
程序开始
程序崩溃
恢复执行
程序结束
```

由运行结果可以看出，通过 recover()函数可以获取 panic 信息，后面的程序可以正常按顺序执行。

如果 panic()函数和 recover()函数一起使用，并且程序中的函数调用比较复杂，则在执行完对应的 defer 语句后，程序退出当前函数并返回到调用处继续执行。代码如下。

```
package main

import "fmt"

func first() {
	fmt.Println("first 函数开始")
	second()
	fmt.Println("first 函数结束")
}
```

```
func second() {
	defer func() {
		recover()					//宕机恢复
	}()
	fmt.Println("second 函数开始")
	third()
	fmt.Println("second 函数结束")
}
func third() {
	fmt.Println("third 函数开始")
	panic("Program crash")				//触发宕机
	fmt.Println("third 函数结束")
}
func main() {
	fmt.Println("程序开始")
	first()
	fmt.Println("程序结束")
}
```

运行结果如下。

```
程序开始
first 函数开始
second 函数开始
third 函数开始
first 函数结束
程序结束
```

由运行结果可以看出，在 third()函数中触发宕机，程序执行 second()函数中的 defer 语句，在执行完该语句后退出 second()函数，并返回调用该函数的 first()函数继续执行。

注意

虽然 panic()函数和 recover()函数可以模拟其他语言的异常机制，但在编写普通函数时不建议使用这种特性。

如果 defer 语句中也存在 panic，那么只有最后一个 panic 可以被 recover()函数捕获。代码如下。

```
package main

import "fmt"

func main() {
	defer func() {
		err := recover()
		if err != nil {
			fmt.Println(err)
		}
		fmt.Println("恢复执行")
	}()
	defer func() {
		panic("defer panic")				//触发宕机
	}()
	panic("panic")					//触发宕机
}
```

运行结果如下。

```
defer panic
恢复执行
```

在上述代码中，当触发程序最后的 panic()函数时，将触发 defer 语句执行，defer 中的 panic()函数将覆盖之前的 panic()函数，并被 recover()函数捕获。

10.5 要点回顾

在一般情况下，可以把各程序设计语言中的错误处理分为两种情况，即错误和异常。其中，错误指的是程序运行时遇到的硬件或操作系统的错误，例如，内存溢出、不能读取硬盘分区、硬件驱动错误等；异常指的是在运行环境正常的情况下遇到的运行时错误。在 Go 语言中，错误处理通常情况下都是通过 error 接口指定。通过查看 Go 语言中各个函数的语法格式，发现这些函数能够返回多个值；其中，最后一个返回值通常都是 error 接口类型的变量。通过这个变量能够阐明这个函数在被调用时有没有出错。在编码过程中，如果需要自定义错误类型，则只需要实现 error 接口中的 Error()函数即可。

第 11 章 并发编程

并发是指在同一时间内执行多个任务。并发编程包括多线程编程、多进程编程及分布式程序等。本章讲解并发编程中的多线程编程。Go 语言支持并发的特性，并且通过 goroutine 完成。goroutine 类似于线程，是由 Go 语言运行时（runtime）调度和管理的。Go 程序能够将 goroutine 中的任务合理地分配给每个 CPU。

本章的知识架构及重难点如下。

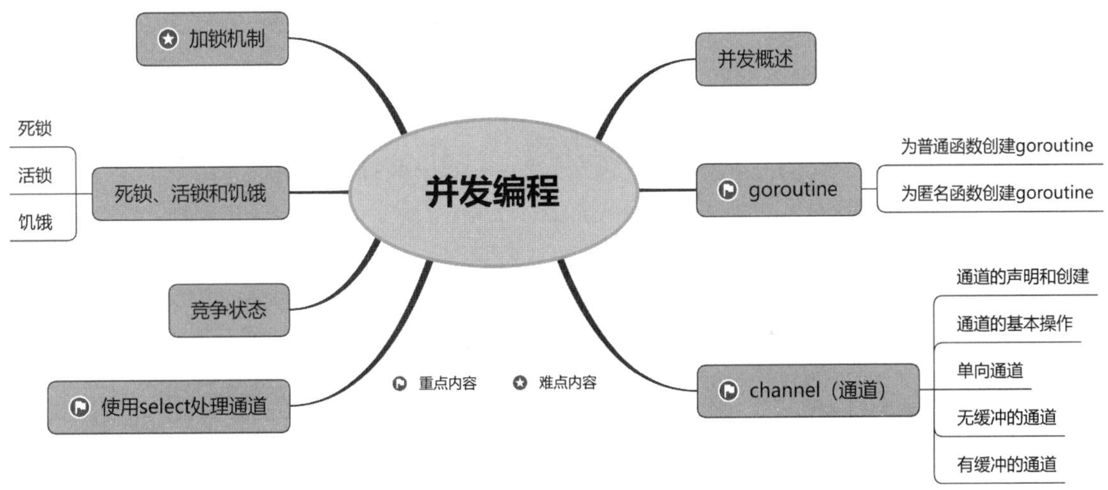

11.1 并发概述

Go 语言的并发机制使用起来非常便捷，直接通过关键字就可以实现并发。与其他编程语言相比凸显 Go 语言轻量化的特点。

下面着重讲解一些专有名词之间的联系和区别。

1. 进程、线程与协程

☑ 进程是计算机系统进行资源分配和调度的基本单位，是操作系统结构的基础。

☑ 线程是 CPU 独立调度和分派的基本单位。它被包含在进程之中，是进程中的实际运作单位。一个进程中可以并发多个线程，每条线程并行执行不同的任务。

☑ 与线程类似，协程与协程之间相对独立，每个协程都有自己的上下文；由当前协程切换到其他协程的过程是由当前协程进行控制并实现的。

2．并发与并行

☑ 并行：同时执行；多个 CPU 同时执行多个线程。

☑ 并发：穿插执行；一个 CPU 在不同时间段执行不同的线程，也就是说多个线程轮流穿插执行。

为了方便理解，使用如图 11.1 所示的示意图展示并行与并发的区别。

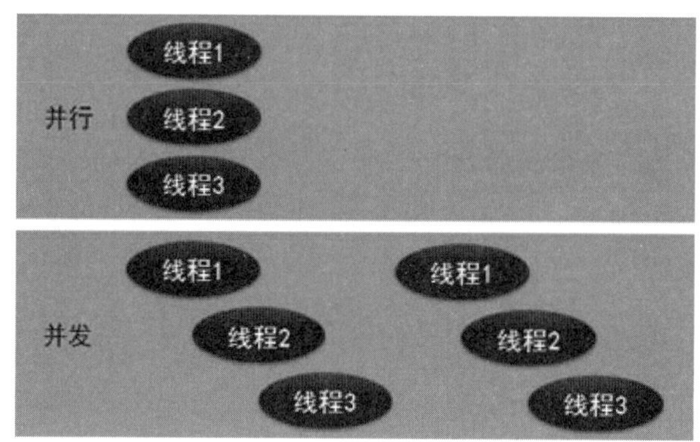

图 11.1　并行与并发的区别

并发编程是指让一个 CPU 在某个时间段内执行一个含有多个线程的程序，这些线程被这个 CPU 轮流穿插执行。并发编程的优势在于当一个 CPU 执行含有多个线程的程序时，另一个线程不必等待当前线程被执行完毕后再被执行，进而提高使用 CPU 的效率。

11.2　goroutine

在 Go 语言中，goroutine 不仅是轻量级线程，而且是用户级线程。用户级线程是指由用户控制代码的执行流程，不需要操作系统进行调度和分派。也就是说，Go 程序智能地将 goroutine 中的任务合理分配给每个 CPU。

Go 语言不仅有 goroutine，还有用于调度 goroutine 的、对接系统级线程的调度器。调度器主要负责统筹调配 Go 语言并发编程模型（即 GPM 模型）中的 3 个主要元素，它们分别是 G（goroutine 的缩写）、P（processor 的缩写）和 M（machine 的缩写）。

其中，M 指的是系统级线程；P 指的是能够使若干个 G 在恰当的时机与 M 对接，并得以运行的中介。

Go 程序在启动时，从 main 包的 main()函数开始，为 main()函数创建一个默认的 goroutine。下面讲解两种创建 goroutine 方法：一种是为普通函数创建 goroutine；另一种是为匿名函数创建 goroutine。

11.2.1　为普通函数创建 goroutine

在 Go 程序中，使用 go 关键字为普通函数创建 goroutine。需要特别注意的是，可以为一个普通函数创建多个 goroutine；但一个 goroutine 必定对应一个普通函数。

使用 go 关键字为普通函数创建 goroutine 的语法格式如下。

```
go 函数名称(parameter)
```

参数说明如下。

☑ parameter：参数列表。

说明

当使用 go 关键字创建 goroutine 时，将忽略被调用函数的返回值。

下例演示如何实现并发编程。

【例 11.1】上下车问题（**实例位置：资源包\TM\sl\11\1**）

现有一辆只为上下车的乘客提供一个车门的公交车，这辆公交车行至某一站台后，有 5 位乘客下车，有 5 位乘客上车。无论是下车还是上车，乘客与乘客之间的时间间隔都是 1s。编写 Go 程序通过并发编程实现上述的上下车问题，代码如下。

```
package main                                        //声明 main 包

import (
	"fmt"
	"time"
)                                                   //导入 fmt 包，用于打印字符串

func getOff() {
	//循环 5 次
	for i := 5; i > 0; i-- {
		fmt.Println("还有", i, "位乘客下车")
		//延时 1s
		time.Sleep(1 * time.Second)
	}
}

func main() {
	//执行并发程序
	go getOff()
	//循环 5 次
	for i := 1; i < 6; i++ {
		fmt.Println("第", i, "位乘客上车")
		//延时 1s
		time.Sleep(1 * time.Second)
	}
}
```

运行结果如下（运行结果不唯一）。

```
第 1 位乘客上车
还有 5 位乘客下车
还有 4 位乘客下车
第 2 位乘客上车
第 3 位乘客上车
还有 3 位乘客下车
还有 2 位乘客下车
第 4 位乘客上车
第 5 位乘客上车
还有 1 位乘客下车
```

说明

首先为 main()函数创建一个 goroutine，然后使用 go 关键字为 getOff()函数创建另一个 goroutine；Go 语言自动对这两个 goroutine 进行调度，以实现并发过程。

当使用 go 关键字创建 goroutine 时，因为忽略被调用函数的返回值，所以只考虑是否需要为被调用函数设置参数。

下例演示当创建 goroutine 时，如何为被调用函数设置参数。

【例 11.2】确认上下车的乘客姓名（**实例位置：资源包\TM\sl\11\2**）

现有一辆只为上下车的乘客提供一个车门的公交车，这辆公交车行至某一站台后，有 5 位乘客下车，这 5 位乘客的姓名依次为“David”“Leon”“Steven”“James”和“Tom”；有 5 位乘客上车，这 5 位乘客的姓名依次为“张三”“李四”“王五”“赵六”和“周七”。不论是下车还是上车，乘客与乘客之间的时间间隔都是 1s。编写 Go 程序，通过并发编程实现上述的上下车问题，并确认上下车的乘客姓名。代码如下。

```
package main                                           //声明 main 包

import (
	"fmt"
	"time"
)                                                      //导入 fmt 包，用于打印字符串

func getOff(names []string) {
	//遍历存储下车乘客的姓名的切片中的元素
	for i, name := range names {
		fmt.Println("第", i+1, "位乘客", name, "正在下车")
		//延时 1s
		time.Sleep(1 * time.Second)
	}
}

func main() {
	//存储下车乘客的姓名的切片
	var offNames = [5]string{"David", "Leon", "Steven", "James", "Tom"}
	//执行并发程序
	go getOff(offNames[:])
	//存储上车乘客的姓名的切片
	var onNames = [5]string{"张三", "李四", "王五", "赵六", "周七"}
	//遍历存储上车乘客的姓名的切片中的元素
	for i, name := range onNames {
		fmt.Println("第", i+1, "位乘客", name, "正在上车")
		//延时 1s
		time.Sleep(1 * time.Second)
	}
}
```

运行结果如下（运行结果不唯一）。

```
第 1 位乘客 张三 正在上车
第 1 位乘客 David 正在下车
第 2 位乘客 Leon 正在下车
第 2 位乘客 李四 正在上车
第 3 位乘客 王五 正在上车
```

```
第 3 位乘客 Steven 正在下车
第 4 位乘客 赵六 正在上车
第 4 位乘客 James 正在下车
第 5 位乘客 Tom 正在下车
第 5 位乘客 周七 正在上车
```

11.2.2　为匿名函数创建 goroutine

在 Go 程序中，使用 go 关键字还可以为匿名函数创建 goroutine。注意，go 关键字的后面须包含两个内容：一个是定义的匿名函数；另一个是匿名函数的调用参数。

使用 go 关键字为匿名函数创建 goroutine 的语法格式如下。

```
go func(parameter) {
	func field
}(para)
```

参数说明如下。

☑ func：Go 语言的关键字，用于定义匿名函数。

☑ parameter：参数列表。

☑ func field：匿名函数的实现代码。

☑ para：匿名函数被调用时所需设置的参数。

下例演示如何为匿名函数创建 goroutine。

【例 11.3】左手画圆，右手画方（**实例位置：资源包\TM\sl\11\3**）

已知在使用左手画圆的同时，使用右手画方，并且圆和方的个数均为 3 个。定义一个用于实现“左手画圆”的匿名函数。编写 Go 程序，在为匿名函数创建 goroutine 后，并发执行程序，实现“左手画圆，右手画方”的效果，并记录圆和方的绘制过程。代码如下。

```
package main

import (
	"fmt"
	"time"
)

func main() {
	//为匿名函数创建 goroutine
	go func() {
		//循环 3 次
		for i := 0; i < 3; i++ {
			fmt.Println("左手画圆")
			//延时 1s
			time.Sleep(1 * time.Second)
		}
	}() //匿名函数被调用时所需设置的参数
	//循环 3 次
	for i := 0; i < 3; i++ {
		fmt.Println("右手画方")
		//延时 1s
		time.Sleep(1 * time.Second)
	}
}
```

运行结果如下（运行结果不唯一）。

```
右手画方
左手画圆
左手画圆
右手画方
右手画方
左手画圆
```

如果要求把圆绘制成红色，那么就需要使用有参数的匿名函数。这时，除了需要在 func 关键字后面的小括号内添加参数，还需要在匿名函数末端的小括号内为其设置被调用时所需的参数。修改例 11.3，“把圆绘制成红色”的代码如下。

```
package main

import (
	"fmt"
	"time"
)

func main() {
	//为匿名函数创建 goroutine
	go func(color string) {
		//循环 5 次
		for i := 0; i < 3; i++ {
			fmt.Println("左手画圆,圆的颜色是" + color)
			//延时 1s
			time.Sleep(1 * time.Second)
		}
	}("红色") //匿名函数被调用时所需设置的参数
	//循环 5 次
	for i := 0; i < 3; i++ {
		fmt.Println("右手画方")
		//延时 1s
		time.Sleep(1 * time.Second)
	}

}
```

运行结果如下（运行结果不唯一）。

```
右手画方
左手画圆,圆的颜色是红色
左手画圆,圆的颜色是红色
右手画方
右手画方
左手画圆,圆的颜色是红色
```

11.3 channel（通道）

通道是 Go 语言在两个或多个 goroutine 之间的一种通信方式。通道可以让一个 goroutine 给另一个 goroutine 发送消息。当需要在 goroutine 之间共享一个数据资源时，通道是确保同步交换数据资源的方法。goroutine 与通道的关系如图 11.2 所示。

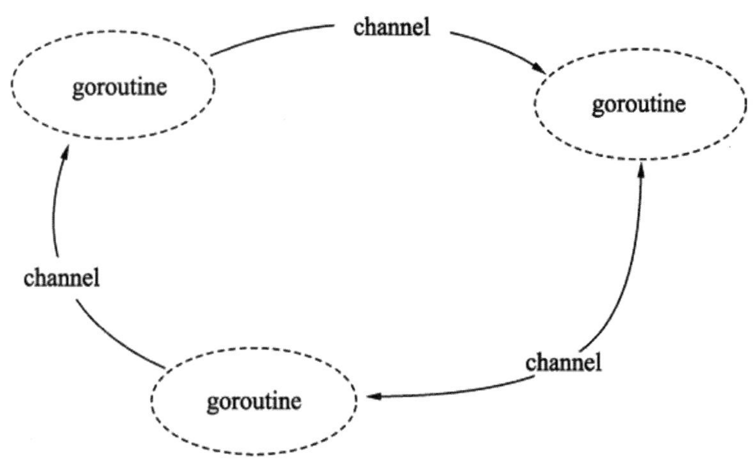

图 11.2　goroutine 与 channel（通道）的关系

多个 goroutine 为了争抢数据资源，势必会降低执行效率。为了保证执行效率不降低，goroutine 之间通过通道进行通信，确保同一时刻只有一个 goroutine 访问通道，并执行发送和接收数据的操作。

通道就像队列一样，遵循“先入先出”的规则，保证发送和接收数据的顺序。

11.3.1　通道的声明和创建

在 Go 语言中，通道是一种特殊的数据类型。通道需要一个类型修饰。这样，通道的类型就是在其内部传输的数据的类型。声明通道类型的语法格式如下。

```
var name chan type
```

参数说明如下。

☑　var：Go 语言关键字，用于声明变量。

☑　name：通道的名称。

☑　chan：Go 语言关键字，通道类型。

☑　type：在通道内部传输的数据的类型。

为了创建通道，需要使用 make()函数。创建通道的语法格式如下。

```
name := make(chan type)
```

参数说明如下。

☑　name：通道的名称。

☑　make：make()函数，用于创建通道。

☑　chan：Go 语言关键字，通道类型。

☑　type：在通道内部传输的数据的类型。

在实际开发中，可以先声明通道，再创建通道。代码如下。

```
var chel chan string
chel = make(chan string)
```

还可以省去声明通道的步骤，直接使用 make()函数创建通道。代码如下。

```
chel := make(chan string)
```

11.3.2 通道的基本操作

创建通道后，就可以使用通道执行发送和接收数据的操作了。

1. 使用通道发送数据

使用通道发送数据需要使用特殊的操作符“<-”，其语法格式如下。

```
name <- value
```

参数说明如下。

☑ name：已经创建的通道的名称。

☑ value：值，可以是变量、常量、表达式或函数返回值等；值的类型必须与在通道内部传输的数据的类型保持一致。

例如，创建一个可以传输任意类型的数据的通道，分别让其发送数字 711 和字符串“hello world”。关键代码如下。

```
//创建传输任意类型数据的通道
chel := make(chan interface{})
//使用通道发送数字 711
chel <- 711
//使用通道发送字符串 hello world
chel <- "hello"
```

说明

把在通道内部传输的数据的类型设置为空接口类型，该通道就能够传输任意类型的数据。

2. 使用通道接收数据

使用通道接收和发送数据具有以下特性。

☑ 如果没有接收通道传输的数据，那么发送数据操作将被持续阻塞。

☑ 如果接收了通道传输的数据，但尚未执行发送数据操作，那么接收数据操作将被持续阻塞。

☑ 通道一次只能传输一个数据。

使用通道接收数据也要使用特殊的操作符“<-”，并有 4 种语法格式。

（1）发送数据操作将被持续阻塞，直到通道传输的数据被接收。语法格式如下。

```
data := <-name
```

参数说明如下。

☑ data：变量名。

☑ name：通道的名称。

（2）通道传输的数据被接收且不会发送阻塞。语法格式如下。

```
data, ok = <-name
```

参数说明如下。

☑　ok：表示通道传输的数据是否被接收。

（3）发送数据操作被持续阻塞，直到接收通道传输的数据，但是接收到的数据会被忽略。语法格式如下。

```
<-name
```

（4）使用 for range 语句接收通道传输的数据。语法格式如下。

```
for data := range name {

}
```

通道传输的数据是可以遍历的，遍历的结果就是接收到的数据。

例 11.4 演示如何遍历通道传输的数据。

【例 11.4】遍历通道传输的数据（**实例位置：资源包\TM\sl\11\4**）

创建传输 int 类型数据的通道。为匿名函数创建 goroutine，其作用是使用通道发送数字 0～5。遍历并打印通道传输的数据。代码如下。

```
package main

import (
	"fmt"
	"time"
)

func main() {
	chel := make(chan int)                    //创建传输 int 类型数据的通道
	//为匿名函数创建 goroutine
	go func() {
		for i := 0; i < 6; i++ {
			chel <- i                         //使用通道发送数字 0～5
			time.Sleep(1 * time.Second)       //延时 1s
		}
	}()
	//遍历通道传输的数据
	for data := range chel {
		fmt.Println(data)
		if data == 5 {                        //如果遍历的结果是 5
			break                             //则不再接收通道传输的数据
		}
	}
}
```

运行结果如下。

```
0
1
2
3
4
5
```

3．关闭通道

通道使用 Go 语言内置的 close()函数设置标识，告诉 Go 程序当前通道已完成发送数据的操作。在使用 close()函数关闭通道后，通道不再执行发送数据的操作。close()函数的语法格式如下。

```
close(name)
```

参数说明如下。

☑ name：已经创建的通道的名称。

11.3.3　单向通道

单向通道是指只能发送数据或只能接收数据的通道。单向通道实质上是对通道的一种使用限制。单向通道的语法格式如下。

```
var name chan<- type                    //只能发送数据的通道
var name <-chan type                    //只能接收数据的通道
```

参数说明如下。

☑ var：Go 语言关键字，用于声明变量。

☑ name：通道的名称。

☑ chan：Go 语言关键字，通道类型。

☑ type：在通道内部传输的数据的类型。

下例演示单向通道的使用方法。

【例 11.5】打印启动汽车的步骤（**实例位置：资源包\TM\sl\11\5**）

首先，定义表示“接通电源”的 electrify()函数，参数是只能发送数据的通道 chel，使用通道发送数据。然后，定义表示“启动（发动机）”的 start()函数，包含两个参数，分别是只能接收数据的通道 ch1 和只能发送数据的通道 ch2；变量 data 接收通道 ch1 传输的数据，使用通道 ch2 发送数据。接着，定义表示“驾驶”的 drive()函数，参数是只能发送数据的通道 ch；使用 for range 语句接收并遍历通道传输的数据。最后，在 main()函数中执行并发程序，并调用表示“驾驶”的函数。代码如下。

```
package main

import (
	"fmt"
)

//表示“接通电源”的函数，参数是只能发送数据的通道 chel
func electrify(chel chan<- string) {
	chel <- "接通电源！"                    //使用通道发送字符串
	close(chel)                            //关闭通道
}

/*
表示“启动（发动机）”的函数，参数有两个：
ch1：只能接收数据的通道
ch2：只能发送数据的通道
*/
func start(ch1 <-chan string, ch2 chan<- string) {
```

```
    data := <-ch1                                  //变量 data 接收通道 ch1 传输的数据
    ch2 <- data + "启动！"                          //使用通道 ch2 发送数据
    close(ch2)                                     //关闭通道
}

//表示“驾驶”的函数，参数是只能发送数据的通道 ch
func drive(ch <-chan string) {
    for data := range ch {                         //遍历通道传输的数据
        fmt.Println(data + "准备就绪，开始行万里路……")
    }
}

func main() {
    ch1 := make(chan string)                       //创建通道 ch1
    ch2 := make(chan string)                       //创建通道 ch2
    //执行并发程序
    go electrify(ch1)
    go start(ch1, ch2)
    //调用表示“驾驶”的函数
    drive(ch2)
}
```

运行结果如下。

```
接通电源！启动！准备就绪，开始行万里路……
```

11.3.4　无缓冲的通道

在 Go 语言中，无缓冲的通道是指在接收数据前没有能力保存任何值的通道。为了能够让无缓冲的通道完成发送、接收数据的操作，执行发送数据操作的 goroutine 和执行接收数据操作的 goroutine 需要同时准备就绪。也就是说，对于无缓冲的通道，执行发送和接收数据的操作是同步的，其中的任意一个操作都无法离开另一个操作单独存在。因此，无缓冲的通道又称同步通道。

下例演示无缓冲通道的使用方法。

【例 11.6】我正在读书（**实例位置：资源包\TM\sl\11\6**）

定义表示阅读的 read()函数，该函数包含两个参数，分别是表示图书名称的 bookName 和表示通道名称的 chel。在 main()函数中，创建通道 chel，执行并发程序，接收通道传输的数据，但接收到的数据将被忽略。在控制台中打印“我正在读《Go 语言从入门到精通》”。代码如下。

```
package main

import (
    "fmt"
)

/*
表示“阅读”的函数，参数有两个：
bookName：图书的名称
chel：通道的名称
*/
func read(bookName string, chel chan bool) {
    fmt.Println("我正在读" + bookName)
    chel <- true                                   //使用通道 chel 发送数据
}
```

```
func main() {
	chel := make(chan bool)                    //创建通道 chel
	//执行并发程序
	go read("《Go 语言从入门到精通》", chel)
	<-chel                                     //通道传输的数据被接收，但是接收到的数据将被忽略
}
```

运行结果如下。

```
我正在读《Go 语言从入门到精通》
```

11.3.5　有缓冲的通道

在 Go 语言中，有缓冲的通道是指在接收数据前能够存储一个或多个值的通道。创建有缓冲的通道的语法格式如下。

```
name := make(chan type, num)
```

参数说明如下。

☑ name：通道的名称。

☑ make：make()函数，用于创建通道。

☑ chan：Go 语言关键字，通道类型。

☑ type：在通道内部传输的数据的类型。

☑ num：通道内部存储的数据的数量上限。

可以把有缓冲的通道看作是一个元素队列，使用有缓冲的通道执行发送数据的操作就是在元素队列的尾部插入元素，而接收数据的操作则是从元素队列的头部移除一个元素。

如果有缓冲的通道存储数据的数量达到上限，那么执行发送数据操作的 goroutine 将被持续阻塞，直到执行接收数据操作的 goroutine 接收有缓冲的通道传输的数据。

如果有缓冲的通道存储数据的数量为零，那么执行接收数据操作的 goroutine 将被持续阻塞，直到执行发送数据操作的 goroutine 使用有缓冲的通道发送数据。

在使用有缓冲的通道完成发送与接收数据的操作时，不强制要求执行发送数据操作的 goroutine 和执行接收数据操作的 goroutine 同时准备就绪。

下例演示有缓冲通道的使用方法。

【例 11.7】打印有缓冲的通道内部存储数据的数量（**实例位置：资源包\TM\sl\11\7**）

首先，创建一个有缓冲的通道 chel，该通道内部存储数据的数量上限为 6。然后，打印该通道内部存储数据的数量。接着，使用有缓冲的通道发送数据，数据依次为 0、1、2 和 3，最后打印该通道内部存储数据的数量。代码如下。

```
package main

import "fmt"

func main() {
	chel := make(chan int, 6)                  //创建有缓冲的通道 chel
	//打印有缓冲的通道内部存储数据的数量
```

```
    fmt.Println("有缓冲的通道内部存储数据的数量:", len(chel))
    //使用有缓冲的通道发送数据
    chel <- 0
    chel <- 1
    chel <- 2
    chel <- 3
    //再次打印有缓冲的通道内部存储数据的数量
    fmt.Println("有缓冲的通道内部存储数据的数量:", len(chel))
}
```

运行结果如下。

```
有缓冲的通道内部存储数据的数量: 0
有缓冲的通道内部存储数据的数量: 4
```

11.4　使用 select 处理通道

select 的语法格式与 switch 的语法格式几乎相同，都是由一系列的 case 语句和一个可选的 default 语句组成。但是，select 只适用于通道。select 的语法格式如下。

```
select {
    case ch1:
        …//实现当前 case 语句功能的代码
    case ch2:
        …//实现当前 case 语句功能的代码
    …//任意数量的 case 语句
    default: //可选
        …//实现 default 语句功能的代码
}
```

每个 case 语句都指定一次通信。指定一次通信是指使用一个通道发送或接收数据。当触发一个 case 语句时，将执行这个 case 语句；如果触发多个 case 语句，则随机执行一个 case 语句。

当两个 goroutine 同时访问两个相同的通道时，在两个 goroutine 中必须以相同顺序访问这两个通道。下例演示这种方式的实现过程。

【例 11.8】两个 goroutine 同时访问两个相同的通道（**实例位置：资源包\TM\sl\11\8**）

创建两个通道 ch1 和 ch2。为匿名函数创建 goroutine；在匿名函数中，定义一个值为 1 的 int 型变量 v，使用通道 ch1 发送变量 v。变量 v2 接收通道 ch2 传输的数据，打印变量 v 和变量 v2 的值。

在 main()函数中，定义一个值为 2 的 int 型变量 v，并声明一个 int 型变量 v2，使用 select 语句检查任意 case 语句是否被执行，第一个 case 语句使用通道 ch2 发送变量 v，另一个 case 语句是变量 v2 接收通道 ch1 传输的数据，打印变量 v 和变量 v2 的值。代码如下。

```
package main

import "fmt"

func main() {
    ch1 := make(chan int)                    //创建通道 ch1
    ch2 := make(chan int)                    //创建通道 ch2
    //为匿名函数创建 goroutine
```

```
    go func() {
        v := 1                          //定义值为 1 的 int 型变量 v
        ch1 <- v                        //使用通道 ch1 发送变量 v
        v2 := <-ch2                     //变量 v2 接收通道 ch2 传输的数据
        fmt.Println(v, v2)              //打印变量 v 和变量 v2 的值
    }()

    v := 2                              //定义值为 2 的 int 型变量 v
    var v2 int                          //声明 int 型变量 v2
    select {                            //使用 select 语句检查任意的 case 语句是否被执行
    case ch2 <- v:                      //使用通道 ch2 发送变量 v
    case v2 = <-ch1:                    //变量 v2 接收通道 ch1 传输的数据
    }
    fmt.Println(v, v2)                  //打印变量 v 和变量 v2 的值
}
```

运行结果如下。

```
2 1
```

11.5 竞争状态

两个或多个 goroutine 在没有同步的情况下，访问某个共享的资源，这些 goroutine 将处于竞争状态。

为了让这些 goroutine 不进入竞争状态，可以使用同步 goroutine 机制对共享资源加锁。Go 语言通过 atomic 包和 sync 包里的函数对共享资源执行加锁操作。

例如，在 atmoic 包中，有一个用于对同步的整型值执行加法操作的 AddInt64()函数，该函数强制同一时刻只能有一个 gorountie 运行并完成这个加法操作。使用 atmoic 包中的函数对共享资源加锁的代码如下。

```
package main

import (
    "fmt"
    "runtime"
    "sync"
    "sync/atomic"
)

var (
    counter int64
    wg      sync.WaitGroup              //声明同步等待组对象 wg
)

func main() {
    wg.Add(2)                           //设置并发程序的等待数量为 2
    go count(1)                         //启动第一个并发程序
    go count(2)                         //启动第二个并发程序
    wg.Wait()                           //并发程序启动后，主程序进入阻塞等待状态
    fmt.Println(counter)
}

func count(id int) {
```

```
	for count := 0; count < 2; count++ {
		atomic.AddInt64(&counter, 1)         //对同步的整型值执行加 1 操作
		runtime.Gosched()
	}
	/*
		通知主程序当前并发程序已执行完毕，对 wg 执行减 1 操作。
		当 wg 为 0 时，解除主程序的阻塞等待
	*/
	wg.Done()
}
```

运行结果如下。

```
4
```

综上所述，对共享资源加锁的实现步骤大致如下。

（1）使用 WaitGroup 声明同步等待组对象 wg。

（2）调用 Add()函数设置并发程序的等待数量。注意，设置并发程序的等待数量必须与并发程序的启动数量保持一致。

（3）并发程序启动之后，通过 wg 调用 Wait()函数，使得主程序进入阻塞等待状态。

（4）并发程序执行完毕后，通过 wg 调用 Done()函数，对 wg 执行减 1 操作；当 wg 为 0 时，解除主程序的阻塞等待。

11.6　死锁、活锁和饥饿

死锁是因为错误地使用锁从而导致异常。活锁是逻辑上进行不下去，程序却一直在执行。饥饿与锁使用的粒度有关，通过计数取样能够判断进程的工作效率。

11.6.1　死锁

死锁是指两个或两个以上的进程（或线程）在执行过程中，因争夺资源而造成的一种相互等待的现象。在没有外力的帮助下，它们将一直处于相互等待的状态。Go 语言把这种情况称作系统处于死锁状态或系统产生死锁，这些一直处于相互等待状态的进程（或线程）被称作死锁进程（或线程）。

死锁发生的条件有以下几种。

1. 互斥条件

线程对资源的访问具有排他性，如果一个线程占用某资源，那么其他线程必须处于等待状态，直到该资源被释放。

2. 请求和保持条件

线程 T1 在已经占用资源 R1 的情况下，又提出占用资源 R2 的请求；此时，资源 R2 被线程 T2 占用。于是，线程 T1 一边占用着资源 R1，一边处于等待状态（直到资源 R2 被线程 T2 释放）。

3. 不剥夺条件

对于线程 T1 已经占用的资源，在未被使用完毕前，不能被其他线程剥夺。

4. 环路等待条件

在死锁发生时，必然存在一个“进程-资源环形链”，即进程 p0 等待进程 p1 占用的资源，而进程 p1 在等待进程 p0 占用的资源，于是进程 p0 和进程 p1 就处于相互等待状态。

综上所述，如果一个程序中的所有并发进程都处于相互等待的状态，那么这个程序就是死锁程序。死锁程序在没有外界的干预下是无法恢复正常的。

11.6.2 活锁

虽然活锁不会阻塞线程，但是线程也无法继续执行，这是因为线程不断重复执行相同操作，并且这些操作都会失败。例如，线程 1 让线程 2 先占用资源，线程 2 也让线程 1 先占用资源，最终使得两个线程都无法占用资源。

活锁通常发生在处理事务消息中，如果不能成功处理某个消息，那么消息处理机制将回滚事务，并把这个消息重新放到队列的开头。这使得消息处理机制将不断回滚事务。这种形式的活锁通常是由过度修复错误代码（即将不可修复的错误认为是可修复的错误）造成的。

如果多个相互协作的线程都为了彼此修改自己的状态，并且使得任何线程都无法继续执行，那么会导致活锁。

活锁和死锁的区别在于，活锁不断改变状态，死锁则表现为等待；活锁有可能自行解开，但死锁不能。

11.6.3 饥饿

饥饿是指一个可运行的进程尽管能继续执行，却被调度器无限期地忽视，不能被调度执行。与死锁不同的是，饥饿在一段时间内执行完毕优先级高的线程且释放资源后，将执行优先级低的线程。

活锁与饥饿是无关的，因为在活锁中所有并发进程都没有被执行完毕。饥饿通常意味着有一个或多个并发进程以尽可能有效地完成工作为由，不公平地阻止一个或多个并发进程执行。

11.7 加锁机制

在 Go 语言提供的 sync 包中有两种锁类型，即互斥锁（sync.Mutex）和读写互斥锁（sync.RWMutex）。

其中，互斥锁比较简单，当一个 goroutine 获得互斥锁后，其他 goroutine 只能等这个 goroutine 释放互斥锁。

读写互斥锁则是经典的单写多读模型。读锁被占用时仅阻止写，但不阻止读。在写锁被占用的情况下，既阻止写，也组织读。

下例演示互斥锁的使用方法。

【例 11.9】让两个 goroutine 依次打印数据（**实例位置：资源包\TM\sl\11\9**）

声明互斥锁的全局变量 mutex；定义打印 3～5 的 printData()函数，分别调用 Lock()函数和 Unlock()函数对 printData()函数进行加锁、解锁处理。在 main()函数中，启动并发程序（即 printData()函数），分别调用 Lock()函数和 Unlock()函数对 main()函数进行加锁、解锁处理，以实现先由 main()函数占用资源打印 0～2、待资源被释放后再由 printData()函数打印 3～5 的目的。代码如下。

```
package main

import (
	"fmt"
	"sync"
	"time"
)

var mutex sync.Mutex                          //声明互斥锁的全局变量

func printData() {
	mutex.Lock()                              //加锁
	for i := 3; i < 6; i++ {
		time.Sleep(1 * time.Second)           //每隔 1s 打印一个数字
		fmt.Println(i)                        //使用 for 循环打印 3、4、5
	}
	mutex.Unlock()                            //解锁
}

func main() {
	go printData()                            //启动并发程序
	mutex.Lock()                              //加锁
	for i := 0; i < 3; i++ {
		time.Sleep(1 * time.Second)           //每隔 1s 打印一个数字
		fmt.Println(i)                        //使用 for 循环打印 0、1、2
	}
	mutex.Unlock()                            //解锁
	time.Sleep(6 * time.Second)               //等待并发程序执行完成
}
```

运行结果如下。

```
0
1
2
3
4
5
```

下例演示读写互斥锁（sync.RWMutex）的使用方法。

【例 11.10】如何使用读写互斥锁（**实例位置：资源包\TM\sl\11\10**）

声明表示随机数的全局变量 numRand、读写互斥锁的全局变量 rw，以及同步等待组的全局变量 wg；定义执行读操作的 read()函数，使用 RLock()函数和 RUnlock()函数对其进行加锁、解锁处理，通过设置延时，打印执行读操作后的随机数；定义执行写操作的 write()函数，使用 Lock()函数和 Unlock()函数进行加锁、解锁处理，通过设置延时，打印执行写操作后的随机数；在 main()函数中，设置同步等待组，分别各执行 3 次 read()函数和 write()函数。代码如下。

```
package main

import (
    "fmt"
    "math/rand"
    "sync"
    "time"
)

var numRand int                                    //声明表示随机数的全局变量
var rw sync.RWMutex                                //声明读写互斥锁的全局变量
var wg sync.WaitGroup                              //声明同步等待组的全局变量

func read(i int) {
    rw.RLock()                                     //加锁
    time.Sleep(time.Duration(i) * time.Second)     //设置延时
    fmt.Printf("执行读操作，数据：%d\n", numRand)
    rw.RUnlock()                                   //解锁
    wg.Done()
}

func write(i int) {
    rw.Lock()                                      //加锁处理
    numRand = rand.Intn(100)                       //100 以内的随机数
    time.Sleep(time.Duration(i) * time.Second)     //设置延时
    fmt.Printf("执行写操作，数据：%d\n", numRand)
    rw.Unlock()                                    //解锁处理
    wg.Done()
}

func main() {
    wg.Add(6)                                      //设置同步等待组
    for i := 1; i < 4; i++ {
        go write(i)                                //启动 3 次并发程序，即 write()函数
    }
    for i := 1; i < 4; i++ {
        go read(i)                                 //启动 3 次并发程序，即 read()函数
    }
    wg.Wait()                                      //等待同步等待组执行并发程序
}
```

运行结果如下（运行结果不唯一）。

```
执行读操作，数据：0
执行写操作，数据：81
执行读操作，数据：81
执行读操作，数据：81
执行写操作，数据：87
执行写操作，数据：47
```

说明

在使用 RLock()和 RUnlock()、Lock()和 Unlock()等函数时，它们必须成对出现。

11.8 要点回顾

Go 语言的并发是通过 goroutine 完成的。goroutine 是一种非常轻量级的实现，可在单个进程里执行成千上万个并发任务，它是 Go 语言并发设计的核心。goroutine 也可以被视作线程，但它比线程更小。使用 go 关键字就可以创建 goroutine，将 go 关键字放到一个需调用的函数之前，在相同地址空间调用运行这个函数，这样该函数执行时便可以作为一个独立的并发线程。

第 3 篇 高级应用

本篇讲解包管理、标准库、编译与测试工具、反射、MySQL 数据库编程、文件处理、网络编程等内容。学习完本篇，读者将能够开发小型 Go 项目。

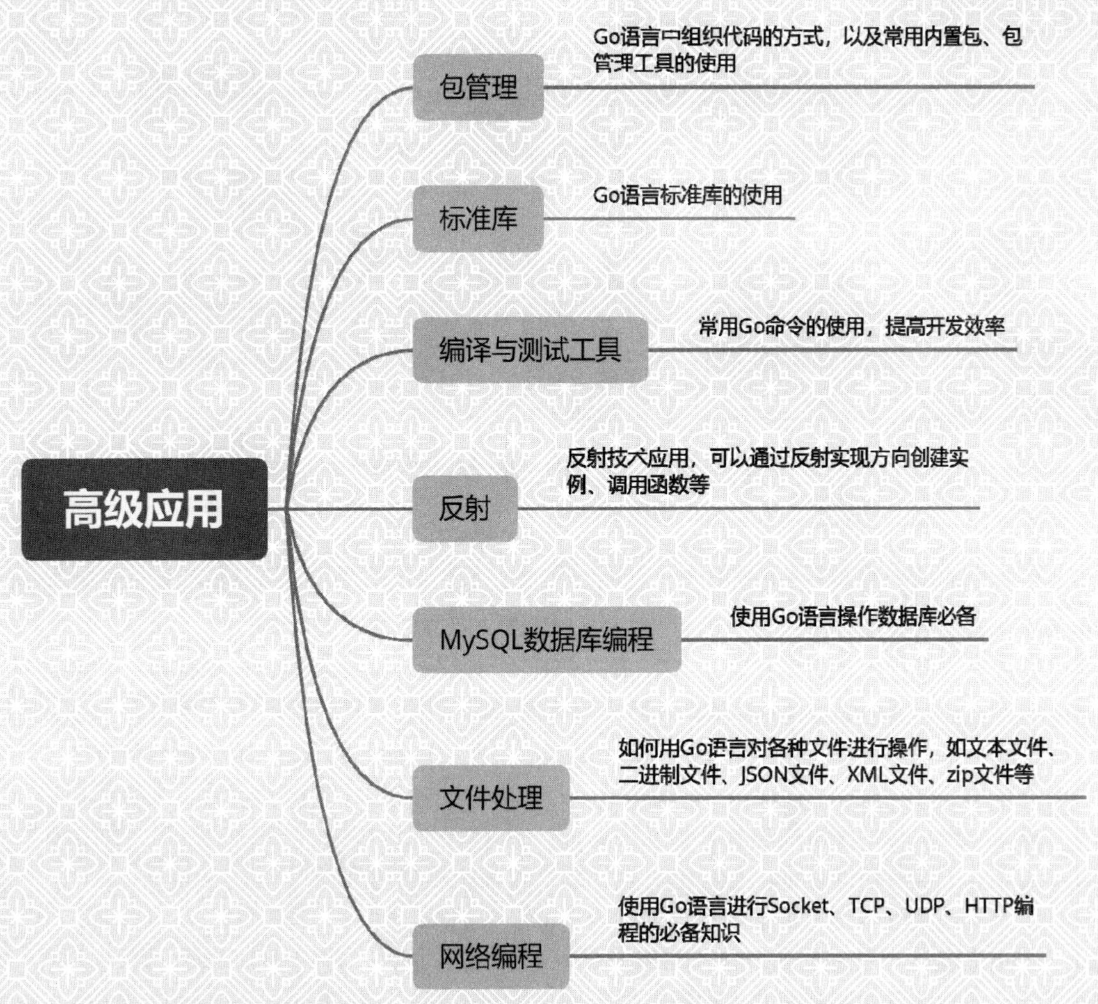

第 12 章

包管理

Go 语言是通过包组织代码的。包（package）是 Go 代码的集合，是一种高级的代码复用方案。任何代码均须属于某个包；Go 文件中的第一行代码须是 package 语句，用于声明当前代码文件所在的包。例如，Go 语言的入口 main()函数所在的包（package）是 main 包。当 main 包引用其他包的代码时，必须以包的方式引用。本章讲解如何导出包和导入包。

本章的知识架构及重难点如下。

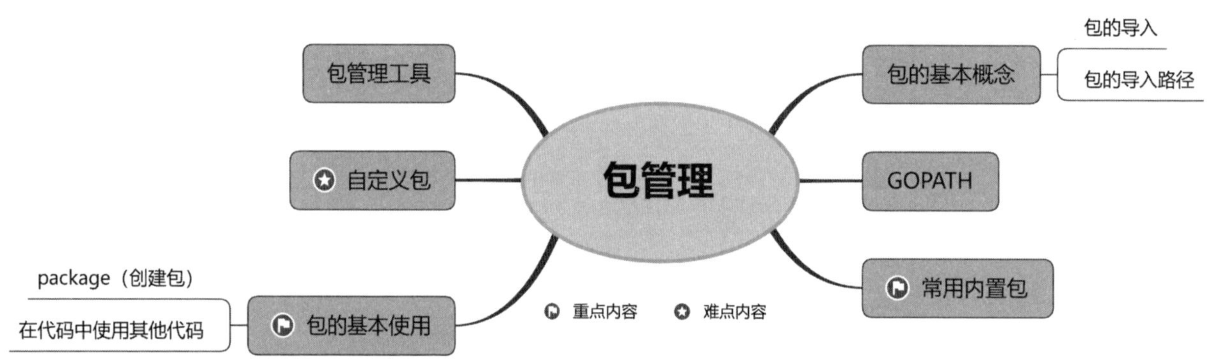

12.1 包的基本概念

Go 语言的包借鉴目录树的组织形式，包的名称通常是其源文件所在目录的名称。Go 语言虽然没有强制要求包名和其源文件所在目录的名称同名，但建议使用这种方式命名。

包可以被定义在很深的目录中。虽然在定义包时不包括目录路径，但在引用包时一般要通过全路径引用。例如，在 GoDemos/src/com/mr/下定义一个包 dao。在包 dao 的源码中只声明为 package dao，而不声明为 package com/mr/dao；但在导入 dao 包时，要使用路径，即 import "com/mr/dao"。

包的习惯用法：

☑ 包名一般小写，使用简短且有意义的名称。

☑ 包名一般与所在的目录同名，也可以不同，包名中不能包含“-”等特殊符号。

☑ 包一般使用域名作为目录名称，这样能保证包名的唯一性。

☑ main 包是应用程序的入口包，当编译源码没有 main 包时，将无法编译输出可执行文件。

☑ 一个文件夹下的所有源码文件只能属于同一个包，同样，属于同一个包的源码文件不能放在多个文件夹下。

12.1.1 包的导入

在代码中引用其他包的内容时，要使用 import 关键字导入包。具体语法格式如下。

```
import "包的路径"
```

注意事项如下。

☑ import 导入语句通常放在源码文件开头包声明语句的下面。

☑ 导入的包名要使用双引号包裹起来。

☑ 包名从 GOPATH/src/后开始，使用/分隔路径。

包的导入有两种写法，分别是单行导入和多行导入。

1. 单行导入

单行导入的格式如下。

```
import "包 1 的路径"
import "包 2 的路径"
```

2. 多行导入

多行导入的格式如下。

```
import(
"包 1 的路径"
"包 2 的路径"
)
```

12.1.2 包的导入路径

包的引用路径有两种写法，分别是全路径导入和相对路径导入。

1. 全路径导入

包的绝对路径就是 GOROOT/src/或 GOPATH/src/后面包的存放路径，如下所示。

```
import "database/sql/driver"   //driver 包的源码位于 GOROOT/src/database/sql/driver 目录下
import "database/sql"          //sql 包的源码位于 GOROOT/src/database/sql 目录下
```

2. 相对路径导入

相对路径只能导入 GOPATH 下的包，标准包只能使用全路径导入。

例如，包 a 的所在路径是 GOPATH/src/lab/a，包 b 的所在路径为 GOPATH/src/lab/b，如果在包 b 中导入包 a，则可以使用相对路径导入方式。代码如下。

```
import"../a"
```

12.2 GOPATH

GOPATH 是 Go 语言中使用的环境变量，它使用绝对路径提供项目的工作目录。工作目录是一个工程开发的相对参考目录，例如，在为公司编写服务器代码时，你的工位包含的桌面、计算机及椅子就是工作区。工作区的概念与工作目录的概念是类似的。如果不使用工作目录的概念，则在多人开发时，每个人有一套自己的目录结构，读取配置文件的位置不统一，输出的二进制运行文件也不统一，这将导致开发标准不统一，影响开发效率。GOPATH 适合处理大量 Go 语言源码、多个包组合而成的复杂工程。

在安装了 Go 开发包的操作系统中，可以使用命令行查看 Go 开发包的环境变量配置信息，在这些配置信息里可以查看当前 GOPATH 路径设置的情况。在命令行中运行 go env 后，将提示以下信息。

```
set GO111MODULE=on
set GOARCH=amd64
set GOBIN=
set GOCACHE=C:\Users\JisUser\AppData\Local\go-build
set GOENV=C:\Users\JisUser\AppData\Roaming\go\env
set GOEXE=.exe
set GOEXPERIMENT=
set GOFLAGS=
set GOHOSTARCH=amd64
set GOHOSTOS=windows
set GOINSECURE=
set GOMODCACHE=C:\Users\JisUser\go\pkg\mod
set GONOPROXY=
set GONOSUMDB=
set GOOS=windows
set GOPATH=C:\Users\JisUser\go
set GOPRIVATE=
set GOPROXY=https://proxy.golang.com.cn,direct
set GOROOT=D:\Go
set GOSUMDB=sum.golang.org
set GOTMPDIR=
set GOTOOLDIR=D:\Go\pkg\tool\windows_amd64
set GOVCS=
set GOVERSION=go1.19.1
set GCCGO=gccgo
set GOAMD64=v1
set AR=ar
set CC=gcc
set CXX=g++
set CGO_ENABLED=1
set GOMOD=NUL
set GOWORK=
set CGO_CFLAGS=-g -O2
set CGO_CPPFLAGS=
set CGO_CXXFLAGS=-g -O2
set CGO_FFLAGS=-g -O2
set CGO_LDFLAGS=-g -O2
set PKG_CONFIG=pkg-config
set GOGCCFLAGS=-m64 -mthreads -fno-caret-diagnostics -Qunused-arguments -Wl,--no-gc-sections -fmessage-length=0
-fdebug-prefix-map=C:\Users\JisUser\AppData\Local\Temp\go-build3711334537=/tmp/go-build -gno-record-gcc-switches
```

上述内容的说明如下。

☑ 第 1 行，执行 goenv 指令，输出当前 Go 开发包的环境变量。
☑ 第 2 行，GOARCH 表示目标处理器架构。
☑ 第 3 行，GOBIN 表示编译器和链接器的安装位置。
☑ 第 7 行，GOOS 表示目标操作系统。
☑ 第 8 行，GOPATH 表示当前工作目录。
☑ 第 10 行，GOROOT 表示 Go 开发包的安装目录。

12.3　常用内置包

Go 语言代码库中包含大量的包，在安装 Go 语言时，多数包将自动安装到系统中。下面简要介绍一些开发中常用的包。

1．fmt

fmt 包实现格式化的标准输入输出，与 C 语言中的 printf 和 scanf 类似。fmt.Printf()和 fmt.Println()是最常用的函数。

格式化短语派生于 C 语言，一些短语（%-序列）是这样使用的。

☑ %v：默认格式的值。当打印结构时，加号（%+v）增加字段名。
☑ %#v：Go 样式的值表达。
☑ %T：带有类型的 Go 样式的值表达。

2．io

io 包提供原始的 I/O 操作界面。其主要任务是对 os 包这样的原始 I/O 进行封装，并增加一些其他与 IO 相关的函数，使其在公共的接口上具有抽象功能。

3．bufio

bufio 包通过对 io 包的封装提供数据缓冲功能，能在一定程度上减少大块数据读写带来的开销。

bufio 各个组件的内部都维护了一个缓冲区，数据读写操作都直接在缓存区中进行。当发起一次读写操作时，首先尝试从缓冲区获取数据，只有当缓冲区没有数据时，才从数据源获取数据更新缓冲。

4．sort

sort 包用于排序切片和用户定义的集合。

5．strconv

strconv 包将字符串转换成基本数据类型，或将基本数据类型转换为字符串。

6．os

os 包提供不依赖平台的操作系统函数接口，设计像 UNIX 风格，但错误处理是 go 风格，当使用

os 包时，失败后返回的是错误类型，而不是错误数量。

7. sync

sync 包实现多线程中锁机制及其他同步互斥机制。

8. flag

flag 包提供命令行参数的规则定义和传入参数解析的功能。绝大部分命令行程序都需要用到这个包。

9. encoding/json

JSON 是目前网络程序中广泛使用的通信格式。encoding/json 包提供对 JSON 的基本支持，如将对象序列化为 JSON 字符串，或将 JSON 字符串反序列化成具体的对象等。

10. html/template

主要是 Web 开发中生成 HTML 的 template 的函数。

11. net/http

net/http 包提供 HTTP 相关服务，主要包括 http 请求、响应和 URL 的解析，以及基本的 http 客户端和扩展的 http 服务。

通过 net/http 包，只要数行代码，即可实现爬虫或 Web 服务器，这在传统语言中是无法想象的。

12. reflect

reflect 包实现运行时反射，允许程序通过抽象类型操作对象。用于处理静态类型 interface{}的值，并且通过 Typeof 解析出其动态类型信息，通常返回一个有接口类型 Type 的对象。

13. os/exec

os/exec 包主要用于执行自定义 linux 命令。

14. strings

strings 包主要是处理字符串的函数，包括合并、查找、分割、比较、后缀检查、索引、大小写处理等。

strings 包与 bytes 包的函数接口功能基本一致。

15. bytes

bytes 包提供对字节切片进行读写操作的一系列函数。字节切片处理的函数比较多，分为基本处理函数、比较函数、后缀检查函数、索引函数、分割函数、大小写处理函数和子切片处理函数等。

16. log

log 包主要用于在程序中输出日志。

log 包中提供 3 类日志输出接口，即 Print、Fatal 和 Panic。

☑ Print 是普通输出。

☑ Fatal 是在执行完 Print 后，执行 os.Exit(1)。
☑ Panic 是在执行完 Print 后调用 panic()方法。

12.4 包的基本使用

在 Go 语言源文件包声明语句之后，其他非导入声明语句之前，可以包含零到多个导入包声明语句。每个导入声明可以单独指定一个导入路径，也可以通过圆括号同时指定多个导入路径。要引用其他包的标识符，可以使用 import 关键字，导入的包名使用双引号包裹，包名是从 GOPATH 开始计算的路径，使用/分隔路径。

12.4.1 package（创建包）

包（package）是多个 Go 源码的集合，是一种高级的代码复用方案。在 Go 语言中，像 fmt、os、io 等常用内置包有 150 多个，它们被称为标准库，大部分（一些底层的除外）内置在 Go 语言中。

包要求在同一个目录下的所有文件的第一行添加如下代码，以标记该文件归属的包。

```
package 包名
```

包的特性如下。

☑ 一个目录下的同级文件归属一个包。
☑ 包名可以与其目录不同名。
☑ main 包是应用程序的入口包，当编译源码没有 main 包时，将无法编译输出可执行的文件。

包系统设计的目的是为了简化大型程序的设计和维护工作，通过将一组相关特性放进一个独立的单元便于理解和更新，在每个单元更新的同时保持和程序中其他单元的相对独立性。这种模块化的特性允许其他项目可以共享和重用包，在项目范围乃至全球范围统一分发和复用。

包一般会定义一个独特的名字空间用于访问其内部的每个标识符。每个名字空间关联一个特定的包。通过给包中的类型、函数等命名，避免在使用它们时与其他名字冲突。

包还通过控制包内名字的可见性和是否导出实现封装。通过限制包成员的可见性并隐藏包 API 的具体实现，将允许包的维护者在不影响外部包用户的前提下调整包的内部实现。通过限制包内变量的可见性，还可以强制用户通过某些特定函数访问和更新内部变量，这样可以保证内部变量的一致性和并发时的互斥约束。

当修改源文件时，必须重新编译该源文件对应的包和所有依赖该包的其他包。即使是从头构建，Go 语言编译器的编译速度也明显快于其他编译语言。Go 语言编译速度较快主要得益于 3 个语言特性。

☑ 所有导入的包必须在每个文件的开头显式声明，编译器不必通过读取和分析整个源文件判断包的依赖关系。
☑ 禁止包的环状依赖，因为没有循环依赖，包的依赖关系形成一个有向无环图，每个包都可以被独立编译，而且很可能被并发编译。
☑ 编译后包的目标文件不仅记录包本身的导出信息，目标文件同时还记录包的依赖关系。因此，在编译包时，编译器只需要读取每个直接导入包的目标文件，而不需要遍历所有依赖文件。

12.4.2 在代码中使用其他代码

在同时导入两个同名的包时，例如 math/rand 包和 crypto/rand 包，导入声明必须至少为其中一个包指定新的包名以避免冲突，即导入包的重命名。

```
import(
"crypto/rand"
mrand   "math/rand"//将名称替换为 mrand 避免冲突
)
```

导入包的重命名只影响当前的源文件。其他源文件如果导入相同的包，可以用导入包原本默认的名字或重命名为另一个完全不同的名字。

导入包的重命名是非常实用的功能，它不仅仅只是为了解决命名冲突。如果导入的包名过于复杂，特别是在一些自动生成的代码中，这时使用简短的名称更方便。选择用简短名称重命名导入包时最好统一，以避免包名混乱。重命名导入的包还可以避免和本地普通变量名冲突。例如，文件中已经有了名为 path 的变量，可以将 path 标准包重命名为 pathpkg。

每个导入声明语句都明确指定当前包和被导入包之间的依赖关系。如果遇到包循环导入的情况，则 Go 语言的构建工具将报告错误。

当只导入包，但不使用任何包内的结构和类型，也不调用包内的任何函数时，可以匿名导入包，格式如下。

```
import(
_ "path/to/package"
)
```

其中，path/to/package 表示要导入的包名，下画线表示匿名导入包。

匿名导入包与其他方式导入包同样会把导入包编译到可执行文件中，同时，导入包也会触发 init()函数调用。

在某些需求的设计上要在程序启动时统一调用程序引用的所有包的初始化函数，如果手动调用这些初始化函数，那么这个过程可能发生错误或遗漏。

例如，为了提高数学库计算三角函数的执行效率，可以在程序启动时，将三角函数的值提前在内存中建成索引表，外部程序通过查表的方式迅速获得三角函数的值。但是三角函数索引表的初始化函数不能由外部使用三角函数的开发者调用，如果在三角函数的包内有一个机制可以告诉三角函数包程序何时启动，那么就可以解决初始化的问题。

Go 语言为以上问题提供了一个非常方便的特性：init()函数。

init()函数的特性如下。

- ☑ 源码可以使用一个 init()函数。
- ☑ 在程序执行前（main()函数执行前）自动调用 init()函数。
- ☑ 调用顺序为 main()中引用的包，以深度优先顺序初始化。

例如，声明 ExecPkg2()函数，在 pkg2 包初始化时，打印 pkg2init。代码如下。

```
package pkg1

import (
	"chapter/code/pkg2"
	"fmt"
)

func ExecPkg1() {

	fmt.Println("ExecPkg1")

	pkg2.ExecPkg2()
}

func init() {
	fmt.Println("pkg2 init")
}
```

12.5 自 定 义 包

包是 Go 语言中代码组成和代码编译的主要方式。前文介绍了包的基本信息，本节主要介绍如何自定义包，以及如何使用自定义包。

到目前为止，所列举的例子都是以一个包的形式存在的，如 main 包。在 Go 语言中，允许将同一个包的代码分隔成多个独立的源码文件，并单独保存，只要将这些文件放在同一个目录下即可。

自定义包要放在 GOPATH 的 src 目录下（也可以是 src 目录下的某个子目录），而且两个不同的包不能放在同一目录下，以免引起编译错误。

一个包中可以有任意多个文件，文件名也没有任何规定（但后缀名必须是.go），这里假设包名就是.go 的文件名，如果一个包有多个.go 文件，则其中有一个.go 文件的文件名要和包名相同。

下面通过示例演示如何创建名为 demo 的自定义包，并在 main 包中使用自定义包 demo 中的方法。

首先，在 GOPATH 下的 src 目录中新建 demo 文件夹，并在 demo 文件夹下创建 demo.go 文件，代码如下。

```
package demo

import (
	"fmt"
)

func PrintStr() {
	fmt.Println("hello, go")
}
```

然后，在 GOPATH 下的 src 目录中新建 main 文件夹，并在 main 文件夹下创建 mian.go 文件，代码如下。

```
package main

import (
	"demo"
```

```
)

func main() {
	demo.PrintStr()
}
```

运行结果如下。

```
go run main.go
hello, go
```

引用自定义包要注意以下几点。

- ☑ 如果项目的目录不在 GOPATH 环境变量中，则要把项目移动到 GOPATH 所在的目录中，或在 GOPATH 环境变量中设置项目所在的目录，否则无法完成编译。
- ☑ 当使用 import 语句导入包时，使用的是包所属目录的名称。
- ☑ 包中的函数名第一个字母要大写，否则无法在外部调用。
- ☑ 自定义包的包名不必与其所在目录的名称一样，但为了便于维护，建议保持一致。
- ☑ 调用自定义包时使用“包名.函数名”的方式，如上例：demo.PrintStr()。

12.6 包管理工具

Go 语言依赖的所有第三方库都放在 GOPATH 目录下，这就导致同一个库只能保存一个版本的代码。如果不同项目依赖同一个第三方库的不同版本，应该怎么解决呢？

gomodule 是 Go 语言从 1.11 版本之后官方推出的版本管理工具，并且从 Go1.13 版本开始，gomodule 成为 Go 语言默认的依赖管理工具。

Module 是相关 Go 包的集合，是源代码交换和版本控制的单元。Go 语言命令直接支持使用 Module，包括记录和解析对其他模块的依赖性，Module 替换旧的基于 GOPATH 的方法指定使用哪些源文件。

Module 的使用步骤如下。

（1）把 golang 升级到 1.11 版本以上。

（2）设置 GO111MODULE。

在 Go 语言 1.12 版本之前启用 gomodule 工具时，要设置环境变量 GO111MODULE。不过在 Go 语言 1.13 及以后的版本则不必设置环境变量，可以通过 GO111MODULE 开启或关闭 gomodule 工具。

- ☑ GO111MODULE=off 禁用 gomodule，编译时从 GOPATH 和 vendor 文件夹中查找包。
- ☑ GO111MODULE=on 启用 gomodule，编译时忽略 GOPATH 和 vendor 文件夹，只根据 go.mod 下载依赖。
- ☑ GO111MODULE=auto（默认值），当项目在 GOPATH/src 目录之外，并且项目根目录中有 go.mod 文件时，开启 gomodule。

Windows 下开启 GO111MODULE 的命令如下。

```
set GO111MODULE=on 或 set GO111MODULE=auto
```

MacOS 或 Linux 下开启 GO111MODULE 的命令如下。

```
export GO111MODULE=on 或 export GO111MODULE=auto
```

在开启 GO111MODULE 之后就可以使用 gomodule 工具了，也就是说在以后的开发中就没有必要在 GOPATH 中创建项目了，并且还能很好地管理项目依赖的第三方包信息。

常用的 gomod 命令如下。

☑ gomoddownload：下载依赖包到本地（默认为 GOPATH/pkg/mod 目录）。

☑ gomodedit：编辑 go.mod 文件。

☑ gomodgraph：打印模块依赖图。

☑ gomodinit：初始化当前文件夹，创建 go.mod 文件。

☑ gomodtidy：增加缺少的包，删除无用的包。

☑ gomodvendor：将依赖复制到 vendor 目录下。

☑ gomodverify：校验依赖。

☑ gomodwhy：解释为什么需要依赖。

proxy 就是代理服务器。因为有些 Go 语言的第三方包无法直接通过 goget 命令获取，所以 Go 语言官方提供了一种通过中间代理商为用户提供包下载服务的方式即 GOPROXY。使用 GOPROXY 只需要设置环境变量 GOPROXY 即可。

目前常用的代理服务器的地址有。

☑ goproxy.io。

☑ goproxy.cn：（推荐）由国内的七牛云提供。

Windows 系统下设置 GOPROXY 的命令如下。

```
go env -w GOPROXY=https://goproxy.cn,direct
```

MacOS 或 Linux 系统下设置 GOPROXY 的命令如下。

```
export GOPROXY=https://goproxy.cn
```

Go 语言在 1.13 版本之后 GOPROXY 的默认值为 https://proxy.golang.org，在国内可能存在下载慢的情况，建议将 GOPROXY 设置为国内的 goproxy.cn。

执行 goget 命令，在下载依赖包的同时还可以指定依赖包的版本。

☑ 运行 go get -u 命令将项目中的包升级到最新的次要版本或修订版本。

☑ 运行 go get -u=patch 命令将项目中的包升级到最新的修订版本。

☑ 运行 go get[包名]@[版本号]命令下载指定版本的包或将包升级到指定版本。

12.7 要点回顾

Go 语言中的包与文件夹是一一对应的，且必须在 GOPATH 目录下创建才可以使用。如果 Go 语言的某个包需要引用另一个包的内容，那么必须使用 import 关键字进行导入才可以使用。Go 语言中的任何源代码文件必须属于某个包，而且 Go 源码文件的第一行有效代码必须是 package pacakgeName 语句，通过该语句声明自己所在的包。

第 13 章

标准库

Go 语言的优势之一是丰富的标准库，这些标准库主要用于解决开发时遇到的各种难题。由于篇幅有限，本章不能讲解所有标准库。但是，读者可以访问 https://go.dev/doc，自行查看标准库的相关内容。下面着重讲解几个重要的标准库及其使用方法。

本章的知识架构及重难点如下。

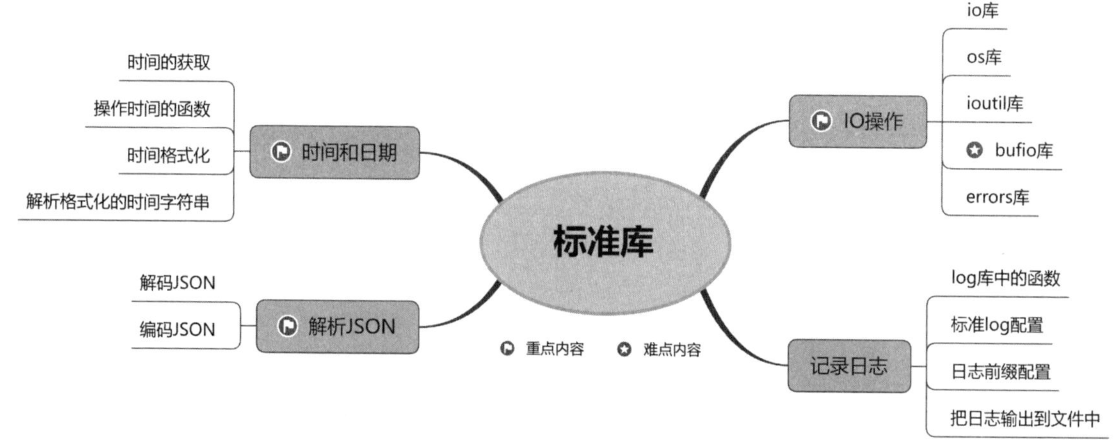

13.1 IO 操作

在 Go 语言中，用于 IO 操作的库有很多，如 io 库、os 库、ioutil 库等。下面讲解其中几个重要的库。

13.1.1 io 库

Go 语言的 io 库定义了 Reader 和 Writer 接口，这两个接口是 io 库中非常重要的两个接口，只要实现这两个接口就具备 IO 操作的功能。

Reader 接口用于从各种输入设备（如文件、键盘等）中通过字节流把数据读取到内存中，其语法格式如下。

```
type Reader interface {
    Read(p []byte) (n int, err error)
}
```

☑ 通过向 Reader 接口传入一个切片就能掌控内存分配，避免在程序每次调用 Read()函数时都重新分配内存。

☑ 通过 Read()函数返回 n 值就能知道切片中包含多少个字节。

☑ 如果 Reader 接口引发错误，则 Read()函数返回哨兵错误。注意，哨兵错误指的用特定值的变量作为错误处理分支的判断条件，这个哨兵错误以 err 开头，表示异常状态。

Writer 接口的作用与 Reader 接口的作用相反，即从内存中通过字节流把数据写入输出设备（如文件、显示器等）中，其语法格式如下。

```
type Writer interface {
    Write(p []byte) (n int, err error)
}
```

在 Go 语言中：

☑ os.File 实现 io.Reader 和 io.Writer。

☑ strings.Reader 实现 io.Reader。

☑ bufio.Reader 和 bufio.Writer 分别实现 io.Reader 和 io.Writer。

☑ bytes.Buffer 实现 io.Reader 和 io.Writer。

☑ bytes.Reader 实现 io.Reader。

☑ compress/gzip.Reader 和 compress/gzip.Writer 分别实现 io.Reader 和 io.Writer。

☑ crypto/cipher.StreamReader 和 crypto/cipher.StreamWriter 分别实现 io.Reader 和 io.Writer。

☑ crypto/tls.Conn 实现 io.Reader 和 io.Writer。

☑ encoding/csv.Reader 和 encoding/csv.Writer 分别实现 io.Reader 和 io.Writer。

io 库属于底层接口定义库，主要用于定义 IO 操作所需的基本接口和常量，并解释这些接口和常量的功能。在通过编码执行 IO 操作时，io 库一般只用于调用它的接口和常量。

13.1.2 os 库

os 库主要用于执行操作系统的相关操作，它是在 Go 程序和操作系统之间实现交互功能的桥梁。例如，创建、打开或关闭文件，Socke 等操作都与操作系统相关联，这些操作都通过 os 库执行。在应用程序开发过程中，os 库经常与 ioutil、bufio 等库配合使用。

【例 13.1】文件的简单操作（**实例位置：资源包\TM\sl\13\1**）

在当前项目目录下，现有一个文本文件 test.txt。下面编写一个程序，完成以下 3 个操作：在此目录下，新建文本文件 test02.txt；把 test.txt 重命名为 test01.txt；向 test03.txt 写入数据“hello world”。代码如下。

```
package main

import (
    "fmt"
    "os"
)

//创建文件
func createFile() {
    f, err := os.Create("test02.txt")
    if err != nil {
```

```
            fmt.Printf("err: %v\n", err)
        } else {
            fmt.Printf("f: %v\n", f)
        }
}

//重命名文件
func renameFile() {
    err := os.Rename("test.txt", "test01.txt")
    if err != nil {
        fmt.Printf("err: %v\n", err)
    }
}

//写文件
func writeFile() {
    s := "hello world"
    os.WriteFile("test03.txt", []byte(s), os.ModePerm)
}

func main() {
    createFile()
    renameFile()
    writeFile()
}
```

运行程序前，项目目录的结构如图 13.1 所示。运行程序后，项目目录的结构如图 13.2 所示。打开 test03.txt 后，可看到已经写入的数据“hello world”。

图 13.1　运行程序前

图 13.2　运行程序后

13.1.3　ioutil 库

ioutil 库是一个工具包，包含很多执行 IO 操作的实用函数。注意，这些函数都是用于一次性读取和写入的。当使用这些函数时，要格外注意文件的大小。ioutil 库中用于执行 IO 操作的函数如表 13.1 所示。

表 13.1　ioutil 库中用于执行 IO 操作的函数及其说明

函 数 名 称	说　明
ReadAll	读取数据，返回读取的字节切片
ReadDir	读取一个目录，返回目录下的文件和子目录
ReadFile	读取一个文件，返回文件内容
WriteFile	根据文件路径，写入字节切片
TempDir	在一个目录中创建指定前缀名的临时目录
TempFile	在一个目录中创建指定前缀名的临时文件

【例 13.2】使用 ioutil 库中的函数执行 IO 操作（**实例位置：资源包\TM\sl\13\2**）

如图 13.3 所示，在项目目录下，含有 1 个子目录、1 个 Go 文件和 3 个文本文件。其中，在文本文件 test03.txt 中，已经写入了数据，即“hello world”。下面编写一个程序，完成以下 3 个操作：使用 ReadAll()函数读取 test03.txt 中的数据；使用 ReadDir()函数获取项目目录下的文件和子目录名；使用 ReadFile()函数读取 test03.txt。代码如下。

图 13.3　当前项目目录的结构

```
package main

import (
	"fmt"
	"io/ioutil"
	"os"
)

//读取 test03.txt 中的数据
func testReadAll() {
	f, _ := os.Open("test03.txt") //File 实现了 Reader
	defer f.Close()

	b, err := ioutil.ReadAll(f)

	if err != nil {
		fmt.Printf("err: %v\n", err)
	}

	fmt.Printf("string(b): %v\n", string(b))
}

//获取当前项目目录下的文件和子目录名
func testReadDir() {
	fi, _ := ioutil.ReadDir(".")
	for _, v := range fi {
		fmt.Printf("v.Name(): %v\n", v.Name())
	}
}

//读取 test03.txt
func testReadFile() {
	b, _ := ioutil.ReadFile("test03.txt")
	fmt.Printf("string(b): %v\n", string(b))
}

func main() {
	testReadAll()
	testReadDir()
	testReadFile()
}
```

运行程序后，运行结果如下。

```
string(b): hello world
v.Name(): demo_2.go
v.Name(): test01.txt
```

```
v.Name(): test02.txt
v.Name(): test03.txt
v.Name(): 子目录 01
string(b): hello world
```

13.1.4 bufio 库

bufio 库理是在 io 库的基础上额外加了一个缓冲。bufio 库包含很多按行执行读取和写入的函数。从按字节执行读取和写入操作的 io 库过渡到按行执行读取和写入操作的 bufio 库，让编写代码方便了不少。

下面结合注释和函数的语法格式熟悉 bufio.Reader 中的几个主要函数。代码如下。

```
//NewReaderSize 将 rd 封装成带缓存的 bufio.Reader 对象，
//缓存大小由 size 指定（如果小于 16，则设置为 16）。
//如果 rd 的基类型就是有足够缓存的 bufio.Reader 类型，则直接将
//rd 转换为基类型返回。
func NewReaderSize(rd io.Reader, size int) *Reader

//NewReader 相当于 NewReaderSize(rd, 4096)
func NewReader(rd io.Reader) *Reader

//Reset 丢弃缓冲中的数据，清除任何错误，将 b 重设为其下层从 r 读取数据。
func (b *Reader) Reset(r io.Reader)

//Peek 返回缓存的切片，该切片引用缓存中前 n 个字节的数据，
//该操作不会读取数据，只是引用，引用的数据在下一次读取操作之前是有效的。
//如果切片长度小于 n，则返回一个错误信息。
//如果 n 大于缓存的总大小，则返回 ErrBufferFull。
func (b *Reader) Peek(n int) ([]byte, error)

//Read 从 b 中读出数据到 p 中，返回读取的字节数和遇到的错误。
//如果缓存不为空，则只能读取缓存中的数据，不会从底层 io.Reader
//中提取数据，如果缓存为空，则：
//1．len(p)>=缓存大小，则跳过缓存，直接从底层 io.Reader 中读
//取到 p 中。
//2．len(p)<缓存大小，则先将数据从底层 io.Reader 中读取到缓存中，
//再从缓存读取到 p 中。
func (b *Reader) Read(p []byte) (n int, err error)

//ReadLine 尝试返回一行数据，不包括行尾标志的字节。如果行太长超过了缓冲，
//则返回值 isPrefix 被设为 true，并返回行的前面一部分。该行剩下的部分将在之后的调用中返回。
//返回值 isPrefix 在返回该行最后一个片段时才设为 false。返回切片是缓冲的子切片，
//只在下一次读取操作之前有效。ReadLine 要么返回一个非 nil 的 line，
//要么返回一个非 nil 的 err，两个返回值至少一个非 nil。
func ( * Reader) ReadLine

//Buffered 返回缓存中未读取的数据的长度。
func (b *Reader) Buffered() int

//ReadSlice 读取直到第一次遇到 delim 字节，返回缓冲里的包含已读取的数据
//和 delim 字节的切片。该返回值只在下一次读取操作之前合法。如果 ReadSlice
//在读取到 delim 之前遇到错误，则返回在错误之前读取的数据在缓冲中
//的切片及该错误（一般是 io.EOF）。如果在读取 delim 之前缓冲就写满了，
//则 ReadSlice 失败并返回 ErrBufferFull。因为 ReadSlice 的返回值会被下一次 I/O 操作重写，
//调用者应尽量使用 ReadBytes 或 ReadString 替代此方法。当且仅当 ReadBytes 方法
```

```
//返回的切片不以 delim 结尾时，返回一次非 nil 的错误。
func (b *Reader) ReadSlice(delim byte) (line []byte, err error)

//ReadBytes 功能同 ReadSlice，只不过返回的是缓存的拷贝。
func (b *Reader) ReadBytes(delim byte) (line []byte, err error)

//ReadString 功能同 ReadBytes，只不过返回的是字符串。
func (b *Reader) ReadString(delim byte) (line string, err error)
```

下面再结合注释和函数的语法格式熟悉 bufio.Writer 中的几个主要函数。代码如下。

```
//NewWriterSize 将 wr 封装成带缓存的 bufio.Writer 对象，
//缓存大小由 size 指定（如果小于 4096，则设置为 4096）。
//如果 wr 的基类型就是有足够缓存的 bufio.Writer 类型，则直接将
//wr 转换为基类型返回。
func NewWriterSize(wr io.Writer, size int) *Writer

//NewWriter 相当于 NewWriterSize(wr, 4096)
func NewWriter(wr io.Writer) *Writer

//Write 将 p 的内容写入缓冲。返回写入的字节数。
func (b *Writer) Write(p []byte) (nn int, err error)

//WriteString 功能同 Write，只不过写入的是字符串。
func (b *Writer) WriteString(s string) (int, error)

//WriteRune 向 b 写入 r 的 UTF-8 编码，返回 r 的编码长度。
func (b *Writer) WriteRune(r rune) (size int, err error)

//Flush 将缓存中的数据提交到底层的 io.Writer 中。
func (b *Writer) Flush() error

//Available 返回缓存中未使用的空间的长度。
func (b *Writer) Available() int

//Buffered 返回缓存中未提交的数据的长度。
func (b *Writer) Buffered() int

//Reset 将 b 的底层 Writer 重新指定为 w，同时丢弃缓存中的所有数据，复位
//所有标记和错误信息。相当于创建新的 bufio.Writer。
func (b *Writer) Reset(w io.Writer)
```

13.1.5　errors 库

errors 库包含用于操作错误的函数。Go 语言使用 error 类型返回在程序执行某个函数时遇到的错误。如果返回的 error 值为 nil，则表示未遇到错误；否则 error 返回说明遇到哪个错误的字符串。注意，error 可以是任意类型，这意味着函数返回的 error 值可以包含任意信息，不一定是字符串。

说明

error 不一定表示错误，它可以表示任何信息。例如，io 库就使用 error 类型的 io.EOF 表示数据读取结束，而不是遇到错误。

errors 库实现的是最简单的 error 类型，即只包含一个字符串。它可以记录大多数情况下遇到的错

误信息。errors 库只有一个 New()函数，用于生成最简单的 error 对象。New()函数的语法格式如下。

```
func New(text string) error
```

【例 13.3】返回“字符串不能为空”错误（**实例位置：资源包\TM\sl\13\3**）

定义 check()函数，检测“字符串是否为空”。当字符串为空时，返回“字符串不能为空”的错误信息。代码如下。

```
package main

import (
	"errors"
	"fmt"
)

func check(s string) (string, error) {
	if s == "" {
		err := errors.New("字符串不能为空")
		return "", err
	} else {
		return s, nil
	}
}

func main() {
	s, err := check("")
	if err != nil {
		fmt.Printf("err: %v\n", err.Error())
	} else {
		fmt.Printf("s: %v\n", s)
	}
}
```

运行结果如下。

```
err: 字符串不能为空
```

13.2 记录日志

Go 语言的 log 库用于执行简单的日志操作。log 库中的函数可以打印日志。下面讲解 log 库中的函数。

13.2.1 log 库中的函数

在 log 库中，包含 3 个用于打印日志的系列函数。这 3 个系列函数及其说明如表 13.2 所示。

表 13.2 log 库中用于打印日志的 3 个系列函数及其说明

函 数 系 列	说 明
print	单纯地打印日志
panic	打印日志，抛出 panic 异常
fatal	打印日志，强制结束程序

【例 13.4】打印日志（**实例位置：资源包\TM\sl\13\4**）

使用 print 系列函数（即 Print()、Printf()和 Println()函数）打印日志；在使用 panic 系列函数打印日志的同时抛出 panic 异常（“致命错误!”）。代码如下。

```
package main

import (
	"fmt"
	"log"
)

func main() {
	defer fmt.Println("发生了 panic 错误！ ")
	log.Print("my log")
	log.Printf("my log %d", 404)
	name := "David"
	age := 26
	log.Println(name, ":", age)
	log.Panic("致命错误！ ")
}
```

运行结果如下。

```
2023/09/29 09:48:08 my log
2023/09/29 09:48:09 my log 404
2023/09/29 09:48:09 David : 26
2023/09/29 09:48:09 致命错误!
发生了 panic 错误!
panic: 致命错误!

goroutine 1 [running]:
log.Panic({0xc00007bf10?, 0x5?, 0xc00007bf10?})
	D:/Go/src/log/log.go:388 +0x65
main.main()
	d:/VSCode/GoDemos/tempCodeRunnerFile.go:15 +0x18a
exit status 2
```

13.2.2 标准 log 配置

在默认情况下，log 只打印时间，但在开发过程中，开发者还需要获取文件名、代码行号等重要信息。为此，log 包还提供两个标准 log 配置函数。

```
func Flags() int                          //返回标准 log 输出配置
func SetFlags(flag int)                   //设置标准 log 输出配置
```

其中，参数 flag 包含的内容如下。

```
const (
	//控制输出日志信息的细节，不能控制输出的顺序和格式。
	//输出的日志在每项后使用冒号分隔，例如，2023/09/29 10:07:11.123123 /a/b/c/d.go:23: message
	Ldate         = 1 << iota            //日期，2023/09/29
	Ltime                                //时间，10:07:11
	Lmicroseconds                        //微秒级别的时间，10:07:11.123123（用于增强 Ltime 位）
	Llongfile                            //文件全路径名+行号，/a/b/c/d.go:23
	Lshortfile                           //文件名+行号，d.go:23（会覆盖掉 Llongfile）
```

```
    LUTC                                      //使用 UTC 时间
    LstdFlags      = Ldate | Ltime            //标准 logger 的初始值
)
```

【例 13.5】使用标准 log 配置的函数打印日志（**实例位置：资源包\TM\sl\13\5**）

使用 Flags()函数，返回标准 log 输出配置；使用 SetFlags()函数设置标准 log 输出配置（即日期、时间和“文件全路径名+行号”）。代码如下。

```
package main

import (
    "fmt"
    "log"
)

func main() {
    i := log.Flags()
    fmt.Printf("i: %v\n", i)
    log.SetFlags(log.Ldate | log.Ltime | log.Llongfile)
    log.Print("my log")
}
```

运行结果如下。

```
i: 3
2023/09/29 10:30:29 d:/VSCode/GoDemos/demo_5.go:12: my log
```

13.2.3 日志前缀配置

log 包还包含两个日志前缀配置的函数。

```
func Prefix() string                          //返回日志的前缀配置
func SetPrefix(prefix string)                 //设置日志前缀
```

【例 13.6】设置日志前缀（**实例位置：资源包\TM\sl\13\6**）

分别使用 Prefix()函数和 SetPrefix()函数，把日志的前缀设置为“MyLog: ”后，打印日志。代码如下。

```
package main

import (
    "fmt"
    "log"
)

func main() {
    log.SetPrefix("MyLog: ")
    s := log.Prefix()
    fmt.Printf("s: %v\n", s)
    log.Print()
}
```

运行结果如下。

```
s: MyLog:
MyLog: 2023/09/29 11:08:28
```

13.2.4　把日志输出到文件中

在上面的实例中都是把日志打印在控制台上。那么，如何把日志输出到文件中呢？为此，Go 语言的 log 库提供了 SetOutput()函数。SetOutput()函数的语法格式如下。

```
func SetOutput(w io.Writer)
```

【例 13.7】把日志输出到当前项目目录下的文件中（**实例位置：资源包\TM\sl\13\7**）

分别使用 Prefix()函数和 SetPrefix()函数，把日志前缀设置为“MyLog:”并打印日志。代码如下。

```
package main

import (
	"log"
	"os"
)

func main() {
	f, err := os.OpenFile("demo_07.log", os.O_CREATE|os.O_WRONLY|os.O_APPEND, 0644)
	if err != nil {
		log.Panic("打开日志文件时发生异常！")
	}
	log.SetOutput(f)
	log.Print()
}
```

运行程序前，当前项目目录的结构如图 13.4 所示。运行程序后，当前项目目录的结构如图 13.5 所示。

图 13.4　运行程序前

图 13.5　运行程序后

13.3　解析 JSON

Go 语言的 encoding/json 库用于 JSON 解码和编码。解码 JSON 是指把 JSON 字符串转换为结构体（struct）；编码 JSON 与解码 JSON 相反是指把结构体（struct）转换为 JSON 字符串。

13.3.1　解码 JSON

encoding/json 库的 Unmarshal()函数可以把 JSON 字符串转换为结构体。语法格式如下。

```
func Unmarshal(data []byte, v interface{}) error
```

【例 13.8】把 JSON 字符串转换为结构体（**实例位置：资源包\TM\sl\13\8**）

使用 encoding/json 库中的 Unmarshal()函数，把 JSON 字符串转换为与其对应的结构体。代码如下。

```
package main

import (
	"encoding/json"
	"fmt"
)

type Person struct {
	Name string
	Age  int
	Sex  string
}

func Unmarshal() {
	b1 := []byte(`{"Name":"David","Age":26,"Sex":"Male"}`)
	var m Person
	json.Unmarshal(b1, &m)
	fmt.Printf("m: %v\n", m)
}

func main() {
	Unmarshal()
}
```

运行结果如下。

```
m: {David 26 Male}
```

13.3.2 编码 JSON

encoding/json 库的 Marshal()函数可以把结构体转换为 JSON 字符串。语法格式如下。

```
func Marshal(v interface{}) ([]byte, error)
```

【例 13.9】把结构体转换为 JSON 字符串（**实例位置：资源包\TM\sl\13\9**）

使用 encoding/json 库中的 Marshal()函数，把结构体转换为与其对应的 JSON 字符串。代码如下。

```
package main

import (
	"encoding/json"
	"fmt"
)

type Person struct {
	Name string
	Age  int
	Sex  string
}

func Marshal() {
	p := Person{
		Name: "David",
		Age:  26,
		Sex:  "Male",
	}
	b, _ := json.Marshal(p)
```

```
	fmt.Printf("b: %v\n", string(b))
}

func main() {
	Marshal()
}
```

运行结果如下。

```
b: {"Name":"David","Age":26,"Sex":"Male"}
```

13.4　时间和日期

在实际开发过程中，经常使用时间和日期工具。为此，Go 语言提供了 time 库，其中包含许多测量和显示时间的函数。

13.4.1　时间的获取

本节从 4 个方面讲解时间的获取，包括获取当前时间、获取时间戳、把时间戳转化为当前时间和获取当前是星期几。

1．获取当前时间

time 库的 Now()函数可以获取当前时间。

【例 13.10】获取本地的当前时间（**实例位置：资源包\TM\sl\13\10**）

使用 time 库的 Now()函数获取本地的当前时间，并将其打印在控制台上；分别获取本地当前时间的年、月、日、小时、分钟和秒，并按“YYYY-mm-dd HH:MM:SS”格式把本地的当前时间打印在控制台上。代码如下。

```
package main

import (
	"fmt"
	"time"
)

func main() {
	now := time.Now()                    //获取当前时间
	fmt.Printf("本地当前时间:%v\n", now)
	year := now.Year()                   //年
	month := now.Month()                 //月
	day := now.Day()                     //日
	hour := now.Hour()                   //小时
	minute := now.Minute()               //分钟
	second := now.Second()               //秒
	fmt.Printf("%d-%02d-%02d %02d:%02d:%02d\n", year, month, day, hour, minute, second)
}
```

运行结果如下。

```
本地当前时间:2023-09-29 16:09:37.0035412 +0800 CST m=+0.007019801
2023-09-29 16:09:37
```

2．获取时间戳

时间戳是指自 1970 年 1 月 1 日（08:00:00GMT）至本地当前时间的总毫秒数。time 库 Unix()函数可以用于获取时间戳。

【例 13.11】获取时间戳（**实例位置：资源包\TM\sl\13\11**）

使用 time 库的 Unix()函数获取时间戳，并将时间戳打印在控制台上。代码如下。

```
package main

import (
	"fmt"
	"time"
)

func main() {
	now := time.Now()                        //获取当前时间
	timestamp := now.Unix()                  //时间戳
	fmt.Printf("时间戳：%v\n", timestamp)
}
```

运行结果如下。

```
时间戳：1690962571
```

3．把时间戳转化为当前时间

使用 time.Unix()函数将时间戳转为当前时间。代码如下。

```
package main

import (
	"fmt"
	"time"
)

func main() {
	now := time.Now()                        //获取当前时间
	timestamp := now.Unix()                  //时间戳
	fmt.Printf("时间戳：%v\n", timestamp)
	timeNow := time.Unix(timestamp, 0)       //将时间戳转为当前时间
	fmt.Println(timeNow)
}
```

运行结果如下。

```
时间戳：1672302947
2023-09-29 16:35:47 +0800 CST
```

4．获取当前是星期几

time 库的 Weekday()函数可以获取当前日期是星期几。代码如下。

```
package main

import (
	"fmt"
	"time"
)

func main() {
	t := time.Now() //获取当前时间
	fmt.Println(t.Weekday().String())
}
```

运行结果如下。

```
Thursday
```

13.4.2　操作时间的函数

本节主要讲解 Add()、Sub()、Equal()、Before()和 After()等 5 种操作时间的函数。

1. Add()函数

Add()函数用于求得“时间点（t）+时间间隔（d）”的值。Add()函数的语法格式如下。

```
func (t Time) Add(d Duration) Time
```

2. Sub()函数

Sub()函数用于求得两个时间点的差值（t-u）。Sub()函数的语法格式如下。

```
func (t Time) Sub(u Time) Duration
```

3. Equal()函数

Equal()函数用于判断两个时间点是否相同。Equal()函数的语法格式如下。

```
func (t Time) Equal(u Time) bool
```

4. Before()函数

Before()函数用于判断一个时间点是否在另一个时间点之前。如果时间点（t）在时间点（u）之前，则返回真，否则返回假。Before()函数的语法格式如下。

```
func (t Time) Before(u Time) bool
```

5. After()函数

After()函数用于判断一个时间点是否在另一个时间点之后。如果时间点（t）在时间点（u）之后，则返回真，否则返回假。After()函数的语法格式如下。

```
func (t Time) After(u Time) bool
```

13.4.3 时间格式化

Go 语言用于格式化时间的模板不是常见的“YYYY-mm-dd HH:MM:SS”格式，而是使用 Go 语言的诞生时间，即 2006 年 1 月 2 日 15 点 04 分 05 秒。下面通过示例演示如何使用 Go 语言的诞生时间格式化时间。

```
package main

import (
	"fmt"
	"time"
)

func main() {
	now := time.Now()
	//格式化的模板为 Go 的出生时间 2006 年 1 月 2 日 15 点 04 分 Mon Jan
	fmt.Println(now.Format("2006-01-02 15:04:05.000 Mon Jan"))	//24 小时制
	fmt.Println(now.Format("2006-01-02 03:04:05.000 PM Mon Jan")) //12 小时制
	fmt.Println(now.Format("2006/01/02 15:04"))
	fmt.Println(now.Format("15:04 2006/01/02"))
	fmt.Println(now.Format("2006/01/02"))
}
```

运行结果如下。

```
2023-09-29 17:18:14.951 Thu Dec
2023-09-29 05:18:14.951 PM Thu Dec
2023/09/29 17:18
17:18 2023/09/29
2023/09/29
```

如果想把时间格式化为 12 小时制，需指定 PM。

13.4.4 解析格式化的时间字符串

time 库中的 Parse()函数可以解析格式化的时间字符串，并返回这个字符串代表的时间。Parse()函数的语法格式如下。

```
func Parse(layout, value string) (Time, error)
```

time 库还有一个与 Parse()函数类似的 ParseInLocation()函数。ParseInLocation()函数的语法格式如下。

```
func ParseInLocation(layout, value string, loc *Location) (Time, error)
```

但是，Parse()函数和 ParseInLocation()函数也有不同之处，即：

☑ 当缺少时区信息时，Parse()函数将时间解释为 UTC 时间，而 ParseInLocation()函数将时间解释为本地时间。

☑ 当时间字符串提供时区偏移量信息时，Parse()函数尝试匹配 UTC 时间的时区，而

ParseInLocation 则匹配本地时间的时区。

说明

在 Go 语言的 time 库中，有如下两个时区变量。

time.UTC：UTC 时间。

time.Local：本地时间。

下面通过实例演示 Parse()和 ParseInLocation()函数的使用方法。代码如下。

```
package main

import (
	"fmt"
	"time"
)

func main() {
	var layout string = "2006-01-02 15:04:05"
	var timeStr string = "2023-09-29 17:37:58"
	timeObj1, _ := time.Parse(layout, timeStr)
	fmt.Println(timeObj1)
	timeObj2, _ := time.ParseInLocation(layout, timeStr, time.Local)
	fmt.Println(timeObj2)
}
```

运行结果如下。

```
2023-09-29 17:37:58 +0000 UTC
2023-09-29 17:37:58 +0800 CST
```

13.5　要点回顾

在 Go 语言的安装文件里包含一些可以直接使用的包，即标准库；也就是说，Go 语言的标准库以包的方式提供支持。Go 语言的标准库提供了清晰的构建模块和公共接口，它们不仅可以用于 I/O 操作、文本处理、图像、密码学、网络和分布式应用程序等，还支持许多标准化的文件格式和编解码协议。在标准库的辅助下，几乎可以满足开发者绝大部分的需求。

第 14 章

编译与测试工具

Go 语言的工具链非常丰富，从获取源码、编译、文档、测试、性能分析，到源码格式化、源码提示、重构工具等应有尽有。在 Go 语言中，可以使用测试框架编写单元测试，使用统一的命令行即可测试及输出测试报告。本章讲解 Go 语言中的几个主要编译与测试工具的命令，分别是 go build、go clean、go run、go fmt、go install、go get、go generate、go test 和 go pprof 等。

本章的知识架构及重难点如下。

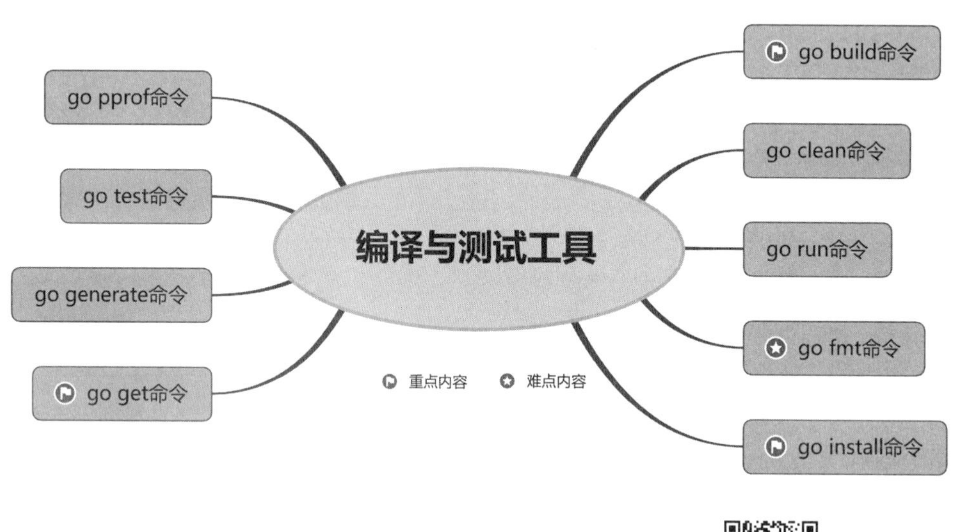

14.1 go build 命令

Go 语言中使用 go build 命令编译代码。go build 命令有很多种编译方法，例如，无参数编译、文件列表编译、指定包编译等，使用这些编译方法都可以输出可执行文件。

go build 命令还有一些附加参数，可以显示更多的编译信息，如表 14.1 所示。

表 14.1 go build 命令的附加参数及其说明

附 加 参 数	说 明
-o	指定编译后生成的文件名
-v	编译时显示包名
-p n	开启并发编译，默认情况下该值为 CPU 逻辑核数
-a	强制重新构建
-n	打印编译时用到的所有命令，但不真正执行

续表

附加参数	说　明
-x	打印编译时用到的所有命令
-race	开启竞态检测

下面通过示例演示如何使用 go build 命令编译代码。

如图 14.1 和 14.2 所示，在桌面上有一个文件夹 Demo。在 Demo 文件夹中，有一个 main.go 文件。main.go 文件的代码如下。

```
package main

import (
	"fmt"
)

func main() {
	fmt.Println("hello world!")
}
```

图 14.1　桌面上的 Demo 文件夹

图 14.2　Demo 文件夹中的 main.go 文件

如图 14.3 所示，打开命令行提示符窗口后，把命令行提示符窗口的路径设置为 Demo 文件夹所在路径。

图 14.3　把命令行提示符窗口的路径设置为 Demo 文件夹所在路径

如图 14.4 所示，使用 go build 命令编译 Demo 文件夹中的 main.go 文件。

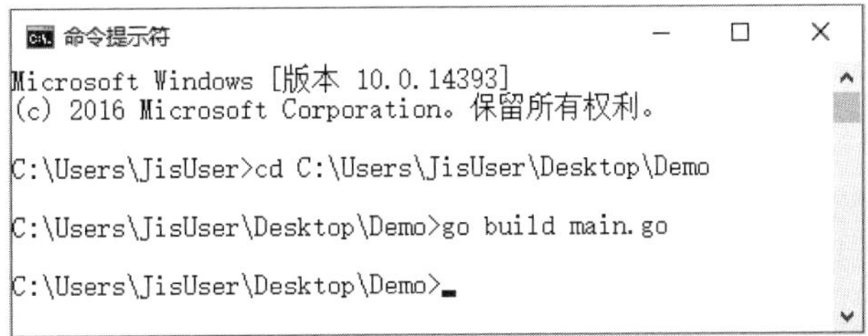

图 14.4　使用 go build 命令编译 main.go 文件

如图 14.5 所示，打开 Demo 文件夹后，可以看到多了一个 main.exe 文件。也就是说，使用 go build

命令成功编译 main.go 文件后，将生成 main.exe 文件。

如图 14.6 所示，在命令行提示符窗口中运行 main.exe 文件后，输出“hello world!”。

图 14.5　新生成一个 main.exe 文件

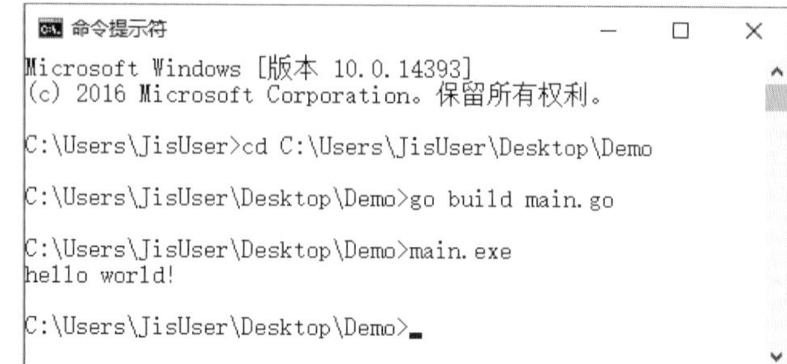

图 14.6　运行 main.exe 文件

14.2　go clean 命令

在 Go 语言中，可以使用 go clean 命令移除当前源码包和关联源码包里面编译生成的文件。go clean 命令还有一些附加参数如表 14.2 所示。

表 14.2　go clean 命令的附加参数及其说明

附 加 参 数	说　　明
-i	清除关联的安装包和可运行文件
-n	打印需要执行的清除命令，但不执行
-r	循环地清除在 import 中引入的包
-x	打印执行的详细命令，即-n 打印的执行版本
-cache	删除所有 go build 命令的缓存
-testcache	删除当前包所有的测试结果

14.3　go run 命令

go run 命令可以编译源码直接执行源码的 main()函数，并且不在当前目录留下可执行文件。下面演示 go run 命令的使用方法。

如图 14.7 所示，在 Demo 文件夹中只有一个 main.go 文件。

图 14.7　Demo 文件夹中的 main.go 文件

把命令行提示符窗口的路径设置为 Demo 文件夹所在路径。如图 14.8 所示，使用 go run 命令编译 main.go 文件，将执行 main.go 文件中的 main()函数，并输出“hello world!”。

图 14.8　使用 go run 命令直接执行 main.go 文件中的 main()函数

14.4　go fmt 命令

Go 语言的开发团队制定了统一的官方代码风格，并且推出 gofmt 命令帮助开发者格式化代码，使之呈现统一的风格。

go fmt 命令优先读取标准输入，如果传入的是文件路径，则格式化这个文件；如果传入的是一个目录，则格式化这个目录中所有.go 文件；如果不传参数，则格式化当前目录下的所有.go 文件。

go fmt 命令默认不执行简化代码操作，而是使用-s 参数开启简化代码功能，具体如下。

1．去除数组、切片、Map 初始化时不必要的类型声明

如下格式的切片表达式。

```
[]T{T{}, T{}}
```

简化后的代码如下。

```
[]T{{}, {}}
```

2．去除数组切片操作时不必要的索引指定

如下格式的切片表达式。

```
s[a:len(s)]
```

简化后的代码如下。

```
s[a:]
```

3．去除循环时非必要的变量赋值

如下格式的循环结构。

```
for x, _ = range v {...}
```

简化后的代码如下。

```
for x = range v {...}
```

如下格式的循环结构。

```
for _ = range v {...}
```

简化后的代码如下。

```
for range v {...}
```

go fmt 命令还有一些附加参数如表 14.3 所示。

表 14.3　go fmt 命令的附加参数及其说明

附 加 参 数	说　明
-l	仅把那些不符合格式化规范的、需要被命令程序改写的源码文件的绝对路径打印到标准输出，不把改写后的内容打印到标准输出
-w	把改写后的内容直接写入文件，不作为结果打印到标准输出
-r	添加形如“a[b:len(a)] -> a[b:]”的重写规则。如果需要自定义额外的格式化规则，就要使用该参数
-s	简化文件中的代码
-d	只把改写前后内容的对比信息作为结果打印到标准输出，不把改写后的内容打印到标准输出。命令程序使用 diff 命令比对内容。在 Windows 操作系统下可能没有 diff 命令，需要另行安装
-e	打印所有的语法错误到标准输出。如果不使用此标记，则只打印每行的第 1 个错误，且只打印前 10 个错误
-comments	是否保留源码文件中的注释。在默认情况下，此标记被隐式使用，并且值为 true
-tabwidth	此标记用于设置代码中缩进使用的空格数量，默认值为 8。要使此标记生效，需要使用“-tabs”标记，并把值设置为 false
-tabs	是否使用 tab（'\t'）代替空格表示缩进。在默认情况下，此标记被隐式使用，并且值为 true
-cpuprofile	是否开启 CPU 使用情况记录，并将记录内容保存在此标记值所指的文件中

14.5　go install 命令

go install 命令的功能与 go build 命令类似，并且附加参数绝大多数都可以与 go build 命令通用。go install 命令只是将编译的中间文件放在 GOPATH 的 pkg 目录下，并将编译结果放在 GOPATH 的 bin 目录中。

go install 命令在内部分成两步操作：第一步是生成结果文件（可执行文件或者.a 包），第二步把编译好的结果移到$GOPATH/pkg 或$GOPATH/bin。

go install 命令编译过程的规律如下。

- ☑ go install 命令是建立在 GOPATH 上的，无法在独立的目录里使用 go install 命令。
- ☑ GOPATH 下的 bin 目录放置的是使用 go install 命令生成的可执行文件，可执行文件的名称来自编译时的包名。
- ☑ go install 命令输出目录始终为 GOPATH 下的 bin 目录，无法使用-o 附加参数进行自定义。
- ☑ GOPATH 下的 pkg 目录放置的是编译期间的中间文件。

14.6　go get 命令

go get 命令可以借助代码管理工具远程拉取或更新代码包及其依赖包，并自动完成编译和安装。整个过程就像安装 App 一样简单。

go get 命令可以动态获取远程代码包，目前支持的有 BitBucket、GitHub、Google Code 和 Launchpad。在使用 go get 命令前，需要安装与远程包匹配的代码管理工具，如 Git、SVN、HG 等，参数中需要提供一个包名。

go get 命令在内部分成两步操作：第一步是下载源码包，第二步是执行 go install 命令。下载源码包的 go 工具自动根据不同的域名调用不同的源码工具，对应关系如下。

```
BitBucket (Mercurial Git)
GitHub (Git)
Google Code Project Hosting (Git, Mercurial, Subversion)
Launchpad (Bazaar)
```

为了让 go get 命令正常工作，必须安装合适的源码管理工具，并把这些命令加入 PATH 中。go get 命令还支持自定义域名的功能。

go get 命令的一些附加参数如表 14.4 所示。

表 14.4　go get 命令的附加参数及其说明

附加参数	说　明
-d	只下载，不安装
-f	只有在包含-u 参数时才有效，忽略对已下载代码包导入路径的检查，这对于本地 fork 的包特别有用
-fix	在获取源码后，先运行 fix，再执行其他操作
-t	同时下载为运行测试所需的包
-u	强制使用网络更新包及其依赖包（下载丢失的包，但不更新已存在的包）
-v	显示操作流程的日志及信息，方便检查错误
-insecure	允许使用不安全的 HTTP 方式下载

14.7　go generate 命令

go generate 命令是在 Go 语言 1.4 版本里新增的命令，用于扫描与当前包相关的源代码文件，找出所有包含//go:generate 的特殊注释，提取并执行该特殊注释后面的命令。

在使用 go generate 命令时，需要注意以下几点。

- ☑ 该特殊注释必须在.go 源码文件中。
- ☑ 每个源码文件可以包含多个 generate 特殊注释。
- ☑ 只有在运行 go generate 命令时，才执行特殊注释后面的命令。

☑ 当 go generate 命令执行出错时，终止程序的运行。

☑ 特殊注释必须以//go:generate 开头，双斜线后面没有空格。

在下面这些场景中，使用 go generate 命令。

☑ yacc：从.y 文件生成.go 文件。

☑ protobufs：从 protocol buffer 定义文件（.proto）生成.pb.go 文件。

☑ Unicode：从 UnicodeData.txt 生成 Unicode 表。

☑ HTML：将 HTML 文件嵌入到 go 源码。

☑ bindata：将类似 JPEG 的文件转成 go 代码中的字节数组。

go generate 命令的语法格式如下。

```
go generate [-run regexp] [-n] [-v] [-x] [command] [build flags] [file.go... | packages]
```

参数说明如下。

☑ -run：正则表达式匹配命令行，仅执行匹配的命令。

☑ -v：输出被处理的包名和源文件名。

☑ -n：显示不执行命令。

☑ -x：显示并执行命令。

☑ command：可以是在环境变量 PATH 中的任何命令。

当执行 go generate 命令时，还可以使用如下所示的环境变量。

☑ $GOARCH：体系架构（arm、amd64 等）。

☑ $GOOS：当前的 OS 环境（linux、windows 等）。

☑ $GOFILE：当前处理中的文件名。

☑ $GOLINE：当前命令在文件中的行号。

☑ $GOPACKAGE：当前处理文件的包名。

☑ $DOLLAR：固定的$，不清楚具体用途。

14.8 go test 命令

Go 语言拥有一套单元测试和性能测试系统，仅需要添加很少代码就可以快速测试代码。go test 命令自动读取源码目录下面名为*_test.go 的文件，生成并运行测试用的可执行文件。

14.8.1 单元测试

单元测试（unit testing）是指检查和验证软件中的最小可测试单元。对于单元测试中单元的含义，一般要根据实际情况判定，如 C 语言中单元指一个函数，Java 中单元指一个类，图形化的软件中可以指一个窗口或一个菜单等。总的来说，单元就是人为规定的最小被测功能模块。

单元测试是在软件开发过程中要进行的最低级别的测试活动，软件的独立单元将在与程序的其他部分相隔离的情况下进行测试。

开始单元测试前，需要准备一个 go 源码文件，在命名文件时，该文件必须以_test 结尾。在默认情况下，go test 命令不需要任何参数，它可以自动测试源码包下面所有 test 文件。

这里介绍几个 go test 命令常用的参数。

☑ -bench regexp：执行相应的 benchmarks，如-bench=.。
☑ -cover：开启测试覆盖率。
☑ -run regexp：只运行 regexp 匹配的函数，如-run=Array，仅执行以 Array 开头的函数。
☑ -v：显示测试的详细命令。

单元测试源码文件可以由多个测试用例组成，每个测试用例函数需要以 Test 为前缀，例如。

```
func TestXXX( t *testing.T )
```

☑ 测试用例文件不参与正常源码编译，不编译在可执行文件中。
☑ 测试用例文件使用 go test 命令执行，没有也不需要 main()函数作为函数入口。所有在以_test 结尾的源码中，将自动执行以 Test 开头的函数。
☑ 测试用例可以不传入*testing.T 参数。

测试用例可以并发执行，使用 testing.T 提供的日志输出可以保证日志跟随这个测试上下文一起打印输出。testing.T 提供了几种日志输出函数如表 14.5 所示。

表 14.5　testing.T 提供的几种日志输出函数及其说明

函 数 名 称	说　　明
Log	打印日志，同时结束测试
Logf	格式化打印日志，同时结束测试
Error	打印错误日志，同时结束测试
Errorf	格式化打印错误日志，同时结束测试
Fatal	打印致命日志，同时结束测试
Fatalf	格式化打印致命日志，同时结束测试

14.8.2　基准测试

基准测试可以测试一段程序的运行性能及耗费 CPU 的程度。Go 语言基准测试框架的使用方法类似于单元测试，使用者无须准备高精度的计时器和各种分析工具，基准测试本身即可以打印出非常标准的测试报告。

基准测试框架对一个测试用例的默认测试时间是 1s。如果以 Benchmark 开头的基准测试用例函数返回时还不到 1s，那么 testing.B 中的 N 值将按 1、2、5、10、20、50……递增，同时以递增后的值重新调用基准测试用例函数。

基准测试的主要用途如下。

☑ 通过-benchtime 参数可以自定义测试时间。
☑ 基准测试可以统计一段代码可能存在的内存分配，例如，有一个使用字符串格式化的函数，并在函数内部进行一些分配操作。在命令行中添加-benchmem 参数就可以显示内存分配情况。开发者能根据这些信息迅速找到可能的分配点，对代码进行优化和调整。

☑ 有些测试需要一定的启动和初始化时间，如果从 Benchmark()函数开始计时将在很大程度上影响测试结果的精准程度。testing.B 提供了一系列的方法可以方便地控制计时器，从而让计时器只在需要的区间进行测试。从 Benchmark()函数开始，Timer 就开始计数。StopTimer()函数可以停止计数过程，做一些耗时的操作，通过 StartTimer()函数重新开始计时。ResetTimer()函数可以重置计数器的数据。计数器内部不仅包含耗时数据，还包括内存分配的数据。

14.9　go pprof 命令

Go 语言工具链中的 go pprof 命令可以帮助开发者快速分析及定位各种性能问题，如 CPU 消耗、内存分配及阻塞分析等。

性能分析首先需要把 runtime.pprof 包嵌入待分析程序的入口和结束处。runtime.pprof 包在运行时对程序进行每秒 100 次采样，最少采样 1 秒。然后，输出生成的数据供开发者写入文件或其他媒介并进行分析。

go pprof 工具链配合 Graphviz 图形化工具可以将 runtime.pprof 包生成的数据转换为 PDF 格式，以图片的方式展示程序的性能分析结果。

说明

Graphviz 是通过文本描述生成图形的工具包。描述文本的语言叫作 DOT（graph description language）。在 www.graphviz.org 网站可以获取最新的 Graphviz 安装包。

runtime.pprof 提供运行时分析的基础驱动，但是这套接口使用起来不是很方便。其中有两个原因：一个是输出数据使用 io.Writer 接口，虽然扩展性很强，但是对于实际使用不够方便，不支持写入文件；另一个是默认配置项较为复杂。

为此，很多第三方包基于系统包 runtime.pprof 进行便利性封装，让整个测试过程更为方便。

14.10　要 点 回 顾

Go 工具链中提供了众多 Go 开发工具。Go 语言的工具链对开发者非常友好，内置很多性能调优与测试的工具。为了从任意目录都可以运行 Go 工具链中的工具命令（通过 go 命令），Go 工具链安装目录下的 bin 目录的路径必须配置在 PATH 环境变量中。Go 工具链工具要求所有的 Go 源码文件必须以.go 后缀结尾。

第 15 章

反射

反射是指在程序运行期间访问和修改程序自身的能力。支持反射的语言可以在程序编译期间将变量的字段名称、类型信息、结构体信息等整合到可执行文件中，并提供接口，使程序在运行期间访问和修改这些信息。本章讲解 Go 程序在运行期间如何实现反射。本章的知识架构及重难点如下。

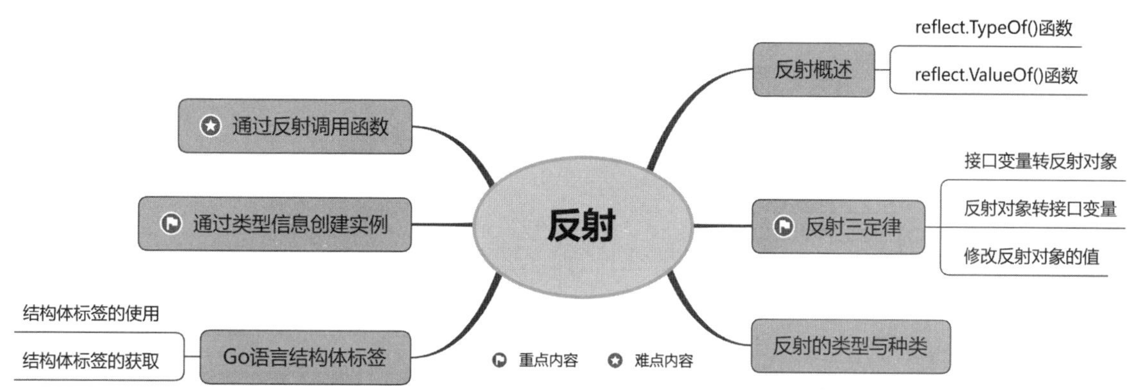

15.1 反射概述

Go 程序虽然在编译期间不知晓某些变量的数据类型，但在运行期间支持更新和检查这些变量的值、调用这些变量的函数等操作。在 Go 语言中，这种机制称为反射。

Go 语言的 reflect 包可以用于访问和修改反射对象的信息。在 reflect 包中，有两种基本反射类型，即*reflect.rtype（表示变量类型的反射类型）和 reflect.Value（表示变量值的反射类型）。reflect 包中的 reflect.TypeOf()和 reflect.ValueOf()函数用于获取变量类型和变量值的反射类型。

说明

Go 语言把 reflect.TypeOf()和 reflect.ValueOf()两个函数返回的对象称作反射对象。

15.1.1 reflect.TypeOf()函数

reflect.TypeOf()函数的操作对象既可以是接口变量，也可以是非接口变量。对某个变量使用 reflect.TypeOf()函数，就能够获取这个变量类型的反射类型。

下例演示 reflect.TypeOf()函数的使用方法。

【例 15.1】打印变量类型的反射类型（**实例位置：资源包\TM\sl\15\1**）

定义值为 7 的 int 类型变量 i，声明 bool 类型变量 b，定义值为 11 的 float64 类型变量 f，使用 reflect.TypeOf()函数分别打印变量 i、b 和 f 的类型及其反射类型。代码如下。

```
package main

import (
	"fmt"
	"reflect"
)

func main() {
	//定义 int 类型变量 i
	var i int = 7
	//获取变量 i 的类型的反射类型
	typeI := reflect.TypeOf(i)
	//打印变量 i 的类型及其反射类型
	fmt.Printf("变量 i 的类型：%v，变量 i 的类型的反射类型：%T\n", typeI, typeI)
	//声明 bool 类型变量 b
	var b bool
	//获取变量 b 的类型的反射类型
	typeB := reflect.TypeOf(b)
	//打印变量 b 的类型及其反射类型
	fmt.Printf("变量 b 的类型：%v，变量 b 的类型的反射类型：%T\n", typeB, typeB)
	//定义 float64 类型变量 f
	var f float64 = 11
	//获取变量 f 的类型的反射类型
	typeF := reflect.TypeOf(f)
	//打印变量 f 的类型及其反射类型
	fmt.Printf("变量 f 的类型：%v，变量 f 的类型的反射类型：%T\n", typeF, typeF)
}
```

运行结果如下。

```
变量 i 的类型：int，变量 i 的类型的反射类型：*reflect.rtype
变量 b 的类型：bool，变量 b 的类型的反射类型：*reflect.rtype
变量 f 的类型：float64，变量 f 的类型的反射类型：*reflect.rtype
```

15.1.2 reflect.ValueOf()函数

reflect.ValueOf()函数用于获取变量值的反射类型。这个变量既可以是接口变量，也可以是非接口变量。

下例演示 reflect.ValueOf()函数的使用方法。

【例 15.2】打印变量值的反射类型（**实例位置：资源包\TM\sl\15\2**）

定义值为 7 的 int 类型变量 i，声明 bool 类型变量 b，定义值为 11 的 float64 类型变量 f，使用 reflect.ValueOf()函数分别打印变量 i、b 和 f 的值及其反射类型。代码如下。

```
package main

import (
	"fmt"
	"reflect"
)
```

```
func main() {
    //定义 int 型变量 i
    var i int = 7
    //获取变量 i 的值的反射类型
    valueI := reflect.ValueOf(i)
    //打印变量 i 的值及其反射类型
    fmt.Printf("变量 i 的值：%v，变量 i 的值的反射类型：%T\n", valueI, valueI)
    //声明 bool 类型变量 b
    var b bool
    //获取变量 b 的值的反射类型
    valueB := reflect.ValueOf(b)
    //打印变量 b 的值及其反射类型
    fmt.Printf("变量 b 的值：%v，变量 b 的值的反射类型：%T\n", valueB, valueB)
    //定义 float64 类型变量 f
    var f float64 = 11
    //获取变量 f 的值的反射类型
    valueF := reflect.ValueOf(f)
    //打印变量 f 的值及其反射类型
    fmt.Printf("变量 f 的值：%v，变量 f 的值的反射类型：%T\n", valueF, valueF)
}
```

运行结果如下。

```
变量 i 的值：7，变量 i 的值的反射类型：reflect.Value
变量 b 的值：false，变量 b 的值的反射类型：reflect.Value
变量 f 的值：11，变量 f 的值的反射类型：reflect.Value
```

如果没有为 bool 类型的变量赋值，该变量的值就是 bool 类型的默认值，即 false。

15.2 反射三定律

反射三定律是建立在反射和接口的关系之上的。在 Go 语言中，接口变量能够被多种类型的变量赋值，这让接口变量看起来像是动态类型的。但是，Go 语言是静态类型的编程语言，因此接口变量是静态类型的。明确了以上内容后，下面将依次讲解 Go 语言的反射三定律。

15.2.1 接口变量转反射对象

使用 reflect 包提供的 reflect.TypeOf()和 reflect.ValueOf()两个函数，可以把接口变量转换为反射对象。下面演示如何把接口变量转换为反射对象。

定义值为 7 的 int 类型变量 i，声明 bool 型变量 b，定义值为 11 的 float64 类型变量 f，先使用 reflect.TypeOf()函数分别打印变量 i、b 和 f 的类型及其反射类型；再使用 reflect.ValueOf()函数分别打印这 3 个变量的值及其反射类型。代码如下。

```
package main

import (
```

```
	"fmt"
	"reflect"
)

func main() {
	var i int = 7                                              //定义 int 类型变量 i
	typeI := reflect.TypeOf(i)                                 //获取变量 i 的类型的反射类型
	valueI := reflect.ValueOf(i)                               //获取变量 i 的值的反射类型
	fmt.Printf("变量 i 的数据类型：%v，反射类型：%T\n", typeI, typeI)     //打印变量 i 的类型及其反射类型
	fmt.Printf("变量 i 的值：%v，反射类型：%T\n", valueI, valueI)       //打印变量 i 的值及其反射类型
	var b bool                                                 //声明 bool 类型变量 b
	typeB := reflect.TypeOf(b)                                 //获取变量 b 的类型的反射类型
	valueB := reflect.ValueOf(b)                               //获取变量 b 的值的反射类型
	fmt.Printf("变量 b 的数据类型：%v，反射类型：%T\n", typeB, typeB)     //打印变量 b 的类型及其反射类型
	fmt.Printf("变量 b 的值：%v，反射类型：%T\n", valueB, valueB)       //打印变量 b 的值及其反射类型
	var f float64 = 11                                         //定义 float64 类型变量 f
	typeF := reflect.TypeOf(f)                                 //获取变量 f 的类型的反射类型
	valueF := reflect.ValueOf(f)                               //获取变量 f 的值的反射类型
	fmt.Printf("变量 f 的数据类型：%v，反射类型：%T\n", typeF, typeF)     //打印变量 f 的类型及其反射类型
	fmt.Printf("变量 f 的值：%v，反射类型：%T\n", valueF, valueF)       //打印变量 f 的值及其反射类型
}
```

运行结果如下。

```
变量 i 的数据类型：int，反射类型：*reflect.rtype
变量 i 的值：7，反射类型：reflect.Value
变量 b 的数据类型：bool，反射类型：*reflect.rtype
变量 b 的值：false，反射类型：reflect.Value
变量 f 的数据类型：float64，反射类型：*reflect.rtype
变量 f 的值：11，反射类型：reflect.Value
```

因为 Go 语言把 reflect.TypeOf()和 reflect.ValueOf()两个函数返回的对象称作反射对象，所以通过上述代码就成功地把接口变量转换为反射对象。

这里有一个问题：在上述代码中，没有接口变量；那么，为什么说“成功地把接口变量转换为反射对象”了呢？这是因为在 reflect.TypeOf()和 reflect.ValueOf()两个函数里都包含一个空接口。其中，TypeOf()函数的语法格式如下。

```
func TypeOf(i interface{}) Type
```

ValueOf()函数的语法格式如下。

```
func ValueOf(i interface{}) Value
```

不难发现，reflect.TypeOf()和 reflect.ValueOf()两个函数接收的是空接口类型的变量。当调用 reflect.TypeOf()和 reflect.ValueOf()两个函数处理一个变量时，这个变量被存储在一个空接口类型的变量中。因为 Go 语言传参的方式是值传递，所以这个变量的数据类型将隐式地转换为空接口类型。

15.2.2 反射对象转接口变量

接口变量和反射对象是可以相互转换的。那么，如何把反射对象转换为接口变量呢？这时就需要通过 reflect.ValueOf()函数调用 Interface()函数实现。Interface()函数的语法格式如下。

```
func (v Value) Interface() (i interface{}) {
	return valueInterface(v, true)
}
```

Interface()函数的工作原理如下：一个反射类型是 reflect.Value 的对象经 Interface()函数处理后，这个反射对象的类型和值将被存储在一个接口变量中，并且这个接口变量将作为 Interface()函数的返回值。这样就可以成功地把反射对象转换为接口变量。下面演示如何把反射对象转换为接口变量。

编写一个程序，实现 3 个功能：定义值为 3.1415926 的接口变量 i，打印接口变量的值及其数据类型；使用 reflect.ValueOf()函数获取接口变量的值，并打印接口变量的值的反射类型；通过 reflect.ValueOf()函数调用 Interface()函数，把反射对象转换为接口变量后，打印接口变量的值及其数据类型。代码如下。

```
package main

import (
	"fmt"
	"reflect"
)

func main() {
	var i interface{} = 3.1415926                          //定义接口变量
	fmt.Printf("接口变量 i 的值：%v，类型：%T\n", i, i)      //打印接口变量 i 的值及其类型
	valueI := reflect.ValueOf(i)                           //获取接口变量 i 的值的反射类型
	//打印接口变量 i 的值的反射类型
	fmt.Printf("接口变量转换为反射对象后，接口变量 i 的值的反射类型：%T\n", valueI)
	res := valueI.Interface()                              //把反射对象转换为接口变量
	//打印接口变量 res 的值及其类型
	fmt.Printf("反射对象转换为接口变量后，接口变量 res 的值：%v，类型：%T\n", res, res)
}
```

运行结果如下。

```
接口变量 i 的值：3.1415926，类型：float64
接口变量转换为反射对象后，接口变量 i 的值的反射类型：reflect.Value
反射对象转换为接口变量后，接口变量 res 的值：3.1415926，类型：float64
```

15.2.3　修改反射对象的值

为了修改反射对象的值，可以使用 CanSet()和 SetFloat()等函数。注意，在修改反射对象的值之前，要使用 CanSet()函数确认反射对象具有“可写性”。当反射对象具有“可写性”时，CanSet()函数返回 true；否则，CanSet()函数返回 false。下面讲解如何验证反射对象是否具有“可写性”。

编写一个程序，定义值为 3.1415926 的 float64 类型变量，使用 reflect.ValueOf()函数获取变量值的反射类型后，使用 SetFloat()函数把反射对象的值修改为 3.14。代码如下。

```
package main

import (
	"reflect"
)

func main() {
	var f float64 = 3.1415926                  //定义 float64 类型的变量 f
	valueF := reflect.ValueOf(f)               //获取变量 f 的值的反射类型
	valueF.SetFloat(3.14)                      //把反射对象的值修改为 3.14
}
```

运行上述代码，抛出如下异常。

```
panic: reflect: reflect.Value.SetFloat using unaddressable value
```

那么，上述代码为什么会抛出异常呢？为了一探究竟，需要使用 CanSet()函数验证反射对象 valueF 是否具有“可写性”。代码如下。

```
package main

import (
	"fmt"
	"reflect"
)

func main() {
	var f float64 = 3.1415926                               //定义 float64 类型的变量 f
	valueF := reflect.ValueOf(f)                            //通过获取变量 f 的值的反射类型，创建反射对象 valueF
	fmt.Println("反射对象 valueF 是否具有“可写性”：", valueF.CanSet())
}
```

运行结果如下。

```
反射对象 valueF 是否具有“可写性”： false
```

运行结果显示反射对象 valueF 不具有“可写性”。那么，如何才能让反射对象 valueF 具有“可写性”呢？为了解决这个问题需要执行如下的两个步骤。

- ☑ 创建反射对象时，传入变量的指针。
- ☑ 因为要修改的是指针指向的数据，所以要通过 reflect.ValueOf()函数调用 Elem()函数获取指针指向的数据。

明确解决问题的方法后，下面通过编码修改反射对象的值。代码如下。

```
package main

import (
	"fmt"
	"reflect"
)

func main() {
	var f float64 = 3.1415926                               //定义 float64 类型的变量 f
	valueF := reflect.ValueOf(&f).Elem()                    //获取指针指向的反射对象的值
	//打印反射对象 valueF 是否具有“可写性”
	fmt.Println("反射对象 valueF 是否具有“可写性”：", valueF.CanSet())
	fmt.Println("反射对象 valueF 的初始值：", valueF)         //打印反射对象 valueF 的初始值
	valueF.SetFloat(3.14)                                   //把反射对象的值修改为 3.14
	fmt.Println("反射对象 valueF 的初始值被修改为：", valueF)  //打印反射对象 valueF 修改后的值
}
```

运行结果如下。

```
反射对象 valueF 是否具有“可写性”： true
反射对象 valueF 的初始值： 3.1415926
反射对象 valueF 的初始值被修改为： 3.14
```

15.3　反射的类型与种类

在使用反射时，需要理解类型和种类的区别。在开发过程中，使用最多的是类型；但在反射中，当需要区分一个大品种的类型时就要用到种类。

在 Go 语言中，类型是指系统原生数据类型，如 int、string、bool、float32 等类型，以及使用 type 关键字定义的类型，这些类型的名称就是其类型本身的名称。例如，通过 type Book struct{}定义一个结构体后，Book 就是这个结构体的类型。种类则是指对象归属的品种，在 reflect 包中有如下定义。

```
type Kind uint

const (
	Invalid Kind = iota		//非法类型
	Bool				//布尔型
	Int				//有符号整型
	Int8				//有符号 8 位整型
	Int16				//有符号 16 位整型
	Int32				//有符号 32 位整型
	Int64				//有符号 64 位整型
	Uint				//无符号整型
	Uint8				//无符号 8 位整型
	Uint16				//无符号 16 位整型
	Uint32				//无符号 32 位整型
	Uint64				//无符号 64 位整型
	Uintptr				//指针
	Float32				//单精度浮点数
	Float64				//双精度浮点数
	Complex64			//64 位复数类型
	Complex128			//128 位复数类型
	Array				//数组
	Chan				//通道
	Func				//函数
	Interface			//接口
	Map				//映射
	Ptr				//指针
	Slice				//切片
	String				//字符串
	Struct				//结构体
	UnsafePointer			//底层指针
)
```

下面通过示例说明类型和种类的区别。代码如下。

```
package main

import (
	"fmt"
	"reflect"
)

type Book struct {		//定义新类型 Book，其数据类型是 struct
}
```

```
func main() {
    var book Book
    typeBook := reflect.TypeOf(book)
    fmt.Println("反射对象的类型：", typeBook.Name())      //打印反射对象的类型
    fmt.Println("反射对象的种类：", typeBook.Kind())       //打印反射对象的种类
}
```

运行结果如下。

```
反射对象的类型： Book
反射对象的种类： struct
```

通过上述示例，得到如下结论：在使用关键字 type 定义一个新类型和使用 reflect.TypeOf()函数创建一个该类型的变量的反射对象后，即可使用这个反射对象分别调用 Name()和 Kind()函数获取其类型和种类。

【例 15.3】获取反射对象的类型和种类（**实例位置：资源包\TM\sl\15\3**）

使用 type 关键字先定义新类型 myint，其数据类型是 int；再定义新类型 Book，其数据类型是 struct。在 main()函数中，定义 int 类型的变量 i，使用 reflect.TypeOf()函数创建变量 i 的反射对象 typeI，分别打印反射对象 typeI 的类型和种类；定义 myint 类型的变量 mi，使用 reflect.TypeOf()函数创建变量 mi 的反射对象 typeMI，分别打印反射对象 typeMI 的类型和种类；定义 Book 类型的变量 book，使用 reflect.TypeOf()函数创建变量 book 的反射对象 typeBook，分别打印反射对象 typeBook 的类型和种类。代码如下。

```
package main

import (
    "fmt"
    "reflect"
)

type myint int                                          //定义新类型 myint，其数据类型是 int

type Book struct {                                      //定义新类型 Book，其数据类型是 struct
    BookName string
}

func main() {
    var i int = 711                                     //定义 int 类型的变量 i
    typeI := reflect.TypeOf(i)                          //创建变量 i 的反射对象
    //打印反射对象 typeI 的类型和种类
    fmt.Println("反射对象 typeI 的类型：", typeI.Name())
    fmt.Println("反射对象 typeI 的种类：", typeI.Kind())
    fmt.Println()                                       //打印空行

    var mi myint = 44                                   //定义 myint 类型的变量 mi
    typeMI := reflect.TypeOf(mi)                        //创建变量 mi 的反射对象
    //打印反射对象 typeMI 的类型和种类
    fmt.Println("反射对象 typeMI 的类型：", typeMI.Name())
    fmt.Println("反射对象 typeMI 的种类：", typeMI.Kind())
    fmt.Println()                                       //打印空行

    book := Book{BookName: "Go 语言从入门到精通"}        //定义 Book 类型的变量 book
    typeBook := reflect.TypeOf(book)                    //创建变量 book 的反射对象
    //打印反射对象 typeBook 的类型和种类
    fmt.Println("反射对象 typeBook 的类型：", typeBook.Name())
```

```
    fmt.Println("反射对象 typeBook 的种类：", typeBook.Kind())
}
```

运行结果如下。

```
反射对象 typeI 的类型：  int
反射对象 typeI 的种类：  int

反射对象 typeMI 的类型：  myint
反射对象 typeMI 的种类：  int

反射对象 typeBook 的类型：  Book
反射对象 typeBook 的种类：  struct
```

15.4　Go 语言结构体标签

在一般情况下，在定义的结构体中，每个字段都是由字段名称和字段类型构成的。例如，在定义的 Book 类型的结构体中，包含两个字段：一个字段是表示图书名称的 string 类型 BookName；另一个字段是表示图书价格的 float64 类型 BookPrice。代码如下。

```
type Book struct {                    //定义的 Book 类型的结构体
    BookName   string                 //表示图书名称的 string 类型 BookName
    BookPrice float64                 //表示图书价格的 float64 类型 BookPrice
}
```

15.4.1　结构体标签的使用

除了字段名称和字段类型，还可以为每个字段增加一个属性，即“结构体标签（Tag）”。结构体标签是一系列用空格分隔的键值对序列，用英文格式下的反引号（即``）括起来。结构体标签的语法格式如下。

```
`key:"value" key2:"value2" key3:"value3"`
```

说明

结构体标签由一个或多个键值对组成。键与值使用冒号分隔，值用双引号括起来。键值对之间使用一个空格分隔。

下面为上面定义的 Book 类型的结构体中的两个字段增加标签。代码如下。

```
type Book struct {
    BookName   string   `json:"BookName"`
    bookPrice float64 `json:"bookPrice"`
}
```

当键为 json 时，这个键对应的值不仅能控制 encoding/json 包的编码和解码的行为，还能控制 encoding 下的其他包的编码和解码的行为。

下面通过示例演示如何使用为字段增加标签的结构体编码 JSON。代码如下。

```
package main

import (
	"encoding/json"
	"fmt"
)

type Book struct {
	BookName   string  `json:"name"`
	BookPrice float64 `json:"price"`
}

func main() {
	book := Book{
		BookName:   "Java 从入门到精通",
		BookPrice: 79.80,
	}
	res, _ := json.Marshal(book)                    //结构体转为 JSON
	fmt.Printf("res:%s\n", res)                     //打印 JSON
}
```

运行结果如下。

```
res:{"name":"Java 从入门到精通","price":79.8}
```

15.4.2 结构体标签的获取

在 15.4.1 节中，介绍了什么是结构体标签。那么，在开发过程中，如何获取结构体标签呢？使用反射是关键。

Go 语言支持 3 种获取结构体标签的方式，分别是获取字段信息、获取结构体标签和获取键值对。下面依次讲解这 3 种方式。

☑ 获取字段信息

Go 语言同样有 3 种获取字段信息的方式。这 3 种方式的语法格式如下。

```
field := reflect.TypeOf(obj).FieldByName("Name")
field := reflect.ValueOf(obj).Type().Field(i)          //i 表示第几个字段
field := reflect.ValueOf(&obj).Elem().Type().Field(i)  //i 表示第几个字段
```

☑ 获取结构体标签

Go 语言获取结构体标签的语法格式如下。

```
tag := field.Tag
```

☑ 获取键值对

Go 语言有两种获取键值对的方式，语法格式如下。

```
labelValue := tag.Get("label")              //当没有获取到对应的结构体标签时，Get()函数返回空字符串
labelValue, ok := tag.Lookup("label")
```

下面演示如何获取结构体标签和键值对。代码如下。

```
package main
```

```
import (
	"fmt"
	"reflect"
)

type Book struct {
	BookName   string   `json:"name"`
	BookPrice float64 `json:"price"`
}

func main() {
	book := reflect.TypeOf(Book{})                  //创建结构体 Book{}的反射对象
	nm, _ := book.FieldByName("BookName")            //获取字段 BookName 的信息
	fmt.Println("字段 BookName 的信息：\n", nm)
	tag := nm.Tag                                    //获取与字段 BookName 对应的结构体标签
	fmt.Println("与字段 BookName 对应的结构体标签：\n", tag)
	value, _ := tag.Lookup("json")                   //获取与字段 BookName 对应的结构体标签中的键值对
	fmt.Println("与字段 BookName 对应的结构体标签中的键值对：\n key: json, value:", value)
}
```

运行结果如下。

```
字段 BookName 的信息：
 {BookName   string json:"name" 0 [0] false}
与字段 BookName 对应的结构体标签：
 json:"name"
与字段 BookName 对应的结构体标签中的键值对：
 key: json, value: name
```

在上述运行结果中，字段 BookName 的信息比较复杂。字段 BookName 的信息表示的是字段 BookName 与结构体 Book{}的关系，如偏移、索引、是否为匿名字段、结构体标签等。为了深入探究结构体成员的信息，要理解 Go 语言提供的结构体成员的语法格式，即：

```
type StructField struct {
	Name        string                  //字段名
	PkgPath    string                  //字段在结构体中的路径
	Type        Type                    //字段的反射类型对象
	Tag          StructTag              //字段的结构体标签
	Offset      uintptr                 //字段在结构体中的相对偏移
	Index       []int                   //字段对应的索引值
	Anonymous bool                    //是否为匿名字段
}
```

15.5　通过类型信息创建实例

当已知*reflect.rtype 时，可以动态创建这个类型的实例，实例的类型为指针。例如，当*reflect.rtype 的类型为 int 时，可以动态创建 int 类型的实例，实例的类型为*int。

下面通过示例演示如何通过类型信息创建实例。代码如下。

```
package main

import (
```

```
    "fmt"
    "reflect"
)

func main() {
    var i int
    //创建变量 i 的反射类型对象
    typeI := reflect.TypeOf(i)
    //根据反射类型对象创建类型实例
    ti := reflect.New(typeI)
    //输出实例的类型和种类
    fmt.Printf("已创建的实例的类型：%v，\n 已创建的实例的种类：%v\n", ti.Type(), ti.Kind())
}
```

运行结果如下。

```
已创建的实例的类型：*int，
已创建的实例的种类：ptr
```

15.6 通过反射调用函数

反射值对象（reflect.Value）中值的类型为函数时，如果使用反射调用这个函数，则要使用反射值对象的切片[]reflect.Value 构造函数参数，并将其传入 Call()函数中；调用该函数后，该函数的返回值通过[]reflect.Value 返回。

下面演示如何通过反射调用函数。代码如下。

```
package main

import (
    "fmt"
    "reflect"
)

//用于两个整数相减的函数
func subtract(a, b int) int {
    return a - b
}

func main() {
    //创建函数 subtract()的反射值对象
    valueSub := reflect.ValueOf(subtract)
    //构造函数参数，传入两个整数
    parm := []reflect.Value{reflect.ValueOf(11), reflect.ValueOf(7)}
    //把构造的函数参数传入 Call()函数
    res := valueSub.Call(parm)
    //获取第一个返回值，取整数值
    fmt.Printf("11-7=%v\n", res[0].Int())
}
```

运行结果如下。

```
11-7=4
```

15.7 要点回顾

在 Go 语言中，反射是建立在类型之上的，并与 interface 类型相关。Go 语言通过 reflect 包，能够在 Go 程序运行时动态调用对象的方法和属性。但是，如果 Go 程序想通过反射获取一个可执行文件或包中的所有类型信息，就需要配合使用标准库中对应的词法、语法解析器和抽象语法树（AST）对源码进行扫描。

第 16 章

MySQL 数据库编程

数据库是一种存储结构，支持使用各种格式输入、处理和检索数据，不必在每次需要数据时重新输入数据。例如，当需要电话号码时，可查看电话簿，按照姓名查阅，这个电话簿就是数据库。当前比较流行的数据库主要有 MySQL、Oracle、SQL Server、Redis 等，它们各有各的特点。本章主要讲解如何使用 Go 语言操作 MySQL 数据库。

本章的知识架构及重难点如下。

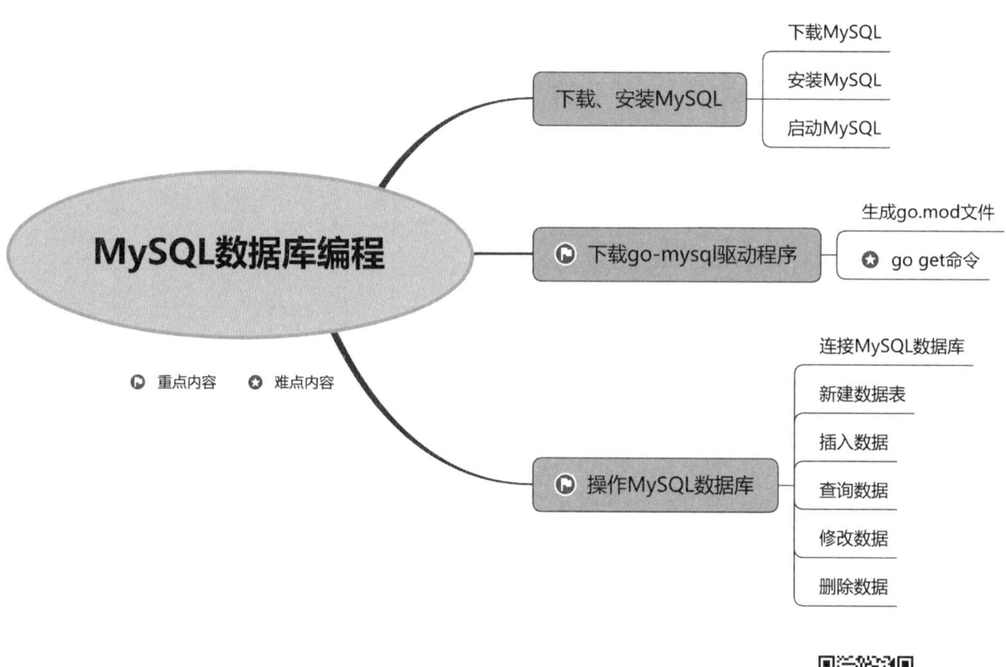

16.1 下载、安装 MySQL

MySQL 是目前非常流行的开源数据库，还是跨平台的关系型数据库系统，读者可以从互联网上下载 MySQL 的社区版本。

16.1.1 下载 MySQL

下载 MySQL 是指下载 MySQL 服务器的安装文件。具体步骤如下。

（1）打开浏览器，访问 https://dev.mysql.com/downloads/windows/installer/8.0.html，进入显示当前

MySQL 8.0 的最新版本的页面，如图 16.1 所示。

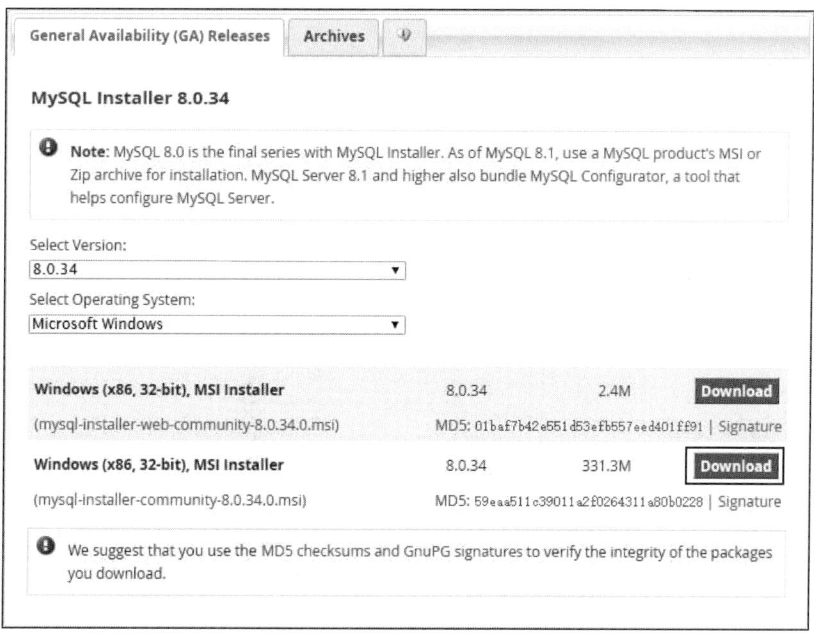

图 16.1　MySQL 8.0 的最新版本的页面

（2）单击图 16.1 中的 Download 按钮，进入 MySQL 8.0 最新版本下载页面。单击“No thanks, just start my download. ”超链接，跳过注册或登录 MySQL 账户的步骤，直接下载 MySQL 8.0 的最新版本，如图 16.2 所示。

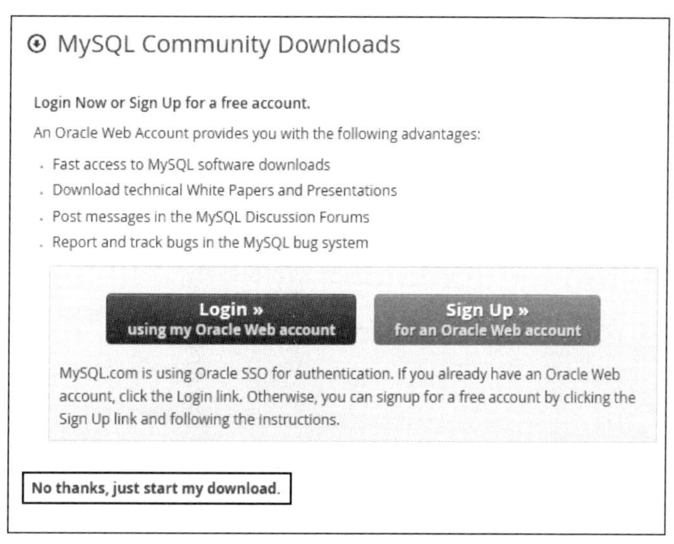

图 16.2　不注册直接下载 MySQL

（3）单击如图 16.3 所示的下载按钮，下载 MySQL 服务器的安装文件。下载完成的 MySQL 服务器的安装文件如图 16.4 所示。

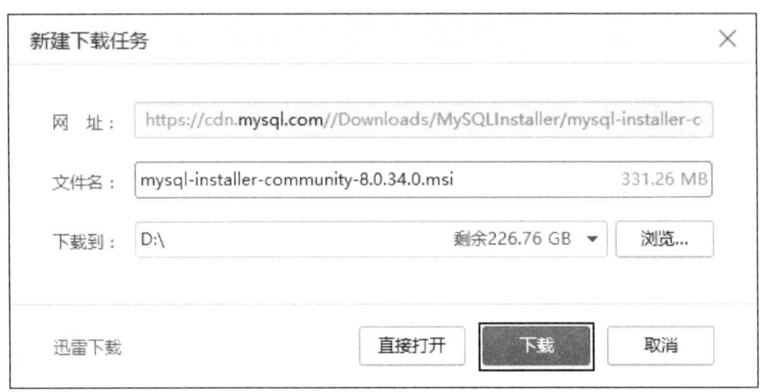

图 16.3　新建下载任务对话框

图 16.4　下载完成的 MySQL 安装文件

16.1.2　安装 MySQL

安装 MySQL 服务器的步骤如下。

（1）双击 MySQL 安装文件，进入选择安装类型界面。如图 16.5 所示，MySQL 默认选择表示纯净类型的 Server only 类型，单击 Next 按钮。

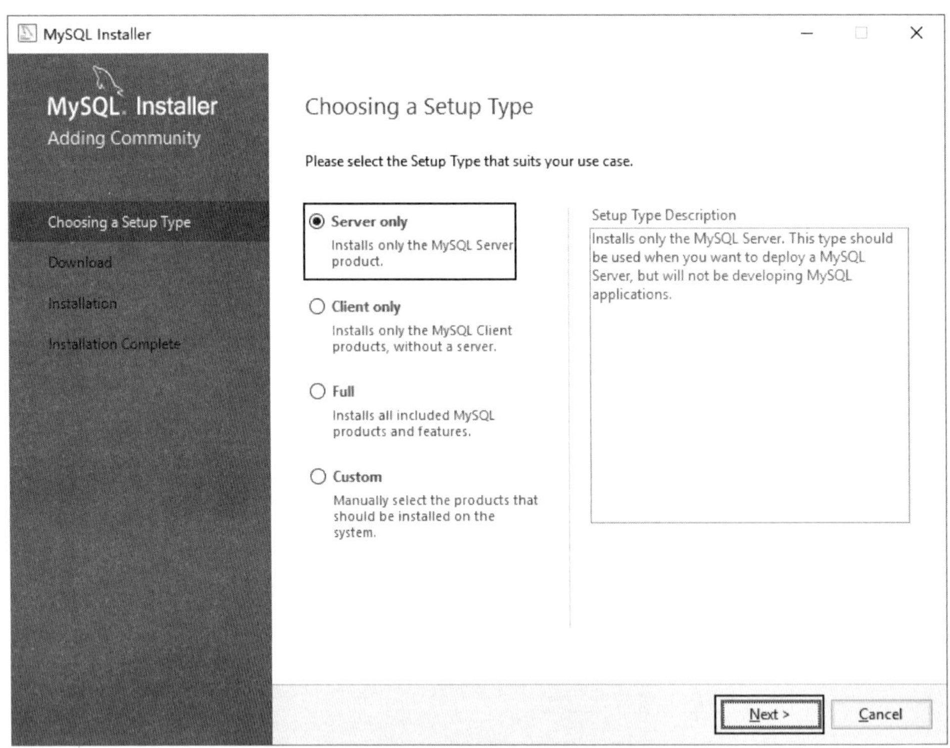

图 16.5　选择安装类型界面

（2）进入安装界面后，确认安装的是 MySQL 服务器，单击 Execute 按钮，如图 16.6 所示。

（3）MySQL 服务器安装完成，Execute 按钮变成 Next 按钮，单击 Next 按钮，如图 16.7 所示。

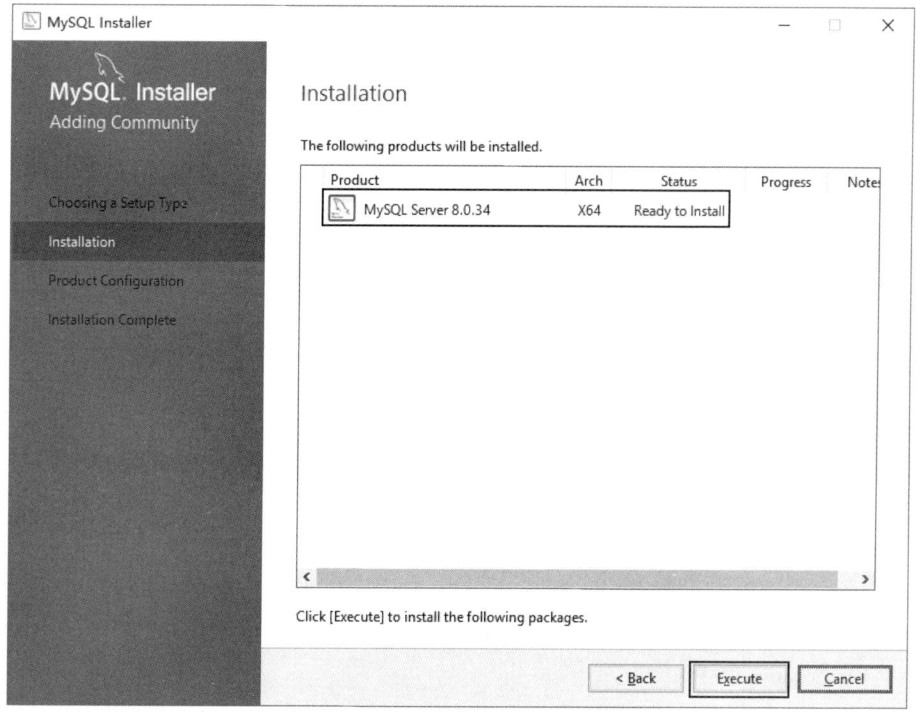

图 16.6　安装界面

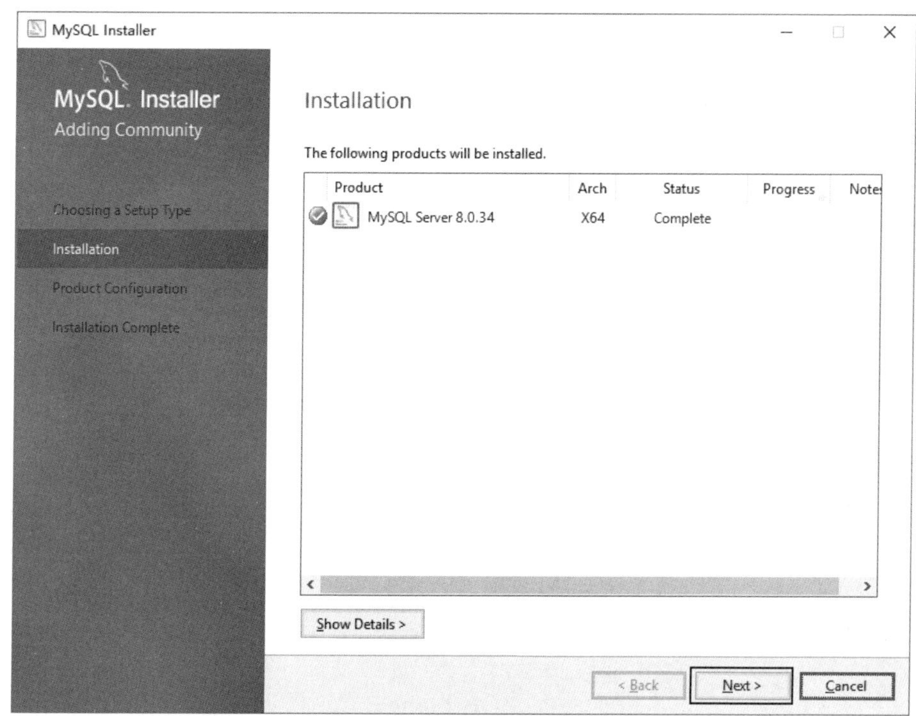

图 16.7　等待 MySQL 服务器安装完成

（4）进入产品配置界面，单击 Next 按钮，如图 16.8 所示。

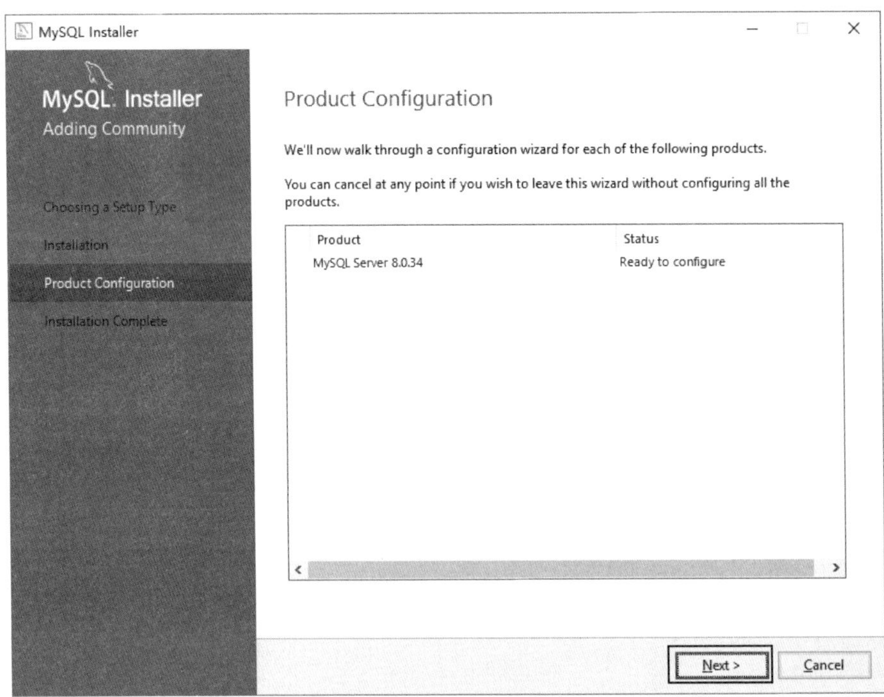

图 16.8　产品配置界面

（5）进入安装类型及网络配置界面，保持默认设置，单击 Next 按钮，如图 16.9 所示。

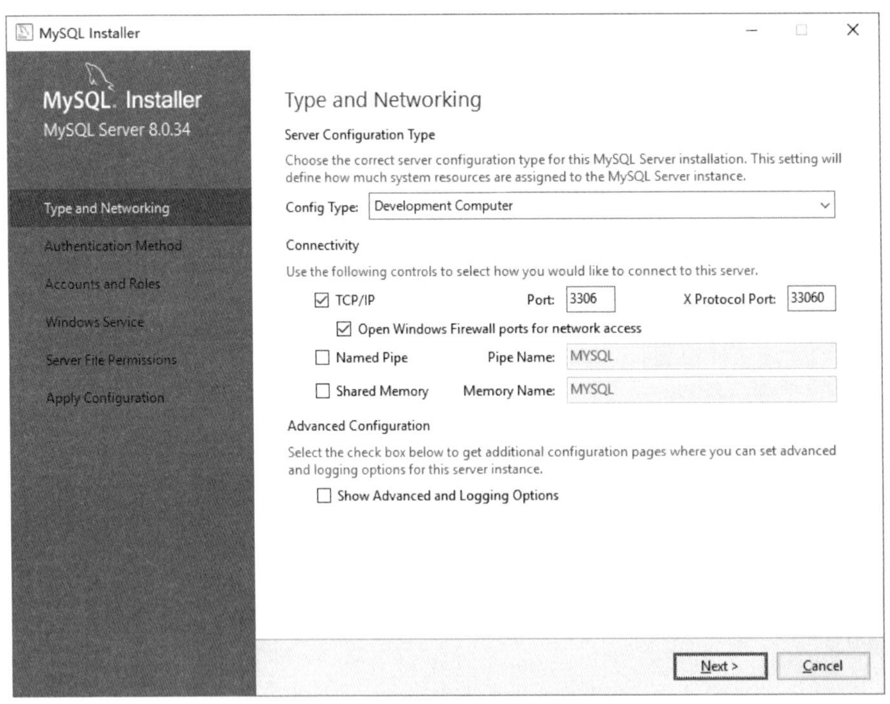

图 16.9　安装类型及网络配置界面

（6）进入身份验证方法选择界面，确认默认选择第一项，单击 Next 按钮，如图 16.10 所示。

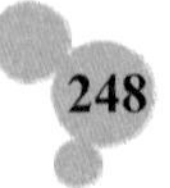

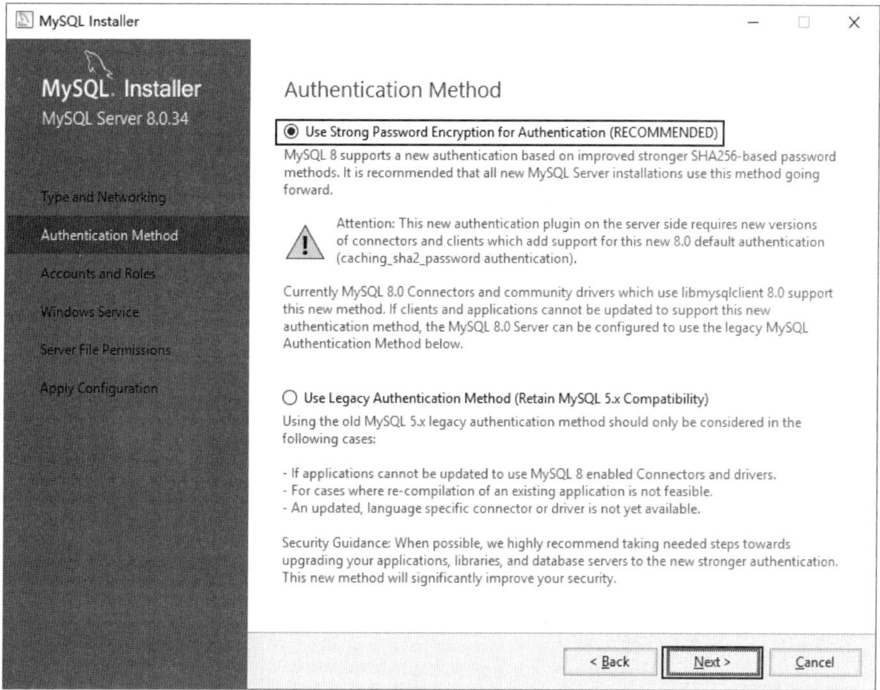

图 16.10　身份验证方法选择界面

（7）进入账号及角色设置界面后，在上方的两个文本框中输入两次 MySQL 数据库的密码（即 root），单击 Next 按钮，如图 16.11 所示。

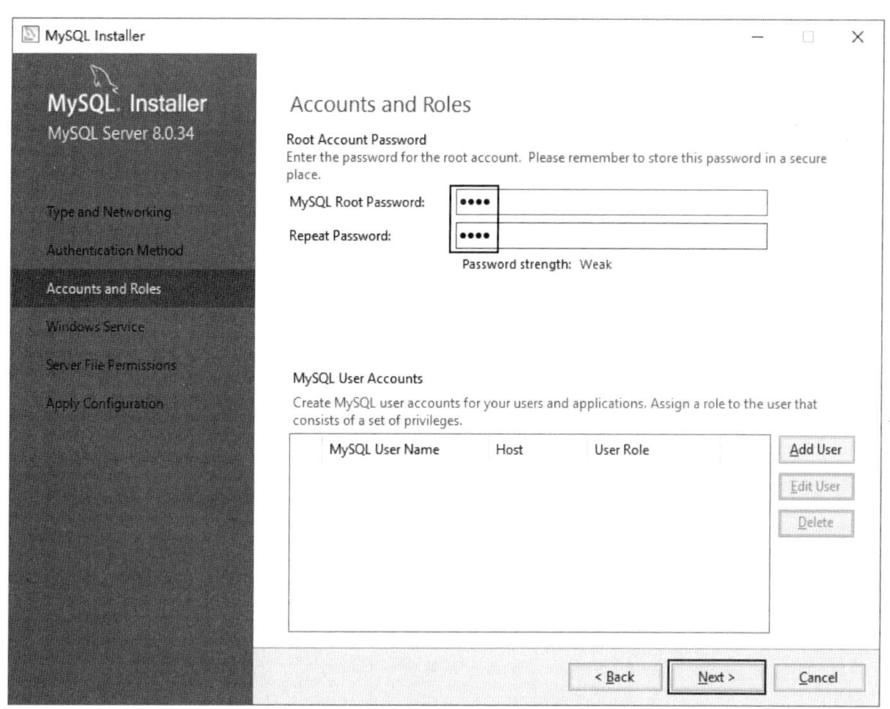

图 16.11　账号及角色设置界面

（8）进入 Windows 服务设置界面，该界面中可以手动设置 MySQL 服务器在 Windows 系统中的名称，默认名称是 MySQL80。建议不要修改该默认名称，单击 Next 按钮，如图 16.12 所示。

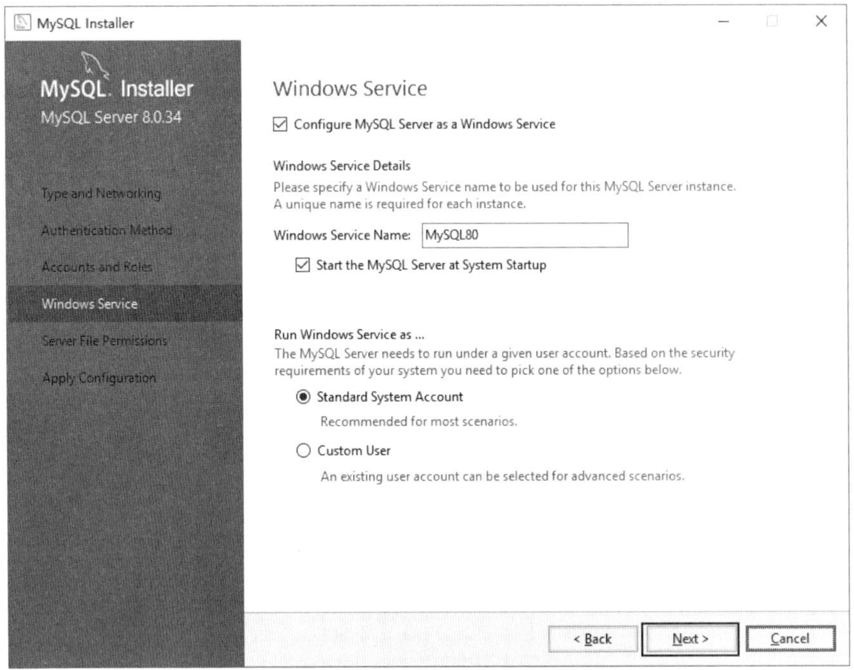

图 16.12　Windows 服务设置界面

（9）进入服务器文件权限界面，确认 MySQL 默认选择第一项，单击 Next 按钮，如图 16.13 所示。

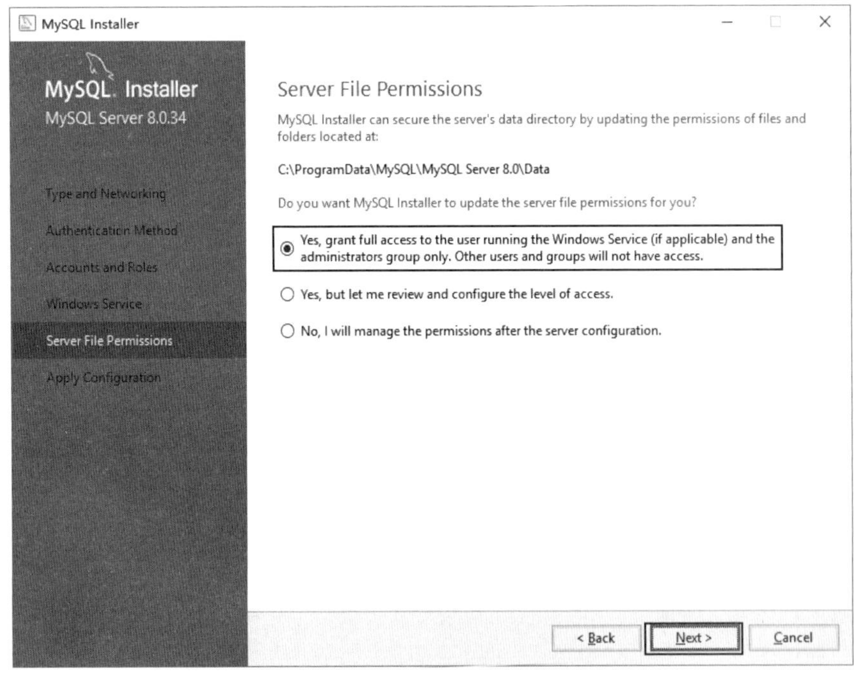

图 16.13　服务器文件权限界面

（10）进入应用配置界面，单击 Execute 按钮，如图 16.14 所示。

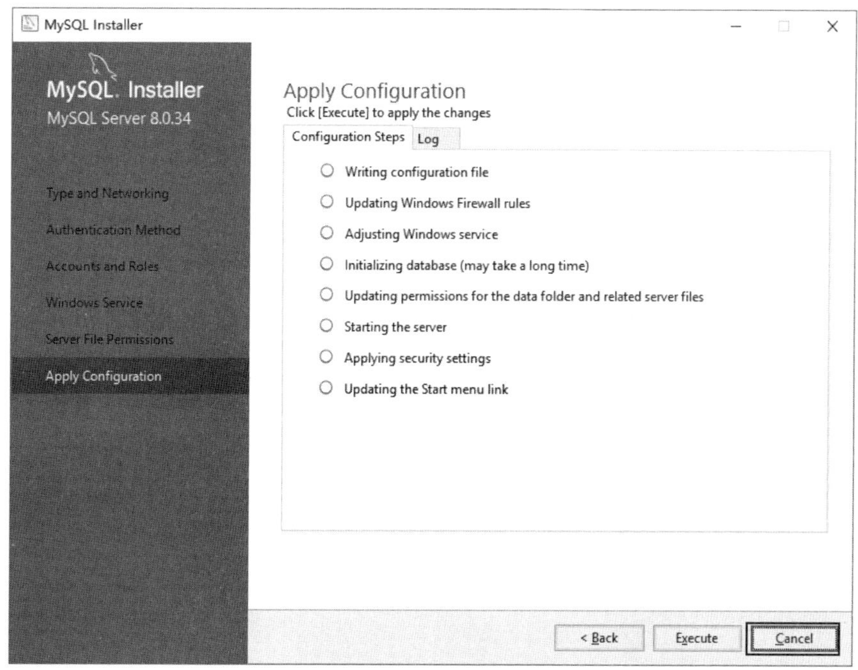

图 16.14　应用配置界面

（11）等待配置完成，确认每项配置前都有一个绿色打“√”的单选按钮，单击 Finish 按钮，如图 16.15 所示。

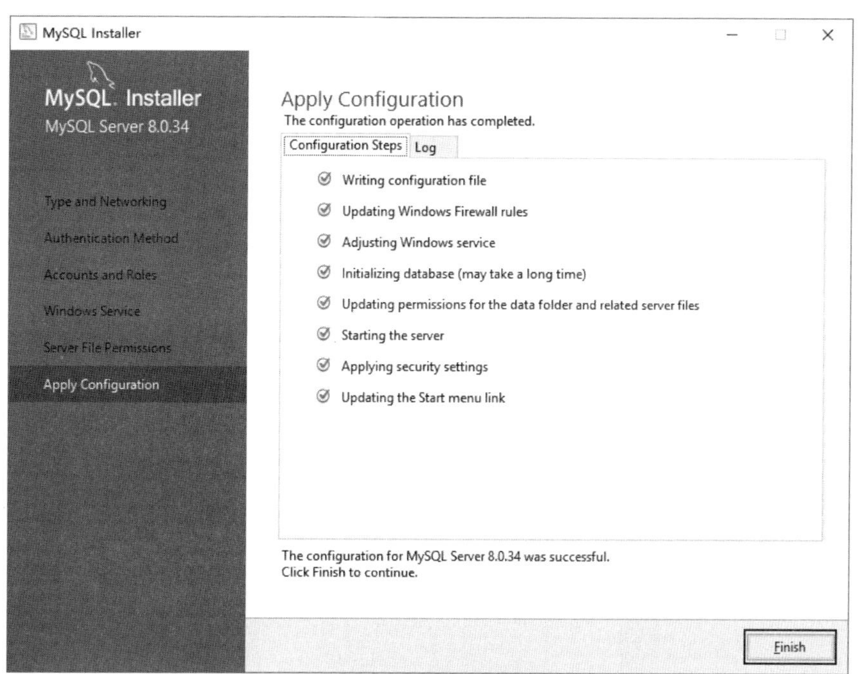

图 16.15　配置完成

（12）返回 MySQL 产品配置界面，可以看到配置完成提示，单击 Next 按钮，如图 16.16 所示。

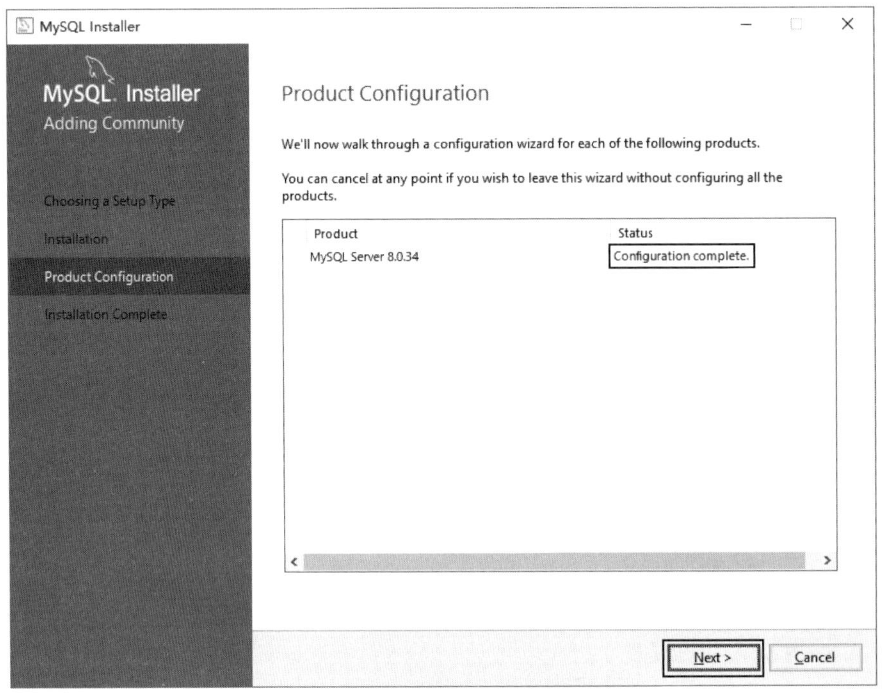

图 16.16　配置完成的产品配置界面

（13）进入安装完成界面，单击 Finish 按钮，即可完成 MySQL 服务器的安装，如图 16.17 所示。

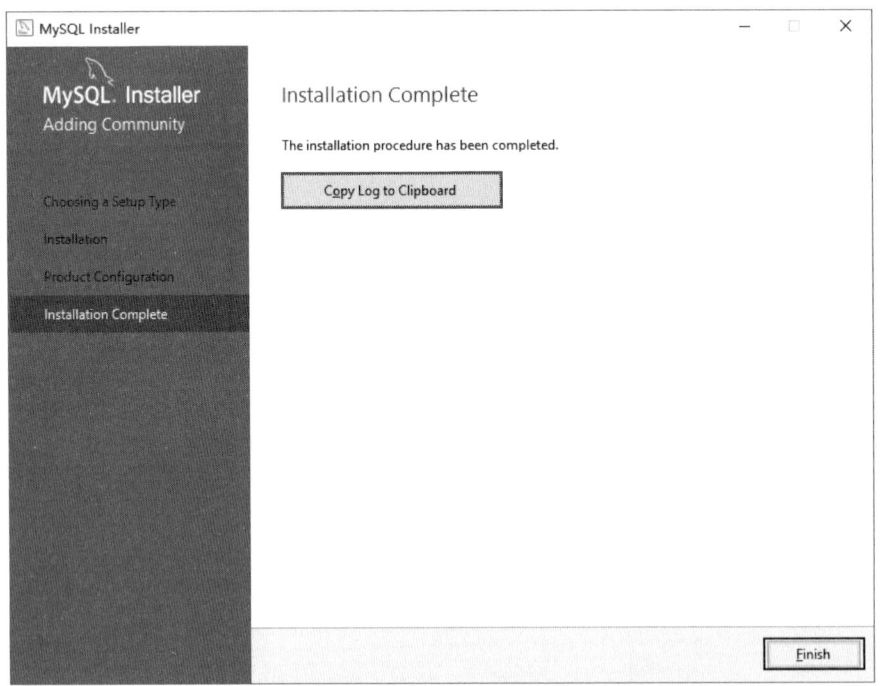

图 16.17　安装完成界面

16.1.3　启动 MySQL

在 MySQL 服务器安装完成后，需要通过启动 MySQL 服务器的方式验证 MySQL 服务器是否安装成功。启动 MySQL 服务器的步骤如下。

（1）在开始菜单栏中，找到存储 MySQL 服务器的文件夹（即 MySQL 文件夹）。打开这个文件夹，找到并单击 MySQL 8.0 Command Line Client，如图 16.18 所示。

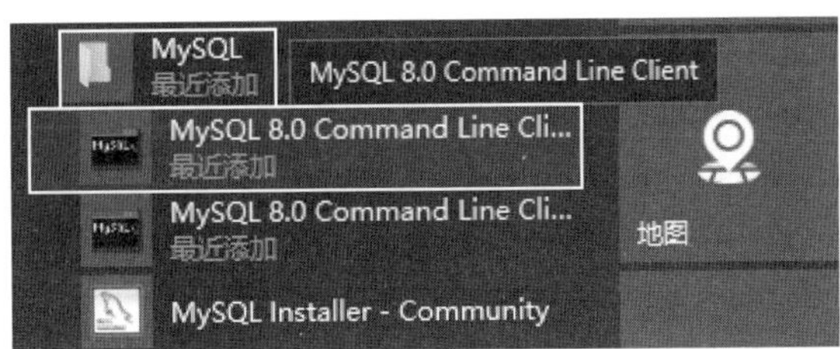

图 16.18　找到并单击 MySQL 8.0 Command Line Client

（2）打开 MySQL 8.0 Command Line Client 窗口，输入 MySQL 数据库的密码（即 root），按 Enter 键；当看到 MySQL 数据库的版本信息时，说明已成功启动 MySQL 服务器，如图 16.19 所示。

```
MySQL 8.0 Command Line Client
Enter password: ****
Welcome to the MySQL monitor.  Commands end with ; or \g.
Your MySQL connection id is 11
Server version: 8.0.34 MySQL Community Server - GPL

Copyright (c) 2000, 2023, Oracle and/or its affiliates.

Oracle is a registered trademark of Oracle Corporation and/or its
affiliates. Other names may be trademarks of their respective
owners.

Type 'help;' or '\h' for help. Type '\c' to clear the current input statement.

mysql>
```

图 16.19　成功启动 MySQL

16.2　下载 go-mysql 驱动程序

Go 语言不提供连接数据库的驱动程序，只提供管理驱动程序的接口。也就是说，用于连接各个数据库的驱动程序需要由第三方驱动程序实现。本节以 go-mysql 驱动程序为例，并讲解如何下载 go-mysql 驱动程序。

（1）单击开始菜单图标（⊞）→输入 cmd，系统弹出命令提示符的启动图标，如图 16.20 所示。

（2）单击图 16.20 中命令提示符的启动图标，打开命令提示符对话框，如图 16.21 所示。

（3）因为当前项目的 Go 文件存储在 D:\GoProject\GoDemos 下，所以要把命令提示符对话框中的路径由 C:\Users\JisUser>修改为 D:\GoProject\GoDemos>。如图 16.22 所示，修改路径的步骤如下。

☑ 使用 D:命令把 C:\Users\JisUser>修改为 D:\>。

☑ 使用 cd GoProject\GoDemos 命令把 D:\>修改为 D:\GoProject\GoDemos>。

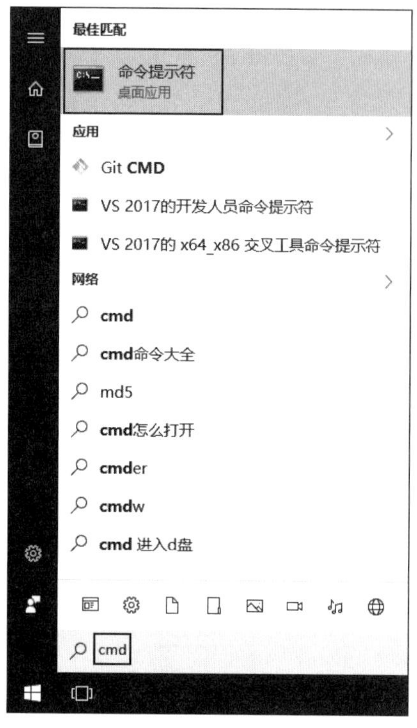

图 16.20　命令提示符对话框的启动图标

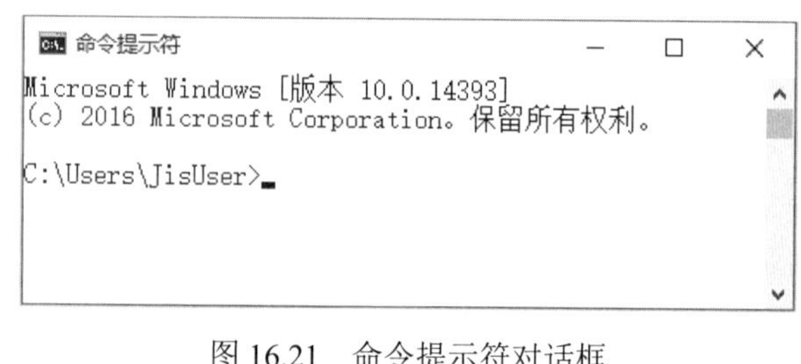

图 16.21　命令提示符对话框

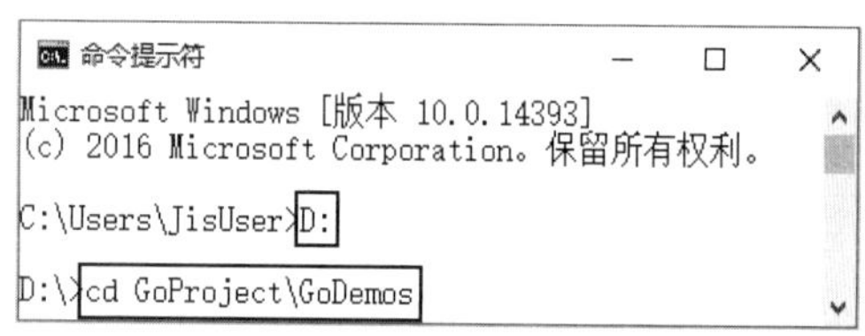

图 16.22　修改命令提示符对话框中的路径

（4）把命令提示符对话框中的路径修改为 D:\GoProject\GoDemos，输入如下命令，即可在 D:\GoProject\GoDemos 下生成 go.mod 文件，如图 16.23 所示。go.mod 文件用于记录导入的包名称及其版本号。

```
go mod init github.com
```

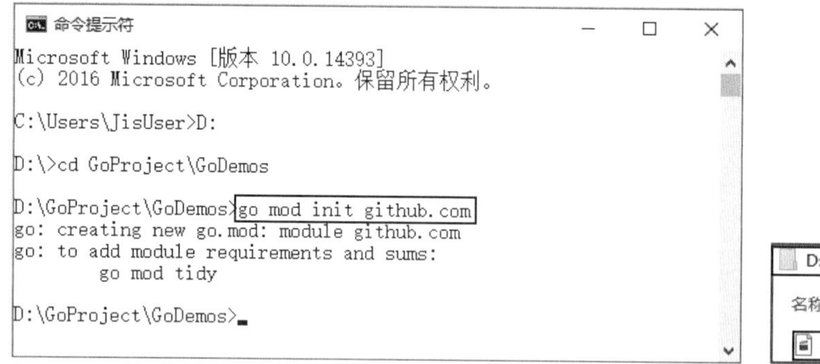

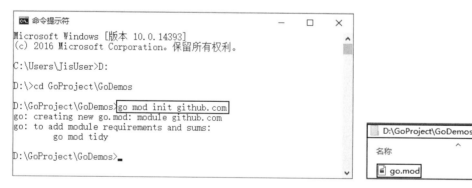

图 16.23　生成 go.mod 文件

（5）确认在 D:\GoProject\GoDemos 下生成 go.mod 文件，输入如下命令，即可下载 go-mysql 驱动程序。

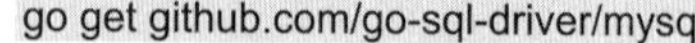

```
go get github.com/go-sql-driver/mysql
```

（6）go-mysql 驱动程序下载完成，可以看到如图 16.24 所示的 go-mysql 驱动程序的名称及其版本号，即 mysql v1.7.0。

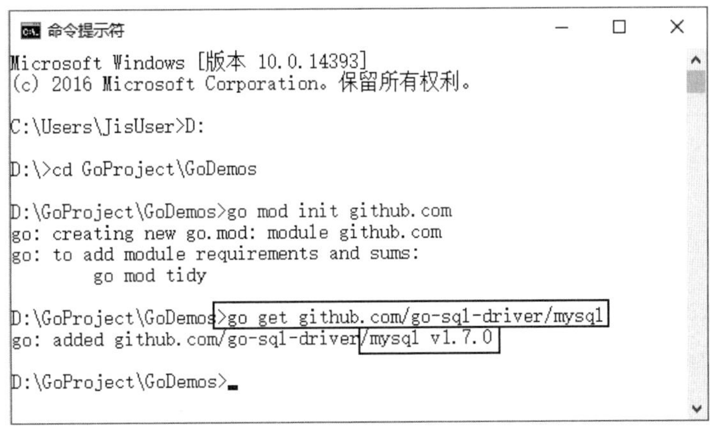

图 16.24　下载 go-mysql 驱动程序

（7）在如图 16.24 所示的鼠标光标处输入 exit 命令，退出命令提示符对话框。

16.3　操作 MySQL 数据库

在使用 Go 语言操作 MySQL 数据库之前，要编写如下代码向 Go 程序导入 go-mysql 驱动程序。

```
_ "github.com/go-sql-driver/mysql"
```

说明

当导入带有空白标识符前缀“_”的包时，将调用包的 init()函数，以注册 go-mysql 驱动程序。

在与 MySQL 数据库建立连接后，需调用 sql 包中的 Open()函数创建一个数据库对象。代码如下。

```
db, err := sql.Open("mysql", "<user>:<password>@tcp(127.0.0.1:3306)/<database-name>")
```

参数说明如下。

- ☑ user：MySQL 数据库的用户名。
- ☑ password：MySQL 数据库的密码。
- ☑ database-name：自定义数据库的名称。

说明

调用 sql 包中的 Open()函数，打开由其数据库驱动程序名称和驱动程序特定数据源名称指定的数据库，通常至少由数据库名称和连接信息组成。

这行代码既不与 MySQL 数据库建立任何连接，也不验证 go-mysql 驱动程序的连接参数，而是创建一个数据库对象。

在掌握了上述内容后，下面介绍如何使用 Go 语言操作 MySQL 数据库。

16.3.1　连接 MySQL 数据库

启动 MySQL 服务器，并使用如下 SQL 语句查询 MySQL 数据库的版本号。

```
SELECT VERSION();
```

在使用 Go 语言时，除了使用上述 SQL 语句，还要通过数据库对象调用 QueryRow()函数以实现单行查询。代码如下。

```
err2 := db.QueryRow("SELECT VERSION()").Scan(&version)
```

下面演示如何查询 MySQL 数据库的版本号。

说明

在 16.2 节中，已经把 go-mysql 的驱动程序下载到 D:\GoProject\GoDemos 下的 go.mod 文件中。为了能正确向.go 文件导入 go-mysql 的驱动程序，一定要直接在 D:\GoProject\GoDemos 下创建.go 文件，如图 16.25 所示，不能在其子文件夹中。

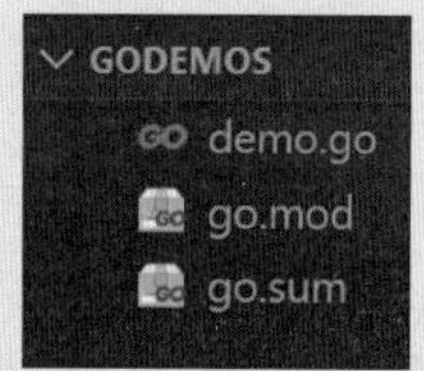

图 16.25　.go 文件的创建位置

【例 16.1】查询 MySQL 数据库的版本号（**实例位置：资源包\TM\sl\16\1**）

通过 CREATE DATABASE 语句创建一个名为 db_test 的数据库，代码如下。

```
create database db_test;
```

执行结果如图 16.26 所示。

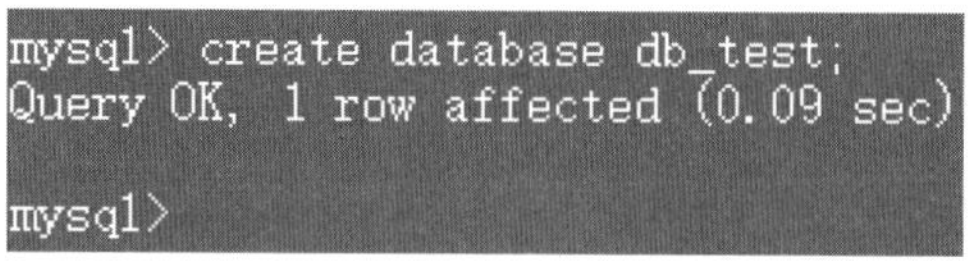

```
mysql> create database db_test;
Query OK, 1 row affected (0.09 sec)

mysql>
```

图 16.26　创建数据库 db_test

在创建数据库 db_test 后，首先创建一个数据库对象，然后与 MySQL 数据库建立连接，接着使用指定命令通过单行查询的方式查询 MySQL 数据库的版本号，最后关闭数据库并将 MySQL 数据库的版本号打印在控制台上。代码如下。

```
package main

import (
```

```
    "database/sql"
    "fmt"
    "log"
    _ "github.com/go-sql-driver/mysql"
)

func main() {
    //创建数据库对象
    db, err := sql.Open("mysql", "root:root@tcp(127.0.0.1:3306)/DB_TEST")
    db.Ping()                //与数据库建立连接
    defer db.Close()         //延迟关闭数据库

    if err != nil {
        fmt.Println("数据库连接失败！")
        log.Fatalln(err)
    }

    var version string       //声明 MySQL 数据库的版本

    err2 := db.QueryRow("SELECT VERSION()").Scan(&version) //单行查询

    if err2 != nil {
        log.Fatal(err2)
    }

    fmt.Println(version)     //打印 MySQL 数据库的版本
}
```

运行结果如下。

```
8.0.32
```

16.3.2　新建数据表

在数据库 db_test 中新建数据表 user。在数据表 user 中，包含主键 id 和用户的名字 name。为了实现上述操作，可以使用如下的 SQL 语句。

```
CREATE TABLE user(id INT NOT NULL , name VARCHAR(20), PRIMARY KEY(ID));
```

如果使用 Go 语言实现，那么除了要使用上述的 SQL 语句，还要通过数据库对象调用 Exec()函数执行 SQL 语句。代码如下。

```
_, err2 := db.Exec("CREATE TABLE user(id INT NOT NULL , name VARCHAR(20), PRIMARY KEY(ID));")
```

【例 16.2】在数据库 db_test 中新建数据表 user（**实例位置：资源包\TM\sl\16\2**）

首先创建一个数据库对象，然后与 MySQL 数据库建立连接，接着通过数据库对象调用 Exec()函数执行用于新建数据表的 SQL 语句，最后关闭数据库并将“已成功新建数据表 user！”的提示信息打印在控制台上。代码如下。

```
package main

import (
    "database/sql"
    "fmt"
    "log"
```

```
	_ "github.com/go-sql-driver/mysql"
)

func main() {
	//创建数据库对象
	db, err := sql.Open("mysql", "root:root@tcp(127.0.0.1:3306)/DB_TEST")	//注意：DB_TEST 大写
	db.Ping()	//与数据库建立连接
	defer db.Close()	//延迟关闭数据库

	if err != nil {
		fmt.Println("数据库连接失败！")
		log.Fatalln(err)
	}
	//执行 SQL 语句
	_, err2 := db.Exec("CREATE TABLE user(id INT NOT NULL , name VARCHAR(20), PRIMARY KEY(ID));")
	if err2 != nil {
		log.Fatal(err2)
	}

	fmt.Print("已成功新建数据表 user！\n")	//新建数据表，打印提示信息
}
```

运行结果如下。

```
已成功新建数据表 user!
```

启动 MySQL 服务器，输入如图 16.27 所示的 SQL 语句，即可查看数据库 db_test 中的数据表 user。

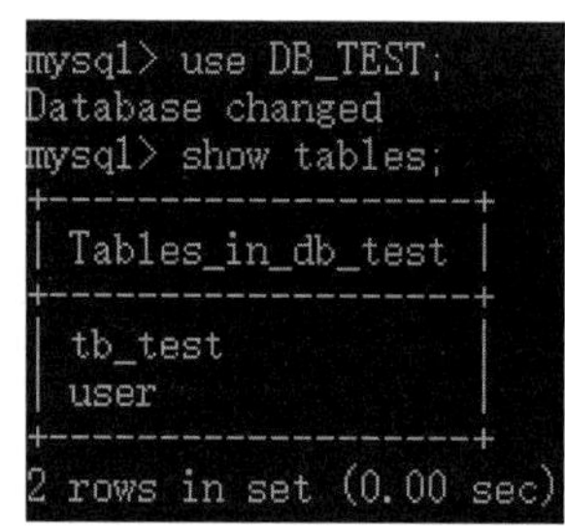

图 16.27　查看数据库 db_test 中的数据表 user

16.3.3　插入数据

向数据表 user 插入一条数据。其中，id 的值为 1，name 的值为 David。为了实现上述操作，可以使用如下的 SQL 语句。

```
INSERT INTO user VALUES(1, 'David')
```

如果使用 Go 语言实现，那么除了要使用上述的 SQL 语句，还要通过数据库对象调用 Query()函数并执行 SQL 语句。代码如下。

```
_, err2 := db.Query("INSERT INTO user VALUES(1, 'David')")
```

【例 16.3】向数据表 user 插入一条数据（**实例位置：资源包\TM\sl\16\3**）

编写一个程序，首先创建一个数据库对象，然后与 MySQL 数据库建立连接，接着通过数据库对象调用 Query()函数执行用于向数据表 user 插入一条数据的 SQL 语句，最后关闭数据库并将“已成功

向数据表 user 插入数据！”的提示信息打印在控制台上。代码如下。

```
package main

import (
	"database/sql"
	"fmt"
	"log"
	_ "github.com/go-sql-driver/mysql"
)

func main() {
	//创建一个数据库对象
	db, err := sql.Open("mysql", "root:root@tcp(127.0.0.1:3306)/DB_TEST")
	db.Ping()                                    //与数据库建立连接
	defer db.Close()                             //延迟关闭数据库

	if err != nil {
		fmt.Println("数据库连接失败！")
		log.Fatalln(err)
	}

	_, err2 := db.Query("INSERT INTO user VALUES(1, 'David')")
	if err2 != nil {
		log.Fatal(err2)
	}

	fmt.Print("已成功向数据表 user 插入数据！\n")   //插入数据后，打印提示信息
}
```

运行结果如下。

```
已成功向数据表 user 插入数据！
```

启动 MySQL 服务器，输入如图 16.28 所示的 SQL 语句，即可查看数据表 user 中的数据。

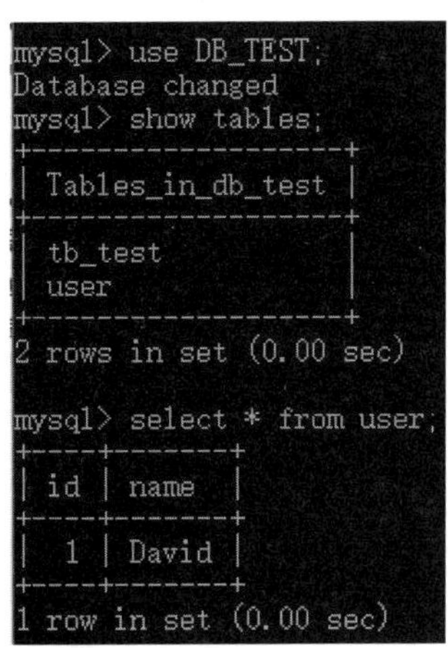
```
mysql> use DB_TEST;
Database changed
mysql> show tables;
+--------------------+
| Tables_in_db_test  |
+--------------------+
| tb_test            |
| user               |
+--------------------+
2 rows in set (0.00 sec)

mysql> select * from user;
+----+-------+
| id | name  |
+----+-------+
|  1 | David |
+----+-------+
1 row in set (0.00 sec)
```

图 16.28　查看数据表 user 中的数据

16.3.4　查询数据

由图 16.28 可知，使用 SQL 语句（select * from user;）可以查询数据表 user 中的所有数据。如果使用 Go 语言实现，那么除了要使用上述 SQL 语句，还要通过数据库对象调用 Query()函数以执行 SQL

语句。代码如下。

```
result, err3 := db.Query("SELECT * FROM user")
```

【例 16.4】查询数据表 user 中的所有数据（**实例位置：资源包\TM\sl\16\4**）

首先创建一个数据库对象，然后与 MySQL 数据库建立连接，接着通过数据库对象调用 Query()函数分别执行向数据表 user 插入一条数据的 SQL 语句和查询数据表 user 中的所有数据的 SQL 语句，最后使用 for 循环遍历查询的结果并将其打印在控制台上。代码如下。

```
package main

import (
	"database/sql"
	"fmt"
	"log"

	_ "github.com/go-sql-driver/mysql"
)

func main() {
	//创建数据库对象
	db, err := sql.Open("mysql", "root:root@tcp(127.0.0.1:3306)/DB_TEST")
	db.Ping()                                        //与数据库建立连接
	defer db.Close()                                 //延迟关闭数据库

	if err != nil {
		fmt.Println("数据库连接失败！ ")
		log.Fatalln(err)
	}
	//插入一条数据
	_, err2 := db.Query("INSERT INTO user VALUES(2, 'Leon')")
	if err2 != nil {
		log.Fatal(err2)
	}
	//查询数据表 user 中的所有数据
	result, err3 := db.Query("SELECT * FROM user")
	if err3 != nil {
		log.Fatal(err2)
	}
	//遍历查询的结果
	for result.Next() {
		var id int                               //主键 id
		var name string                          //用户的名字

		err = result.Scan(&id, &name)
		if err != nil {
			panic(err)
		}

		fmt.Printf("id: %d, name: %s\n", id, name)
	}
}
```

运行结果如下。

```
id: 1, name: David
id: 2, name: Leon
```

16.3.5　修改数据

在例 16.4 中，向数据表 user 插入第二条数据。其中，id 的值为 2，name 的值为 Leon。如果想把 Leon 修改为“张三”，除了要使用修改 name 的值的 SQL 语句，还要通过数据库对象调用 Exec()函数以执行 SQL 语句。代码如下。

```
sql := "update user set name = ? WHERE id = ?"
_, err2 := db.Exec(sql, "张三", 2)
```

【例 16.5】把数据表 user 中的 Leon 修改为“张三”（**实例位置：资源包\TM\sl\16\5**）

首先创建一个数据库对象，然后与 MySQL 数据库建立连接，接着通过数据库对象调用 Exec()函数执行把数据表 user 中的 Leon 修改为“张三”的 SQL 语句，再调用 Query()函数执行查询数据表 user 中的所有数据的 SQL 语句，最后使用 for 循环遍历查询的结果并将其打印在控制台上。代码如下。

```
package main

import (
	"database/sql"
	"fmt"
	"log"

	_ "github.com/go-sql-driver/mysql"
)

func main() {
	//创建数据库对象
	db, err := sql.Open("mysql", "root:root@tcp(127.0.0.1:3306)/DB_TEST")
	db.Ping()                                           //与数据库建立连接
	defer db.Close()                                    //延迟关闭数据库

	if err != nil {
		fmt.Println("数据库连接失败！")
		log.Fatalln(err)
	}
	//修改用户名字的 SQL 语句
	sql := "update user set name = ? WHERE id = ?"
	_, err2 := db.Exec(sql, "张三", 2)

	if err2 != nil {
		panic(err2.Error())
	}

	fmt.Print("已成功修改数据表 user 中的数据！\n")        //修改数据后，打印提示信息

	//查询数据表 user 中的所有数据
	result, err3 := db.Query("SELECT * FROM user")
	if err3 != nil {
		log.Fatal(err2)
	}
```

```
    //遍历查询的结果
    for result.Next() {
        var id int                                            //主键 id
        var name string                                       //用户的名字

        err = result.Scan(&id, &name)
        if err != nil {
            panic(err)
        }

        fmt.Printf("id: %d, name: %s\n", id, name)
    }
}
```

运行结果如下。

```
已成功修改数据表 user 中的数据!
id: 1, name: David
id: 2, name: 张三
```

16.3.6 删除数据

在例 16.3 中，向数据表 user 插入第一条数据。其中，id 的值为 1，name 的值为 David。如果想删除这条数据，除了要使用根据 id 删除用户的 SQL 语句，还要通过数据库对象调用 Exec()函数以执行 SQL 语句。代码如下。

```
sql := "DELETE FROM user WHERE id = 1"
_, err2 := db.Exec(sql)
```

【例 16.6】根据 id 删除用户（**实例位置：资源包\TM\sl\16\6**）

首先创建一个数据库对象，然后与 MySQL 数据库建立连接，接着通过数据库对象调用 Exec()函数执行根据 id 删除用户的 SQL 语句，再调用 Query()函数执行查询数据表 user 中的所有数据的 SQL 语句，最后使用 for 循环遍历查询的结果并将其打印在控制台上。代码如下。

```
package main

import (
    "database/sql"
    "fmt"
    "log"

    _ "github.com/go-sql-driver/mysql"
)

func main() {
    //创建数据库对象
    db, err := sql.Open("mysql", "root:root@tcp(127.0.0.1:3306)/DB_TEST")
    db.Ping()                                                 //与数据库建立连接
    defer db.Close()                                          //延迟关闭数据库

    if err != nil {
        fmt.Println("数据库连接失败！")
        log.Fatalln(err)
    }
    //删除用户的 SQL 语句
```

```
    sql := "DELETE FROM user WHERE id = 1"
    _, err2 := db.Exec(sql)

    if err2 != nil {
        panic(err2.Error())
    }

    fmt.Print("已成功删除数据表 user 中的数据！ \n")            //删除数据后，打印提示信息

    //查询数据表 user 中的所有数据
    result, err3 := db.Query("SELECT * FROM user")
    if err3 != nil {
        log.Fatal(err2)
    }
    //遍历查询的结果
    for result.Next() {
        var id int                                          //主键 id
        var name string                                     //用户的名字

        err = result.Scan(&id, &name)
        if err != nil {
            panic(err)
        }

        fmt.Printf("id: %d, name: %s\n", id, name)
    }
}
```

运行结果如下。

```
已成功删除数据表 user 中的数据!
id: 2, name: 张三
```

16.4　要点回顾

本章主要介绍如何使用 Go 语言操作 MySQL 数据库。通过对本章的学习，可掌握如何下载、安装 MySQL 数据库。因为 Go 语言没有内置连接 MySQL 数据库的驱动程序，所以需要掌握如何下载 go-mysql 驱动程序。此外，还要重点掌握如何对 MySQL 中的数据库执行插入、查询、修改、删除数据等操作。

第 17 章

文件处理

文件处理是指使用 Go 语言操作文件。那么，操作文件包含哪些内容呢？在通常情况下，操作文件主要有这几个动作：创建文件，打开文件，读取文件，写入文件，关闭文件，删除文件，移动文件，清空文件，重命名文件，文件的压缩/解压缩，改变文件权限等。

本章的知识架构及重难点如下。

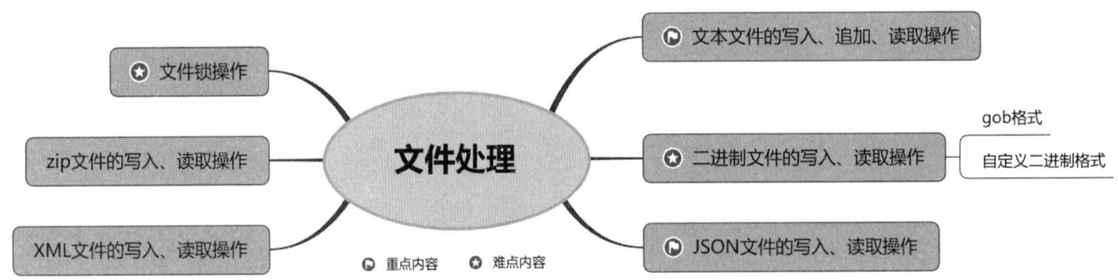

17.1 文本文件的写入、追加、读取操作

Go 语言的 os 包用于执行文本文件的写入、追加、读取操作。在 os 包中，包含 OpenFile()函数，其语法格式如下。

```
func OpenFile(name string, flag int, perm FileMode) (file *File, err error)
```

参数说明如下。

☑ name：文件的文件名。

☑ flag：文件的处理参数，数据类型为 int 类型。

下面列举几个在程序开发过程中常用的文件处理参数（flag），如表 17.1 所示。

表 17.1 常用的文件处理参数及其说明

文件处理参数的值	说　　明
O_RDONLY	使用只读模式打开文件
O_WRONLY	使用只写模式打开文件
O_RDWR	使用读写模式打开文件
O_APPEND	在对文件执行写操作时，把数据追加到文件的尾部
O_CREATE	如果文件不存在，则创建新文件
O_EXCL	和 O_CREATE 配合使用，文件必须不存在，否则返回错误
O_SYNC	当执行一系列写操作时，每次都要等待上次的 I/O 操作完成再执行
O_TRUNC	在打开文件时清空文件

熟悉表 17.1 中的几个常用的文件处理参数，接下来通过几个实例演示文件处理参数的使用方法。

【例 17.1】向新建文件写入古诗诗句（**实例位置：资源包\TM\sl\17\1**）

在当前程序所在的目录下，创建 poetry.txt 文件。使用带缓存的 Writer，向其中写入如下的诗句：青海长云暗雪山，孤城遥望玉门关。黄沙百战穿金甲，不破楼兰终不还。代码如下。

```
package main

import (
	"bufio"
	"fmt"
	"os"
)

func main() {
	//打开文件
	//0666 表示当前文件没有特殊权限，任何用户都可以对其执行写入、读取操作
	file, err := os.OpenFile("poetry.txt", os.O_WRONLY|os.O_CREATE, 0666)
	if err != nil {
		fmt.Println("打开文件失败", err)
	}
	//关闭文件
	defer file.Close()

	//使用带缓存的 Writer
	write := bufio.NewWriter(file)
	write.WriteString("青海长云暗雪山，")
	write.WriteString("孤城遥望玉门关。")
	write.WriteString("黄沙百战穿金甲，")
	write.WriteString("不破楼兰终不还。")

	//将缓存的数据写入文件
	write.Flush()

	fmt.Println("诗句已写入文件，请查看！") //打印提示信息
}
```

运行程序后，当控制台打印“诗句已写入文件，请查看！”时，说明在当前程序所在的目录下，已经创建 poetry.txt 文件（见图 17.1），并且缓存的诗句也被写入其中（见图 17.2）。

图 17.1　创建的 poetry.txt 文件

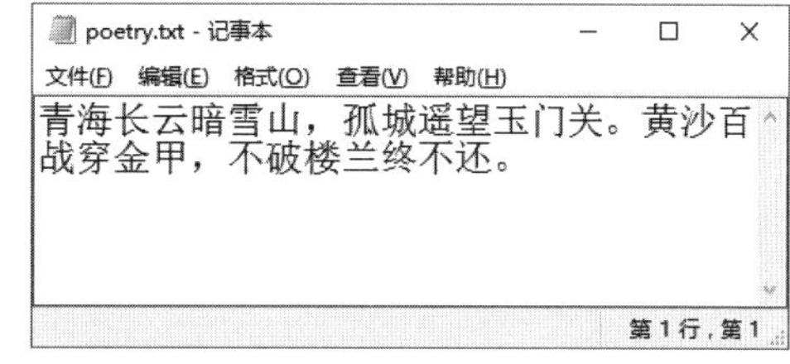

图 17.2　poetry.txt 中的内容

【例 17.2】向 poetry.txt 中追加古诗的诗名和作者（**实例位置：资源包\TM\sl\17\2**）

向已经存在的 poetry.txt 中追加古诗的诗名和作者。代码如下。

```
package main

import (
	"bufio"
```

```
    "fmt"
    "os"
)

func main() {
    //打开文件
    file, err := os.OpenFile("poetry.txt", os.O_WRONLY|os.O_APPEND, 0666)
    if err != nil {
        fmt.Println("打开文件失败", err)
    }
    //关闭文件
    defer file.Close()

    //使用带缓存的 Writer
    write := bufio.NewWriter(file)
    write.WriteString("\r\n《从军行七首·其四》\r\n")
    write.WriteString("王昌龄\r\n")

    //将缓存的数据写入文件
    write.Flush()

    fmt.Println("古诗的诗名和作者已追加到 poetry.txt 中，请查看！") //打印提示信息
}
```

运行程序后，当控制台打印“古诗的诗名和作者已追加到 poetry.txt 中，请查看！”时，说明古诗的诗名和作者已经追加到 poetry.txt 中，如图 17.3 所示。

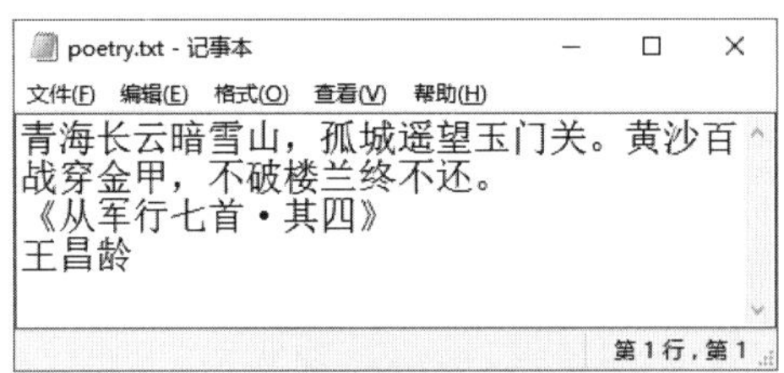

图 17.3　追加古诗的诗名和作者到 poetry.txt 中

【例 17.3】把 poetry.txt 中的内容打印在控制台上（**实例位置：资源包\TM\sl\17\3**）

通过例 17.1 和例 17.2，既向 poetry.txt 写入了古诗的诗句，又向 poetry.txt 追加了古诗的诗名和作者。下面通过读取 poetry.txt，把 poetry.txt 中的内容打印在控制台上。代码如下。

```
package main

import (
    "bufio"
    "fmt"
    "io"
    "os"
)

func main() {
    //打开文件
    file, err := os.OpenFile("poetry.txt", os.O_RDWR|os.O_APPEND, 0666)
    if err != nil {
        fmt.Println("打开文件失败", err)
    }
    //及时关闭文件
```

```
    defer file.Close()

    //读取 poetry.txt 中的数据
    reader := bufio.NewReader(file)
    for {
        str, err := reader.ReadString('\n')
        if err == io.EOF {
            break
        }
        fmt.Print(str) //打印已经读取的数据
    }
}
```

运行结果如下。

```
青海长云暗雪山，孤城遥望玉门关。黄沙百战穿金甲，不破楼兰终不还。
《从军行七首·其四》
王昌龄
```

17.2　二进制文件的写入、读取操作

Go 语言的二进制格式是一个自描述的二进制序列。从其内部表示来看，Go 语言的二进制格式由一个 0 块或更多块的序列组成，其中每块都包含一个字节数，一个由 0 个或多个 typeId-typeSpecification 对（即“类型对”）组成的序列，以及一个 typeId-value 对（即“值对”）。

如果 typeId-value 对的 typeId 是预先定义好的（如 bool、int 和 string 等），则这些 typeId-typeSpecification 对可以省略。否则就要用类型对描述一个自定义类型（如一个自定义的结构体）。类型对和值对之间的 typeId 没有区别。

说明

类型对和值对源于 C++语言的类型和值。对此感兴趣的读者可自行查阅相关资料。

17.2.1　gob 格式

Go 语言中的 encoding/gob 包也提供了与 encoding/json 包一样的编码、解码功能。通常而言，如果对文件的可读性没有要求，gob 格式是 Go 语言中文件存储和网络传输最方便的格式。

下面通过几个实例演示如何对 gob 格式的二进制文件执行写入、读取操作。

【例 17.4】对 gob 格式的二进制文件执行写入操作（**实例位置：资源包\TM\sl\17\4**）

在当前程序所在的目录下，创建名为 output.gob 的二进制 gob 格式文件，把诗句“黄沙百战穿金甲，不破楼兰终不还。”写入 output.gob。代码如下。

```
package main

import (
    "encoding/gob"
    "fmt"
```

```
	"os"
)

func main() {
	info := "黄沙百战穿金甲，不破楼兰终不还。"
	file, err := os.Create("output.gob")
	if err != nil {
		fmt.Println("文件创建失败", err.Error())
		return
	}
	defer file.Close()

	encoder := gob.NewEncoder(file)
	err = encoder.Encode(info)
	if err != nil {
		fmt.Println("编码错误", err.Error())
		return
	} else {
		fmt.Println("编码成功")
	}
}
```

运行程序后，当控制台打印“编码成功”时，说明在当前程序所在的目录下，已经创建 output.gob，如图 17.4 所示。

图 17.4　对 gob 格式的二进制文件执行写入操作

【例 17.5】对 gob 格式的二进制文件执行读取操作（**实例位置：资源包\TM\sl\17\5**）

读取名为 output.gob 的二进制 gob 格式文件，把 output.gob 中的数据打印在控制台上。代码如下。

```
package main

import (
	"encoding/gob"
	"fmt"
	"os"
)

func main() {
	file, err := os.Open("output.gob")
	if err != nil {
		fmt.Println("文件打开失败", err.Error())
		return
	}
	defer file.Close()
	decoder := gob.NewDecoder(file)
	info := ""
	err = decoder.Decode(&info)
	if err != nil {
		fmt.Println("解码失败", err.Error())
	} else {
		fmt.Println("解码成功")
```

```
            fmt.Println(info)
        }
}
```

运行结果如下。

```
解码成功
黄沙百战穿金甲，不破楼兰终不还。
```

17.2.2　自定义二进制格式

Go 语言的 encoding/gob 包非常易用，并且使用时所需代码量也非常少，但有时仍需要创建自定义的二进制格式。自定义的二进制格式的数据表示可以更紧凑，并且读写速度非常快。

在开发过程中，以 Go 语言 gob 格式的读写通常比自定义二进制格式快很多，而且创建的文件也不大。但是，当必须使用 gob.GobEncoder 和 gob.GobDecoder 接口处理一些不可被 gob 格式编码的数据时，需要自定义二进制格式。

使用 encoding/binary 包的 binary.Write()函数以二进制格式写数据非常简单，其语法格式如下。

```
func Write(w io.Writer, order ByteOrder, data interface{}) error
```

语法说明如下。

☑　Write()函数把参数 data 的 binary 编码格式写入参数 w。

☑　参数 data 必须是定长值、定长值的切片、定长值的指针。

☑　参数 order 指定写入数据的字节序，当写入结构体时，名字中有_的字段会置为 0。

下面通过几个实例演示如何对自定义格式的二进制文件执行写入、读取操作。

【例 17.6】对自定义格式的二进制文件执行写入操作（**实例位置：资源包\TM\sl\17\6**）

在当前程序所在的目录下，创建名为 output.bin 的自定义格式二进制文件，把数字 1～10 依次写入 output.bin 中。代码如下。

```
package main

import (
    "bytes"
    "encoding/binary"
    "fmt"
    "os"
)

type Website struct {
    Url int32
}

func main() {
    file, err := os.Create("output.bin")
    for i := 1; i <= 10; i++ {
        info := Website{
            int32(i),
        }
        if err != nil {
            fmt.Println("文件创建失败 ", err.Error())
            return
```

```
		}
		defer file.Close()
		var bin_buf bytes.Buffer
		binary.Write(&bin_buf, binary.LittleEndian, info)
		b := bin_buf.Bytes()
		_, err = file.Write(b)
		if err != nil {
			fmt.Println("编码失败", err.Error())
			return
		}
	}
	fmt.Println("编码成功")
}
```

运行程序后，当控制台打印“编码成功”时，说明在当前程序所在的目录下创建 output.bin，如图 17.5 所示。

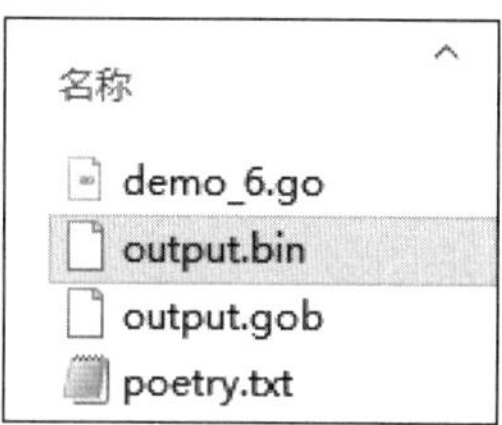

图 17.5　对自定义格式的二进制文件执行写入操作

【例 17.7】对自定义格式的二进制文件执行读取操作（**实例位置：资源包\TM\sl\17\7**）

对自定义格式二进制文件 output.bin 执行读取操作，把 output.bin 中的数据打印在控制台上。代码如下。

```
package main

import (
	"bytes"
	"encoding/binary"
	"fmt"
	"os"
)

type Website struct {
	Url int32
}

func main() {
	file, err := os.Open("output.bin")
	defer file.Close()
	if err != nil {
		fmt.Println("文件打开失败", err.Error())
		return
	}
	m := Website{}
	for i := 1; i <= 10; i++ {
		data := readNextBytes(file, 4)
		buffer := bytes.NewBuffer(data)
		err = binary.Read(buffer, binary.LittleEndian, &m)
		if err != nil {
			fmt.Println("二进制文件读取失败", err)
```

```
            return
        }
        fmt.Println("第", i, "个值为：", m)
    }
}

func readNextBytes(file *os.File, number int) []byte {
    bytes := make([]byte, number)

    _, err := file.Read(bytes)
    if err != nil {
        fmt.Println("解码失败", err)
    }

    return bytes
}
```

运行结果如下。

```
第 1 个值为： {1}
第 2 个值为： {2}
第 3 个值为： {3}
第 4 个值为： {4}
第 5 个值为： {5}
第 6 个值为： {6}
第 7 个值为： {7}
第 8 个值为： {8}
第 9 个值为： {9}
第 10 个值为： {10}
```

17.3　JSON 文件的写入、读取操作

JSON（JavaScript object notation）是一种轻量级的数据交换格式，易于阅读和编写，同时也易于机器解析和生成。

JSON 是一种使用 UTF-8 编码的纯文本格式，采用完全独立于语言的文本格式，由于写起来比 XML 格式方便，更为紧凑，所需的处理时间也更少，因此，JSON 格式越来越流行，特别是在通过网络连接传送数据方面。

开发者可以使用 JSON 传输简单的字符串、数字、布尔值，也可以传输数组或复合结构。在 Web 开发中，JSON 被广泛应用于 Web 服务器端程序和客户端之间的数据通信。

Go 语言提供对 JSON 的支持，使用内置的 encoding/json 包，开发者可以轻松使用 Go 程序生成和解析 JSON 格式的数据。

JSON 结构如下。

```
{"key1":"value1","key2":value2,"key3":["value3","value4","value5"]}
```

下面通过几个实例演示如何对 JSON 文件执行写入、读取操作。

【例 17.8】对 JSON 文件执行读取操作（**实例位置：资源包\TM\sl\17\8**）

在当前程序所在的目录下，创建一个用于存储用户姓名、年龄和性别的 info.json 文件，把数字 1～

10 依次写入 info.json。代码如下。

```
package main

import (
	"encoding/json"
	"fmt"
	"os"
)

type PersonInfo struct {
	Name string
	Age  int
	Sex  string
}

func main() {
	info := []PersonInfo{{"Dave", 29, "Male"}, {"Leon", 32, "Male"}}

	//创建文件
	filePtr, err := os.Create("info.json")
	if err != nil {
		fmt.Println("文件创建失败", err.Error())
		return
	}
	defer filePtr.Close()

	//创建 Json 编码器
	encoder := json.NewEncoder(filePtr)

	err = encoder.Encode(info)
	if err != nil {
		fmt.Println("编码错误", err.Error())

	} else {
		fmt.Println("编码成功")
	}
}
```

运行程序后，控制台打印“编码成功”，并在程序所在的目录下创建 info.json，如图 17.6 所示。

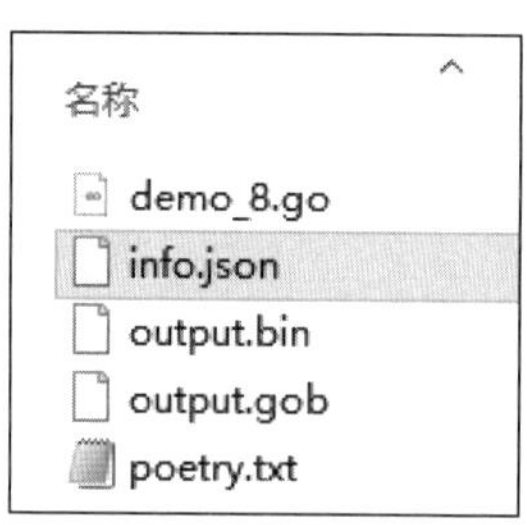

图 17.6　对 JSON 文件执行读取操作

【例 17.9】读取 JSON 文件（**实例位置：资源包\TM\sl\17\9**）

读取存储用户姓名、年龄和性别的 info.json 文件，把文件中的数据打印在控制台上。代码如下。

```
package main

import (
```

```
    "encoding/json"
    "fmt"
    "os"
)

type PersonInfo struct {
    Name string
    Age  int
    Sex  string
}

func main() {
    filePtr, err := os.Open("info.json")
    if err != nil {
        fmt.Println("文件打开失败 [Err:%s]", err.Error())
        return
    }
    defer filePtr.Close()
    var info []PersonInfo
    //创建 json 解码器
    decoder := json.NewDecoder(filePtr)
    err = decoder.Decode(&info)
    if err != nil {
        fmt.Println("解码失败", err.Error())
    } else {
        fmt.Println("解码成功")
        fmt.Println(info)
    }
}
```

运行结果如下。

```
解码成功
[{Dave 29 Male} {Leon 32 Male}]
```

17.4　XML 文件的写入、读取操作

XML 格式是一种广泛应用的数据交换文件格式。与 JSON 相比，XML 复杂得多。目前，很多开放平台接口基本都支持 XML 格式。

与 encoding/json 包类似，encoding/xml 包用于结构体和 XML 格式之间的编码和解码。然而，与 JSON 相比，XML 的编码和解码在功能上更严格，这是由于 encoding/xml 包要求结构体的字段包含格式合理的标签，而 JSON 格式却不需要。

下面通过几个实例演示如何对 XML 文件执行写入、读取操作。

【例 17.10】对 XML 文件执行写入操作（**实例位置：资源包\TM\sl\17\10**）

在当前程序所在目录下，创建一个包含网站名称、网址和主要内容的 info.xml 文件，把“明日学院”“https://www.mingrisoft.com/selfCourse.html”“‘体系课程’‘实战课程’‘直播课程’”依次写入 info.xml。代码如下。

```
package main
```

```
import (
	"encoding/xml"
	"fmt"
	"os"
)

type Website struct {
	Name    string `xml:"name,attr"`
	Url     string
	Course []string
}

func main() {
	//实例化对象
	info := Website{"明日学院", "https://www.mingrisoft.com/selfCourse.html",
		[]string{"体系课程", "实战课程", "直播课程"}}
	f, err := os.Create("info.xml")
	if err != nil {
		fmt.Println("文件创建失败", err.Error())
		return
	}
	defer f.Close()
	//序列化到文件中
	encoder := xml.NewEncoder(f)
	err = encoder.Encode(info)
	if err != nil {
		fmt.Println("编码错误：", err.Error())
		return
	} else {
		fmt.Println("编码成功")
	}
}
```

运行程序后，控制台打印“编码成功”，并在当前程序目录下创建 info.xml 文件，如图 17.7 所示。

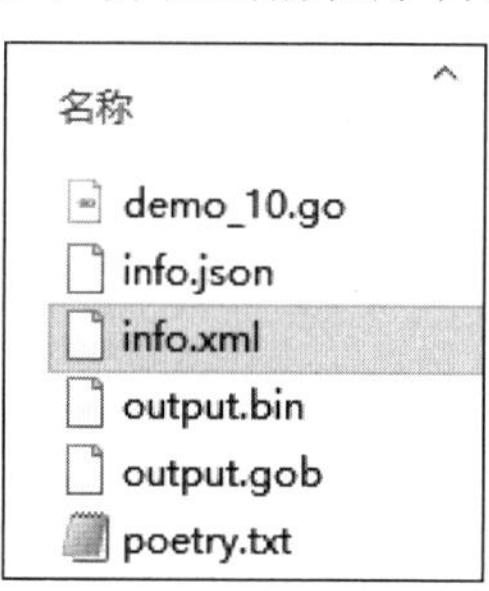

图 17.7　读取 XML 文件执行

【例 17.11】对 XML 文件执行读取操作（**实例位置：资源包\TM\sl\17\11**）

读取包含网站名称、网址和内容的 info.xml 文件，把文件中的数据打印在控制台上。代码如下。

```
package main

import (
	"encoding/xml"
	"fmt"
	"os"
)
```

```
type Website struct {
    Name     string `xml:"name,attr"`
    Url      string
    Course []string
}

func main() {
    //打开 xml 文件
    file, err := os.Open("info.xml")
    if err != nil {
        fmt.Printf("文件打开失败：%v", err)
        return
    }
    defer file.Close()

    info := Website{}
    //创建 xml 解码器
    decoder := xml.NewDecoder(file)
    err = decoder.Decode(&info)
    if err != nil {
        fmt.Printf("解码失败：%v", err)
        return
    } else {
        fmt.Println("解码成功")
        fmt.Println(info)
    }
}
```

运行结果如下。

```
解码成功
{明日学院 https://www.mingrisoft.com/selfCourse.html [体系课程 实战课程 直播课程]}
```

17.5 zip 文件的写入、读取操作

Go 语言的标准库支持多种压缩格式，其中包括写入和读取 zip 文件。

下面通过实例演示如何写入和读取 zip 文件。

【例 17.12】写入 zip 文件（**实例位置：资源包\TM\sl\17\12**）

在当前程序所在的目录下，创建 file.zip 文件。在 zip 文件中，包含一个名为“明日学院课程”的文本文件。在这个文本文件中包含一个网址，即 https://www.mingrisoft.com/Index/Course/selfCourse/。代码如下。

```
package main

import (
    "archive/zip"
    "bytes"
    "fmt"
    "os"
)

func main() {
```

```
    //创建缓冲区，保存压缩文件内容
    buf := new(bytes.Buffer)

    //创建一个压缩文档
    w := zip.NewWriter(buf)

    //将文件加入压缩文档
    var files = []struct {
        Name, Body string
    }{
        {"明日学院课程.txt", "https://www.mingrisoft.com/Index/Course/selfCourse/"},
    }
    for _, file := range files {
        f, err := w.Create(file.Name)
        if err != nil {
            fmt.Println(err)
        }
        _, err = f.Write([]byte(file.Body))
        if err != nil {
            fmt.Println(err)
        }
    }

    //关闭压缩文档
    err := w.Close()
    if err != nil {
        fmt.Println(err)
    }

    //将压缩文档内容写入文件
    f, err := os.OpenFile("file.zip", os.O_CREATE|os.O_WRONLY, 0666)
    if err != nil {
        fmt.Println(err)
    }
    buf.WriteTo(f)
}
```

运行程序后，在当前程序所在的目录下创建 file.zip 文件。双击 file.zip，即可看到 zip 文件中明日学院课程.txt 文件。双击文本文件，查看文本文件中的数据。上述操作的结果，如图 17.8 所示。

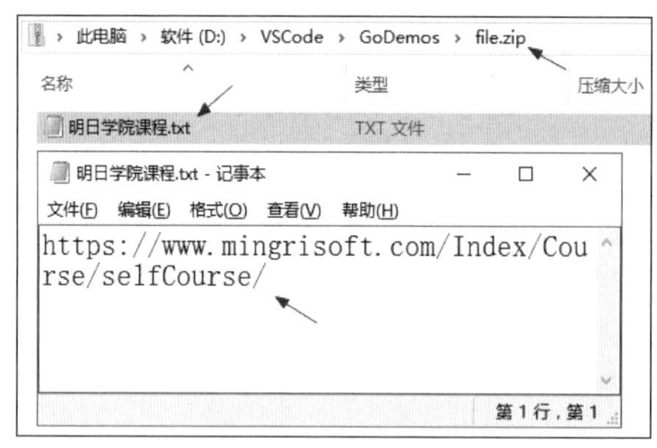

图 17.8　写入 zip 文件

【例 17.13】读取 zip 文件（**实例位置：资源包\TM\sl\17\13**）

读取例 17.12 生成的 file.zip，把 file.zip 中的文件及其数据打印在控制台上。代码如下。

```
package main

import (
	"archive/zip"
	"fmt"
	"io"
	"os"
)

func main() {
	//打开 zip 格式文件
	r, err := zip.OpenReader("file.zip")
	if err != nil {
		fmt.Printf(err.Error())
	}
	defer r.Close()

	//迭代压缩文件中的文件，打印文件中的内容
	for _, f := range r.File {
		fmt.Printf("文件名: %s\n", f.Name)
		rc, err := f.Open()
		if err != nil {
			fmt.Printf(err.Error())
		}
		_, err = io.CopyN(os.Stdout, rc, int64(f.UncompressedSize64))
		if err != nil {
			fmt.Printf(err.Error())
		}
		rc.Close()
	}
}
```

运行结果如下。

```
文件名: 明日学院课程.txt
https://www.mingrisoft.com/Index/Course/selfCourse/
```

17.6　文件锁操作

当多个进程同时操作同一文件时，很容易导致文件中的数据混乱。这时要采用一些技术平衡这些冲突，文件锁（flock）就是这些技术之一。

flock 属于建议性锁，不具备强制性。一个进程使用 flock 将文件锁住，另一个进程可以直接操作已锁住的文件，修改文件中的数据。这是因为 flock 只是检测文件是否被加锁，即使一个文件已经加锁，但另一个进程仍要写入数据，内核也不会阻止这个进程的写入操作。这就是建议性锁的内核处理策略。

flock 主要有 3 种操作类型。

☑　LOCK_SH：共享锁，多个进程可以使用同一把锁，常被用作读共享锁。

☑　LOCK_EX：排他锁，同时只允许一个进程使用，常被用作写锁。

☑　LOCK_UN：释放锁。

对于 flock，最常见的例子就是使用 Nginx。进程运行后把当前 PID 写入文件，如果文件已经存在，

即前一个进程还没有退出，那么 Nginx 就不会重新启动，所以 flock 还可以检测进程是否存在。

因为 Windows 系统不支持 pid 锁，所以要在 Linux 或 Mac 系统下演示。

【例 17.14】 pid 锁（**实例位置：资源包\TM\sl\17\14**）

演示同时启动 10 个 goroutinue，但在程序运行过程中，只有一个 goroutine 能获得 flock，其他的 goroutinue 在获取不到 flock 后，抛出异常信息。代码如下。

```
package main

import (
	"fmt"
	"os"
	"sync"
	"syscall"
	"time"
)

//文件锁
type FileLock struct {
	dir string
	f   *os.File
}

func New(dir string) *FileLock {
	return &FileLock{
		dir: dir,
	}
}

//加锁
func (l *FileLock) Lock() error {
	f, err := os.Open(l.dir)
	if err != nil {
		return err
	}
	l.f = f
	err = syscall.Flock(int(f.Fd()), syscall.LOCK_EX|syscall.LOCK_NB)
	if err != nil {
		return fmt.Errorf("cannot flock directory %s - %s", l.dir, err)
	}
	return nil
}

//释放锁
func (l *FileLock) Unlock() error {
	defer l.f.Close()
	return syscall.Flock(int(l.f.Fd()), syscall.LOCK_UN)
}

func main() {
	test_file_path, _ := os.Getwd()
	locked_file := test_file_path

	wg := sync.WaitGroup{}

	for i := 0; i < 10; i++ {
		wg.Add(1)
		go func(num int) {
```

```
            flock := New(locked_file)
            err := flock.Lock()
            if err != nil {
                wg.Done()
                fmt.Println(err.Error())
                return
            }
            fmt.Printf("output : %d\n", num)
            wg.Done()
        }(i)
    }
    wg.Wait()
    time.Sleep(2 * time.Second)

}
```

通过控制台打印的异常信息，即可得到同一文件在指定周期内只允许一个进程访问的结论。

17.7　要 点 回 顾

文件是一种数据源，其最主要的作用是保存数据。在编写 Go 程序时，如果把数据保存在变量中，当内存断电后，变量中的数据也随之丢失。为了把数据永久存储在计算机中，就要把它们存储在文件中。为此，Go 语言提供了内置的标准库，以便操作文件、目录等数据源。

第 18 章

网络编程

网络编程就是两个设备之间的数据交换，在计算机网络中，设备主要指计算机。数据交换就是当一个设备向另一个设备发送数据后，接受来自另一个设备的反馈。在网络编程中，发送连接请求的程序称作客户端（Client），响应连接请求的程序称作服务器（Server）。其中，客户端程序可以在需要发送连接请求时再启动，而服务器程序则为了能够时刻响应连接请求，要一直保持启动状态。连接一旦建立，客户端程序和服务器程序就可以进行数据交换。

本章的知识架构及重难点如下。

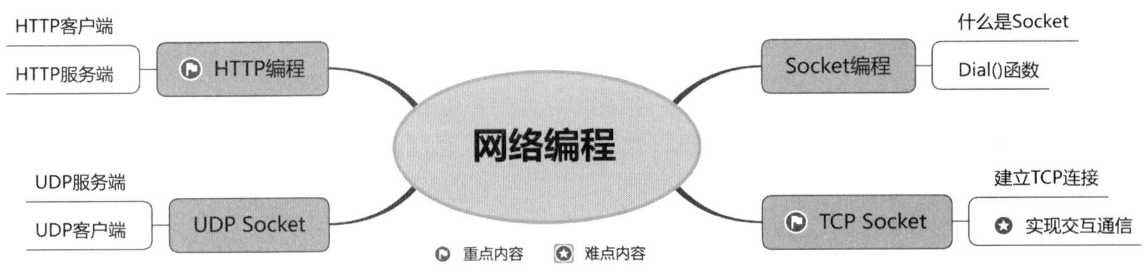

18.1　Socket 编程

在底层网络应用开发中，Socket 编程无处不在，这是因为大部分底层网络的应用开发都离不开 Socket 编程。换言之，HTTP 编程、Web 开发、IM 通信、视频流传输的底层都是 Socket 编程。Socket 编程主要是面向 OSI 模型的第 3 层和第 4 层协议。那么，什么是 OSI 模型呢？OSI 模型就是互联网分层模型。如图 18.1 所示，互联网的逻辑实现可以大致分为 4 层，这 4 层又可以细分为 7 层，其中，每层都有自己的功能。OSI 模型就像建筑物一样，每层都靠下一层支持。用户接触的只是最上面的一层，即应用层。

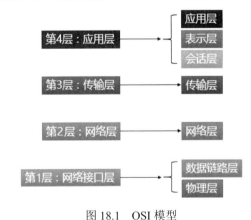

第4层：应用层 → 应用层、表示层、会话层
第3层：传输层 → 传输层
第2层：网络层 → 网络层
第1层：网络接口层 → 数据链路层、物理层

图 18.1　OSI 模型

结合上述内容和图 18.1 可得到如下结论：越往上的层，越靠近用户；越往下的层，越靠近硬件。

注意，在开发过程中，开发者把互联网的逻辑实现分为 5 层，这 5 层由下到上依次是物理层、数据链路层、网络层、传输层和应用层。

☑　物理层：把本地的计算机与外界的互联网连接起来，负责传送 0 和 1 的电信号。

- ☑ 数据链路层：在物理层的上方，确定物理层传输的 0 和 1 的电信号的分组方式及其代表的意义。
- ☑ 网络层：按照以太网协议的规则依靠 MAC 地址向外发送数据。
- ☑ 传输层：具备 MAC 地址和 IP 地址，就可以在互联网上让任意两台主机建立通信。
- ☑ 应用层：规定应用程序使用的数据格式，使应用程序能接收传输层的数据。

18.1.1　什么是 Socket

如图 18.2 所示，Socket 位于应用层与传输层之间的软件抽象层。因为 Socket 把复杂的 TCP/IP 协议隐藏在 Socket 的后面，开发者只需调用 Socket 的相关函数，即可让 Socket 组织符合指定协议的数据，实现通信的目的。

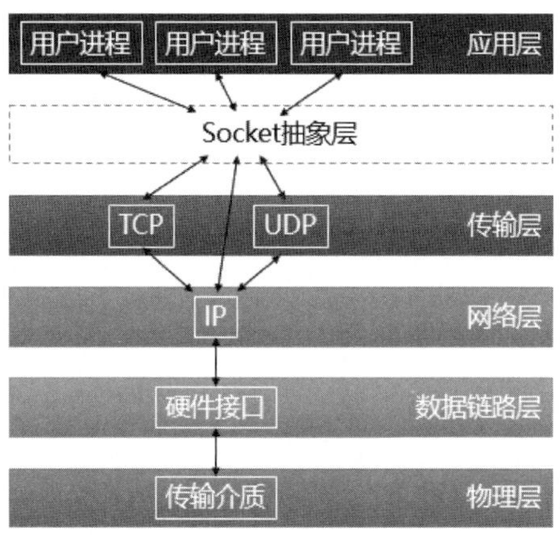

图 18.2　Socket 抽象层

Socket 又称套接字，是计算机之间进行通信的一种约定或方式。通过 Socket 约定，一台计算机可以接收其他计算机的数据，也可以向其他计算机发送数据。在程序开发过程中，常用的 Socket 类型有两种：流式 Socket（SOCK_STREAM）和数据报式 Socket（SOCK_DGRAM）。

流式 Socket 是一种面向连接的 Socket，针对面向连接的 TCP 服务应用；数据报式 Socket 是一种无连接的 Socket，针对无连接的 UDP（user datagram protocol）服务应用。TCP 就像送货到家的快递，既要送货到家，又要买家签收；UDP 就像送到快递柜里的快递，只要货在快递柜里，买家是否签收不重要。

那么，Socket 是如何实现通信的呢？如图 18.2 所示，网络层的 IP 地址可以唯一标识网络中的主机，而传输层的协议和端口可以唯一标识主机中的应用程序。因此，通过 IP 地址、协议和端口这 3 个要素就能够唯一标识网络中要互相通信的进程了。

18.1.2　Dial()函数

在使用其他编程语言实现 Socket 编程时，一般都按照如下步骤展开。

- ☑ 按照网络协议、IP 地址或域名建立 Socket。
- ☑ 使用端口绑定 Socket。

☑ 监听端口。

☑ 建立连接。

☑ 发送、接收数据。

但是，在使用 Go 语言实现 Socket 编程时，没有上述编码步骤，这是因为 Go 语言标准库抽象和封装了上述步骤。在 Go 语言中，不论使用什么协议建立何种形式的连接，都只需要调用标准库中的 Dial()函数。Dial()函数的语法格式如下。

```
func Dial(net, addr string) (Conn, error)
```

参数说明如下。

☑ net：网络协议的名字。

☑ addr：IP 地址或域名；在 IP 地址或域名后跟随端口号（端口号可选），用“:”分隔。

☑ Conn：连接对象。

☑ error：错误。

参数 net 有 9 个常用可选值。这些值分别代表在建立 Socket 连接时使用的通信协议，如表 18.1 所示。

表 18.1　参数 net 常用可选值及其说明

net 的值	说　　明
tcp	TCP 协议，其基于的 IP 协议的版本根据参数 address 的值自适应
tcp4	基于 IP 协议第 4 版的 TCP 协议
tcp6	基于 IP 协议第 6 版的 TCP 协议
udp	UDP 协议，其基于的 IP 协议的版本根据参数 address 的值自适应
udp4	基于 IP 协议第 4 版的 UDP 协议
udp6	基于 IP 协议第 6 版的 UDP 协议
unix	Unix 通信域下的内部 socket 协议，以 SOCK_STREAM 为 socket 类型
unixgram	Unix 通信域下的内部 socket 协议，以 SOCK_DGRAM 为 socket 类型
unixpacket	Unix 通信域下的内部 socket 协议，以 SOCK_SEQPACKET 为 socket 类型

下面介绍下使用 Dial()函数按照几种常见协议建立连接的方法。

☑ 使用 Dial()函数通过 IP 地址建立 TCP 连接，代码如下。

```
conn, err := net.Dial("tcp", "127.0.0.1:3000")
```

☑ 使用 Dial()函数通过 IP 地址建立 UDP 协议，代码如下。

```
conn, err := net.Dial("udp", "127.0.0.1:3000")
```

成功建立连接后，Dial()函数返回一个连接对象（即 conn）；反之，Dial()函数返回一个错误（即 err）。

18.2　TCP Socket

TCP/IP（transmission control protocol/internet protocol）协议，即传输控制协议/网络协议，是一种面向连接的、可靠的、基于字节流的传输层（transport layer）通信协议。因为是面向连接的协议，所

以数据像水流一样传输，存在黏包问题。所谓黏包问题，主要还是因为发送方一次性把所有数据都存入缓存区，接收方不知道消息之间的界限，不知道一次性提取多少字节的数据。

如图 18.3 所示，一个 TCP 服务端可以同时连接多个 TCP 客户端。例如，我国各个地区的用户都使用自己计算机的浏览器访问淘宝网。因为 Go 语言通过创建多个 goroutine 实现并发非常方便和高效，所以可以每建立一次链接就创建一个 goroutine。

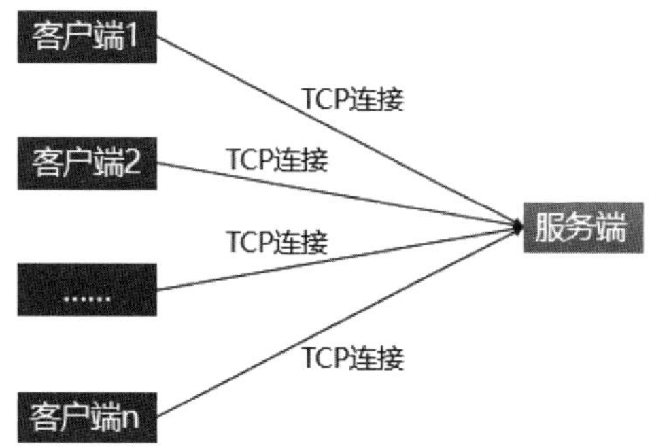

图 18.3　一个 TCP 服务端可以同时连接多个 TCP 客户端

18.2.1　建立 TCP 连接

在使用 Go 语言编写 TCP 服务端时，一般按照如下步骤展开。

☑　定义通信的地址和端口。

☑　使用 Listen()函数监听 TCP 的地址和端口信息，并得到连接信息。

☑　使用连接信息的 Accept 函数等待连接。

☑　关闭 TCP 连接。

下面演示如何编写简单的 TCP 服务端。代码如下。

```
package main

import (
	"fmt"
	"net"
)

func main() {
	//使用 net.Listen()函数监听连接的地址与端口
	listener, err := net.Listen("tcp", "127.0.0.1:3000")
	if err != nil {
		fmt.Printf("监听失败！发送错误：%v\n", err)
		return
	}
	fmt.Println("服务端已开启！等待客户端的连接请求......")
	//响应由 TCP 客户端发送的连接请求
	conn, err := listener.Accept()
	if err != nil {
		fmt.Printf("响应失败！发生错误：%v\n", err)
		return
	}
	fmt.Println("服务端已成功连接客户端！")
```

```
    defer conn.Close()
}
```

说明

在编写上述 TCP 服务端时，需要明确一个重点：为了创建 TCP 连接，需要调用 net.Listen()函数，并向该函数传入 3 个参数，即协议类型（tcp）、IP 地址和端口号。

TCP 服务端编写完毕后，下面需要编写 TCP 客户端。在使用 Go 语言编写 TCP 客户端时，一般按照如下步骤展开。

☑ 定义通信的地址和端口。

☑ 使用 Dial()函数建立与服务端的连接。

☑ 关闭 TCP 连接。

下面演示如何编写 TCP 客户端。代码如下。

```
package main

import (
    "fmt"
    "net"
)

func main() {
    conn, err := net.Dial("tcp", "127.0.0.1:3000")                //建立与服务端的连接
    if err != nil {
        fmt.Printf("连接失败！发生错误：%v\n", err.Error())
        return
    }
    fmt.Println("客户端向服务端发送连接请求……")
    defer conn.Close()                                            //关闭 TCP 连接
}
```

说明

在编写上述 TCP 客户端时需要明确一个重点：为了创建一个 TCP 连接需要调用 net.Dial()函数，并向该函数传入 3 个参数，即协议类型（tcp）、IP 地址和端口号。

为了保证上述程序成功运行，要打开两个 VS Code 窗口：一个窗口是 TCP 服务端（见图 18.4），一个窗口是 TCP 客户端（见图 18.5）。

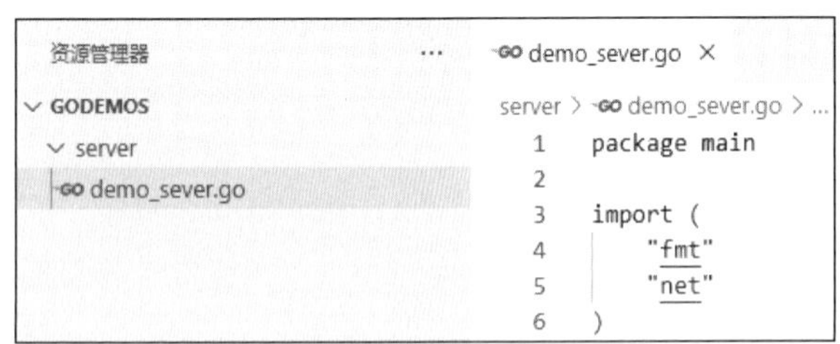

图 18.4 TCP 服务端

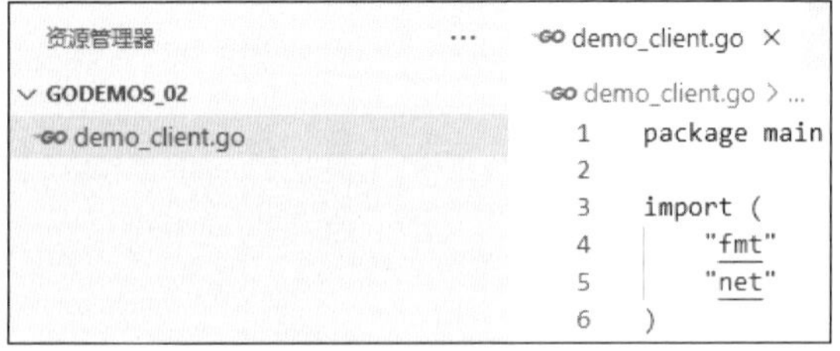

图 18.5 TCP 客户端

当运行程序时，要先运行 TCP 服务端，随即在 TCP 服务端所在 VS Code 窗口的控制台上打印如

下信息。

```
服务端已开启！等待客户端的连接请求......
```

再运行 TCP 客户端，随即在 TCP 客户端所在 VS Code 窗口的控制台上打印如下信息。

```
客户端向服务端发送连接请求......
```

打开 TCP 服务端所在的 VS Code 窗口，在控制台上打印一行新信息。

```
服务端已成功连接客户端!
```

这说明 TCP 服务端与 TCP 客户端成功建立了连接。

18.2.2　实现交互通信

TCP 服务端与 TCP 客户端建立连接后，就可以发送和接收数据，进而实现 TCP 服务端与 TCP 客户端交互通信。通过连接对象调用 Write()函数，发送数据；通过连接对象调用 Read()函数，接收数据。

为了让 TCP 服务端与 TCP 客户端交互通信，TCP 服务端除了要使用 net.Listen()函数得到连接信息，还要使用 for 循环不停响应由 TCP 客户端发送的连接请求。每响应一次由 TCP 客户端发送的连接请求，就创建一个用于执行发送和接收数据操作的 goroutine。

对上述实现 TCP 服务端的代码修改如下。

```
package main

import (
	"fmt"
	"net"
)

func main() {
	//使用 net.Listen()函数监听连接的地址与端口
	listener, err := net.Listen("tcp", "127.0.0.1:3000")
	if err != nil {
		fmt.Printf("监听失败！发生错误：%v\n", err)
		return
	}
	fmt.Println("服务端已开启！等待客户端的连接请求......")
	for {
		//响应由 TCP 客户端发送的连接请求
		conn, err := listener.Accept()
		if err != nil {
			fmt.Printf("响应失败！发生错误：%v\n", err)
			continue
		}
		//对每个新连接创建协程收发数据
		go process(conn)
	}
}
func process(conn net.Conn) {
	defer conn.Close()
	for {
		var buf [128]byte
		//接收数据
		n, err := conn.Read(buf[:])
```

```
        if err != nil {
            fmt.Printf("接收数据失败！发生错误：%v\n", err)
            break
        }
        fmt.Printf("已成功接收数据：%v\n", string(buf[:n]))
        //发送数据
        if _, err = conn.Write([]byte("服务端消息！")); err != nil {
            fmt.Printf("发送数据失败！发生错误：%v\n", err)
            break
        }
    }
}
```

此外，还要修改上述实现 TCP 客户端的代码。

```
package main

import (
    "bufio"
    "fmt"
    "net"
    "os"
    "strings"
)

func main() {
    conn, err := net.Dial("tcp", "127.0.0.1:3000")
    if err != nil {
        fmt.Printf("连接失败！发生错误：%v\n", err.Error())
        return
    }
    fmt.Println("客户端向服务端发送连接请求……")
    defer conn.Close()
    inputReader := bufio.NewReader(os.Stdin)
    for {
        input, err := inputReader.ReadString('\n')
        if err != nil {
            fmt.Printf("无法读取在控制台上输入的数据！发生错误：%v\n", err)
            break
        }
        trimmedInput := strings.TrimSpace(input)
        if trimmedInput == "Q" {
            break
        }
        //发送数据
        if _, err = conn.Write([]byte(trimmedInput)); err != nil {
            fmt.Printf("发送数据失败！发生错误：%v\n", err)
            break
        }
        //接收数据
        var recvData = make([]byte, 1024)
        if _, err = conn.Read(recvData); err != nil {
            fmt.Printf("接收数据失败！发生错误：%v\n", err)
            break
        }
        fmt.Printf("已成功接收数据：%v\n", string(recvData))
    }
}
```

说明

在修改后的 TCP 客户端代码中，加入了用户能在控制台上输入任意数据，并且把输入的数据发送给服务器端的功能。不过，VS Code 窗口不支持控制台的输入，因此这里不提供运行结果。读者可以使用其他开发工具运行修改后的 TCP 服务端和 TCP 客户端的代码，以查看运行结果。

18.3 UDP Socket

UDP（user datagram protocol，用户数据报协议）协议是 OSI（open system interconnect，开放式系统互连）参考模型中的一种无连接传输层协议，不需要建立连接就能直接发送和接收数据，属于不可靠的、没有时序的通信。但是，UDP 协议的实时性比较好，通常用于视频直播等相关领域。

18.3.1 UDP 服务器端

在编写 UDP 服务器端时，一般按照如下步骤展开。

☑ 定义通信的地址和端口。

☑ 使用 ListenUDP()函数监听 UDP 的地址和端口信息并得到连接信息。

☑ 与 UDP 客户端进行交互通信。

下面演示如何编写简单的 UDP 服务端。代码如下。

```
package main

import (
    "fmt"
    "net"
)

func main() {
    //使用 net.ListenUDP()函数监听连接的地址与端口
    conn, err := net.ListenUDP("udp", &net.UDPAddr{
        IP: net.IPv4(127, 0, 0, 1),
        Port: 3000,
        Zone: "",
    })

    if err != nil {
        fmt.Println("监听失败！发送错误：", err)
        return
    }
    fmt.Println("服务端已开启！等待客户端的连接请求……")

    for {
        var data [1024]byte

        //接收数据
        count, addr, err := conn.ReadFromUDP(data[:])
        if err != nil {
```

```
            fmt.Println("接收数据失败！发生错误：", err)
            continue
        }
        fmt.Printf("已成功接收数据：%s\n", data[0:count])

        //发送数据
        _, errs := conn.WriteToUDP([]byte("你好，客户端！"), addr)
        if errs != nil {
            fmt.Println("发送数据失败！发生错误：", errs)
            continue
        }
    }
}
```

18.3.2 UDP 客户端

UDP 服务器端编写完毕后，接下来要编写 UDP 客户端。在编写 UDP 客户端时，一般按照如下步骤展开。

- ☑ 定义通信的地址和端口。
- ☑ 使用 DialUDP()函数建立与服务器端的连接。
- ☑ 与 UDP 服务器端进行交互通信。
- ☑ 关闭 UDP 连接。

下面演示如何编写 UDP 客户端。代码如下。

```
package main

import (
    "fmt"
    "net"
)

func main() {
    conn, err := net.DialUDP("udp", nil, &net.UDPAddr{
        IP:   net.IPv4(127, 0, 0, 1),
        Port: 3000,
        Zone: "",
    })

    if err != nil {
        fmt.Println("连接失败！发生错误：", err)
        return
    }
    fmt.Println("客户端向服务器端发送连接请求……")
    defer conn.Close()

    //发送数据
    sendData := []byte("你好，服务器端！")
    _, errs := conn.Write(sendData)
    if errs != nil {
        fmt.Println("发送数据失败！发生错误：", errs)
        return
    }

    //接收数据
```

```
    data := make([]byte, 4096)
    _, _, errors := conn.ReadFromUDP(data)
    if errors != nil {
        fmt.Println("接收数据失败！发生错误：", errors)
        return
    }
    fmt.Printf("已成功接收数据：%s\n", string(data))
}
```

为了保证上述程序成功运行，要打开两个 VS Code 窗口：一个窗口是 UDP 服务器端，另一个窗口是 UDP 客户端。

先运行 UDP 服务器端，在 UDP 服务端所在 VS Code 窗口的控制台上打印如下信息。

```
服务端已开启！等待客户端的连接请求......
```

再运行 UDP 客户端，在 UDP 客户端所在 VS Code 窗口的控制台上打印如下信息。

```
客户端向服务器端发送连接请求……
已成功接收数据：你好，客户端！
```

打开 UDP 服务器端所在的 VS Code 窗口，在控制台上打印一行新信息。

```
服务器端已开启！等待客户端的连接请求……
已成功接收数据：你好，服务器端！
```

这说明 UDP 服务器端与 UDP 客户端不仅建立了连接，而且进行了交互通信。

18.4　HTTP 编程

HTTP（hypertext transfer protocol）协议，即超文本传输协议，是互联网上应用最为广泛的一种网络协议，它规定了浏览器和服务器之间交互通信的规则，通过互联网传送文档的数据传送协议。HTTP 协议通常承载于 TCP 协议之上。

18.4.1　HTTP 客户端

因为 Go 语言内置的 net/http 包涵盖 HTTP 客户端的具体实现，所以 HTTP 客户端的具体实现不需要借助第三方网络通信库。

为了实现 HTTP 客户端，net/http 包中的 Client 类型提供如下几个函数。

```
func (c *Client) Get(url string) (r *Response, err error)
func (c *Client) Post(url string, bodyType string, body io.Reader) (r *Response, err error)
func (c *Client) PostForm(url string, data url.Values) (r *Response, err error)
func (c *Client) Head(url string) (r *Response, err error)
func (c *Client) Do(req *Request) (resp *Response, err error)
```

函数说明如下。

☑　Get()：用于请求资源，如网址首页等。

☑　Post()：用于发送数据。

☑　PostForm()：用于提交标准编码格式为 application/x-www-form-urlencoded 的表单。

- ☑ Head()：用于只请求资源的头部信息。
- ☑ Do()：用于设定一些自定义的 HTTP Header 字段，满足 HTTP 请求中的定制信息。

下面演示如何编写简单的 HTTP 客户端。代码如下。

```
package main

import (
	"fmt"
	"io/ioutil"
	"net/http"
)

func main() {
	response, _ := http.Get("http://localhost:3000/hello")		//发送 HTTP 请求，请求一个网页
	defer response.Body.Close()		//关闭请求
	body, _ := ioutil.ReadAll(response.Body)		//接收数据
	fmt.Println(string(body))
}
```

18.4.2 HTTP 服务端

使用 net/http 包提供的 http.ListenAndServe()函数可以监听指定地址并处理 HTTP 请求。http.ListenAndServe()函数的语法格式如下。

```
func ListenAndServe(addr string, handler Handler) error
```

参数说明如下。

- ☑ addr：监听地址。
- ☑ handler：用于处理连接请求的服务端处理程序，通常为空。

此外，net/http 包还提供 http.ListenAndServeTLS()函数，用于处理 HTTPS 连接请求。http.ListenAndServeTLS()函数的语法格式如下。

```
func ListenAndServeTLS(addr string, certFile string, keyFile string, handler Handler) error
```

参数说明如下。

- ☑ addr：监听地址。
- ☑ certFile：对应证书文件（如 SSL 证书）存放路径。
- ☑ keyFile：对应证书私钥文件路径。
- ☑ handler：用于处理连接请求的服务端处理程序，通常为空。

下面演示如何编写简单的 HTTP 服务端。代码如下。

```
package main

import (
	"flag"
	"net/http"
)

func main() {
	host := flag.String("host", "127.0.0.1", "listen host")		//域名
	port := flag.String("port", "3000", "listen port")		//端口
```

```
    http.HandleFunc("/hello", Hello)

    err := http.ListenAndServe(*host+":"+*port, nil) //处理 HTTP 请求

    if err != nil {
        panic(err)
    }
}

func Hello(w http.ResponseWriter, req *http.Request) {
    w.Write([]byte("你好，客户端！"))
}
```

为了保证上述程序成功运行，要打开两个 VS Code 窗口：一个窗口是 HTTP 服务器端，另一个窗口是 HTTP 客户端。

当运行程序时，要先运行 HTTP 服务器端，再运行 UDP 客户端，在 UDP 客户端所在 VSCode 窗口的控制台上打印如下的信息。

```
你好，客户端!
```

这说明 HTTP 服务器端成功处理了由 HTTP 客户端发送的 HTTP 请求。

18.5 要点回顾

在网络时代，可以说“一切皆 Socket”；也就是说，几乎所有网络通信程序都采用 Socket。Socket 编程的步骤主要包括：服务器端先初始化 Socket，再与端口绑定，并监听端口，然后调用 accept()函数阻塞，等待客户端连接；如果某个客户端初始化了一个 Socket，并成功连接服务器端，那么客户端与服务器端就建立了连接；在客户端向服务器端发送数据请求后，服务器端先接收请求并处理请求，再把回应数据发送给客户端；在客户端读取到数据后，关闭与服务器端的连接，这样一次交互就完成了。

第 4 篇

项目实战

本篇通过一个爬虫程序（抓取指定连接的网页内容及其扩展功能），为读者讲解 Go 语言的实际应用：运用 go-colly 框架编写爬虫程序。

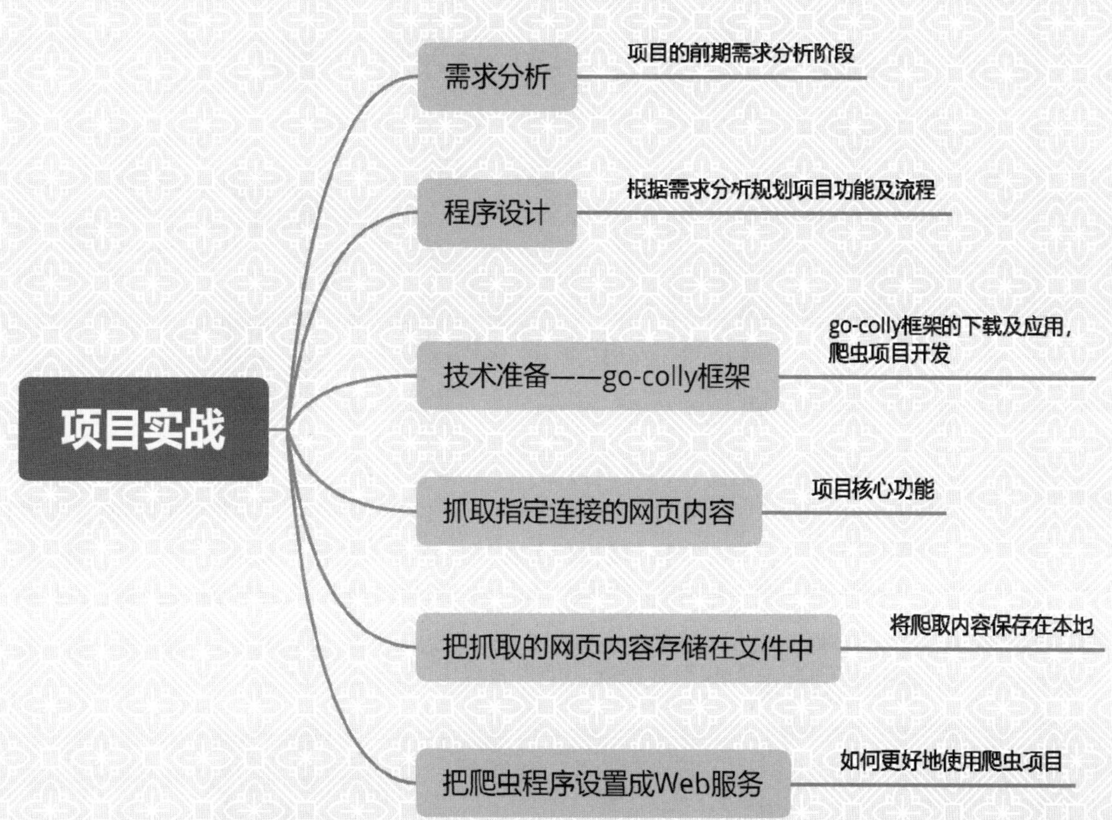

第 19 章

Go 语言在爬虫中的应用

网络爬虫是互联网终端用户的模仿者。它模仿的主要对象有两个：一个是坐在计算机前使用网络浏览器访问网络内容的用户；另一个就是网络浏览器。网络爬虫不仅模仿用户输入某个网站的网络地址，并试图访问该网站上的内容，还模仿网络浏览器根据给定的网络地址下载、分析、筛选、统计和存储指定的网络内容。所谓网络内容指的是 HTML 页面、图片文件、音频/视频数据流等。

本章的知识架构及重难点如下。

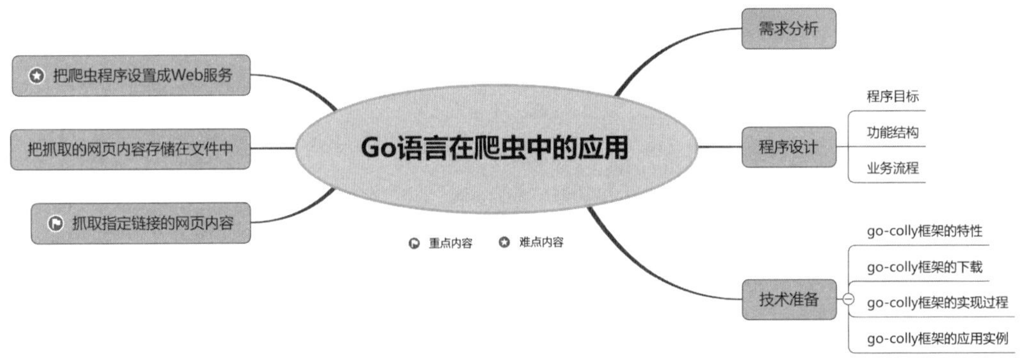

19.1 需 求 分 析

爬虫程序既可以爬取指定链接的所有网页内容，又可以通过限制域名、设置抓取深度、过滤 URL 等抓取指定链接的网页内容。为了把抓取下来的网页内容存储在计算机中，要把它们存储在文件中。此外，还可以把爬虫程序设置成 Web 服务：运行爬虫程序，打开浏览器，访问“本机 IP：端口”。当在网页上看到某些提示信息时，爬虫程序即可把指定链接的网页内容抓取下来，并存储在当前项目目录下的文本文件中。

本章将编写一个爬虫程序，并逐渐为其扩展功能，使其能够满足上述需求。

19.2 程 序 设 计

19.2.1 程序目标

本程序属于爬虫类小程序。本程序设计完成后，将达到以下目标。

☑　抓取指定链接的网页内容。
☑　把抓取的网页内容存储在文件中。
☑　把爬虫程序设置成 Web 服务。
☑　程序运行稳定。

19.2.2　功能结构

本程序的功能结构，如图 19.1 所示。

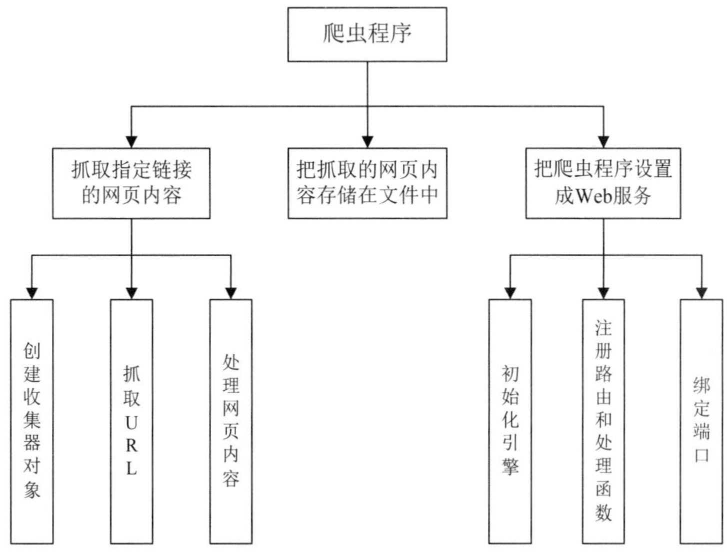

图 19.1　功能结构图

19.2.3　业务流程

本程序的业务流程，如图 19.2 所示。

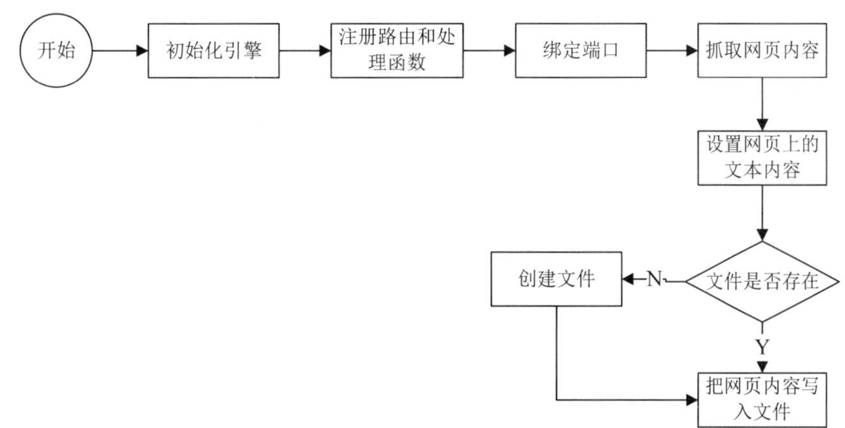

图 19.2　业务流程图

19.3　技术准备——go-colly 框架

go-colly 是使用 Go 语言实现的网络爬虫框架。go-colly 以回调函数的形式提供了一组接口，通过这些接口能够实现任意类型的爬虫。开发者使用 go-colly 框架可以轻松地从 Web 页面中爬取结构化数据。

19.3.1　go-colly 框架的特性

go-colly 框架具有如下特性。

- ☑ 清晰的 API。
- ☑ 快速（单核>1k 请求/s）。
- ☑ 管理每个域的请求延迟和最大并发性。
- ☑ 自动 cookie 和会话处理。
- ☑ 同步/异步/并行抓取。
- ☑ 高速缓存。
- ☑ 自动处理非 Unicode 的编码。
- ☑ 支持 Robots.txt 定制 Agent 信息。
- ☑ 定制抓取频次。

19.3.2　go-colly 框架的下载

单击开始菜单（ ），直接输入 cmd，可看到如图 19.3 所示的、命令提示符对话框的图标。

图 19.3　命令提示符对话框的启动图标

单击图 19.3 中的命令提示符对话框的图标，即可打开如图 19.4 所示的命令提示符对话框。

因为当前项目的 Go 文件存储在 D:\GoProject\GoDemos 下，所以要把命令提示符对话框中的路径由 C:\Users\JisUser>修改为 D:\GoProject\GoDemos>。如图 19.5 所示，修改路径的步骤如下。

- ☑ 使用 D:命令把 C:\Users\JisUser>修改为 D:\>。
- ☑ 使用 cd GoProject\GoDemos 命令把 D:\>修改为 D:\GoProject\GoDemos>。

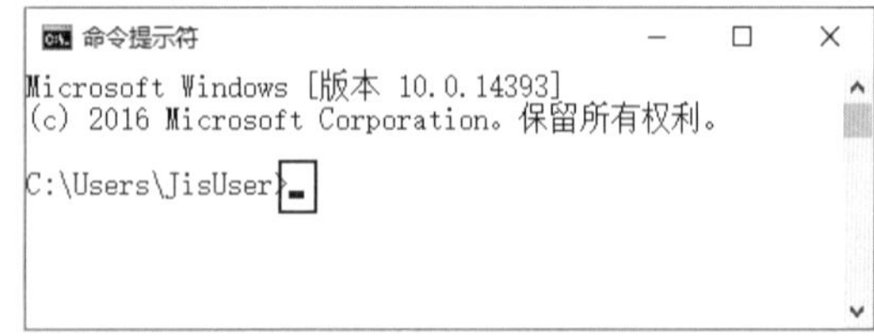

图 19.4　命令提示符对话框

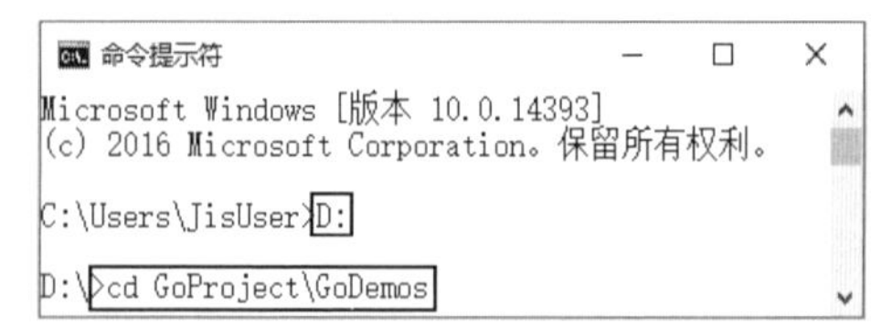

图 19.5　修改命令提示符对话框中的路径

把命令提示符对话框中的路径修改为 D:\GoProject\GoDemos 后，输入如下命令下载 go-colly 框架。

```
go get -u github.com/gocolly/colly/...
```

下载 go-colly 框架需要消耗一定的时间。go-colly 框架下载完毕后，可看到如图 19.6 所示的命令提示符对话框。

```
命令提示符

D:\GoProject\GoDemos>go get -u github.com/gocolly/colly/...
go: downloading github.com/antchfx/xpath v1.2.3
go: downloading github.com/golang/protobuf v1.3.1
go: downloading google.golang.org/protobuf v1.26.0
go: added github.com/PuerkitoBio/goquery v1.8.1
go: added github.com/andybalholm/cascadia v1.3.1
go: added github.com/antchfx/htmlquery v1.3.0
go: added github.com/antchfx/xmlquery v1.3.15
go: added github.com/antchfx/xpath v1.2.4
go: added github.com/gobwas/glob v0.2.3
go: added github.com/gocolly/colly v1.2.0
go: added github.com/golang/groupcache v0.0.0-20210331224755-41bb18bfe9da
go: added github.com/golang/protobuf v1.5.3
go: added github.com/jawher/mow.cli v1.2.0
go: added github.com/kennygrant/sanitize v1.2.4
go: added github.com/saintfish/chardet v0.0.0-20230101081208-5e3ef4b5456d
go: added github.com/temoto/robotstxt v1.1.2
go: added golang.org/x/net v0.8.0
go: added golang.org/x/text v0.8.0
go: added google.golang.org/appengine v1.6.7
go: added google.golang.org/protobuf v1.29.0

D:\GoProject\GoDemos>
```

图 19.6　go-colly 框架下载完毕

在如图 19.6 所示的鼠标光标处输入 exit 命令退出命令提示符对话框。

19.3.3　go-colly 框架的实现过程

成功下载 go-colly 框架后，在编写 Go 爬虫程序前，要使用 import 关键字导入 go-colly 框架。导入 go-colly 框架的代码如下。

```
import "github.com/gocolly/colly"
```

使用 go-colly 框架的关键是创建 Collector 对象（即“收集器”），该对象的作用是管理网络通信，并负责在收集任务运行时执行附加的回调函数。通过调用 colly 库中的 NewCollector()函数，即可创建 Collector 对象。其语法格式如下。

```
c := colly.NewCollector()
```

在 go-colly 框架中广泛使用回调函数，所以在得到 Collector 对象后，就可以向其中附加各种不同类型的回调函数。通过回调函数，开发者能对收集任务进行控制并从中获取返回信息。回调函数的语法格式分别如下。

```
c.OnRequest(func(r *colly.Request) {
    fmt.Println("Visiting", r.URL)
})
```

```
c.OnError(func(_ *colly.Response, err error) {
    log.Println("Something went wrong:", err)
})

c.OnResponse(func(r *colly.Response) {
    fmt.Println("Visited", r.Request.URL)
})

c.OnHTML("a[href]", func(e *colly.HTMLElement) {
    e.Request.Visit(e.Attr("href"))
})

c.OnHTML("tr td:nth-of-type(1)", func(e *colly.HTMLElement) {
    fmt.Println("First column of a table row:", e.Text)
})

c.OnXML("//h1", func(e *colly.XMLElement) {
    fmt.Println(e.Text)
})

c.OnScraped(func(r *colly.Response) {
    fmt.Println("Finished", r.Request.URL)
})
```

这些回调函数在收集任务运行时被有序调用，调用顺序如下。

☑ OnRequest()函数在请求发出前被调用。

☑ OnError()函数在请求过程中发生错误时被调用。

☑ OnResponse()函数在收到响应后被调用。

☑ 如果响应消息的内容是 HTML，则在 OnResponse()函数执行完毕后调用 OnHTML()函数。

☑ 如果响应消息的内容是 HTML 或 XML，则在 OnHTML()函数执行完毕后调用 OnXML()函数。

☑ OnXML()函数执行完毕后调用 OnScraped()函数。

19.3.4 go-colly 框架的应用实例

为了进一步理解并且掌握 go-colly 框架的使用方法，下面编写一个爬虫程序，其目的是抓取 http://news.baidu.com 的页面内容。

在使用 colly 库中的 NewCollector()函数创建 Collector 对象的同时，不仅可以限制域名，而且可以设置抓取深度，还可以过滤 URL 等。

运行程序后，程序根据 http://news.baidu.com 开始抓取页面结果。通过回调函数 OnHTML()，能够分析页面中的新闻标题及其链接。代码如下。

```
package main

import (
    "fmt"

    "github.com/gocolly/colly"
)

func main() {
    /*
```

```
    * 在声明并初始化 Collector 对象的同时，
    * 限制域名、设置抓取深度、过滤 URL
     */
    c := colly.NewCollector(
        //colly.AllowedDomains("news.baidu.com"),
        colly.UserAgent("Opera/9.80 (Windows NT 6.1; U; zh-cn) Presto/2.9.168 Version/11.50"))
    //发出请求时向 Collector 对象附加的回调函数
    c.OnRequest(func(r *colly.Request) {
        //设置请求头
        r.Headers.Set("Host", "baidu.com")
        r.Headers.Set("Connection", "keep-alive")
        r.Headers.Set("Accept", "*/*")
        r.Headers.Set("Origin", "")
        r.Headers.Set("Referer", "http://www.baidu.com")
        r.Headers.Set("Accept-Encoding", "gzip, deflate")
        r.Headers.Set("Accept-Language", "zh-CN, zh;q=0.9")
        fmt.Println("正在访问: ", r.URL)
    })
    //处理 HTML 中的文档标题
    c.OnHTML("title", func(e *colly.HTMLElement) {
        fmt.Println("文档标题:", e.Text)
    })
    //处理 HTML 中的文档内容
    c.OnHTML("body", func(e *colly.HTMLElement) {
        e.ForEach(".hotnews a", func(i int, el *colly.HTMLElement) {
            band := el.Attr("href")
            title := el.Text
            fmt.Printf("文档内容%d: %s\n%s\n", i+1, title, band)
        })
    })
    //获取收到的响应内容的数量
    c.OnResponse(func(r *colly.Response) {
        fmt.Println("收到的响应内容的数量: ", r.StatusCode)
    })
    //限制 visit 的线程数，visit 可以同时运行多个
    c.Limit(&colly.LimitRule{
        Parallelism: 2,
    })
    c.Visit("http://news.baidu.com")
}
```

运行结果如下。

```
正在访问: http://news.baidu.com
收到的响应内容的数量: 200
文档标题: 百度新闻——海量中文资讯平台
文档内容 1: 人民日报社论: 向着新目标，奋楫再出发
https://wap.peopleapp.com/article/7027977/6883461
文档内容 2: 用青春做词，谱时代之歌
https://my-h5news.app.xinhuanet.com/h5/article.html?articleId=6e9761f89fd1ea779e8596cbf792c65b
文档内容 3: 坚定不移推动高质量发展
https://wap.peopleapp.com/article/7027624/6883145
文档内容 4: 加快实现高水平科技自立自强 全国政协委员们积极建言献策
https://news.cctv.com/2023/03/09/ARTIjPZjsaSkbfJyBQiNu7vF230309.shtml
文档内容 5: 卫星视角下的中国大桥有多震撼
https://content-static.cctvnews.cctv.com/snow-book/video.html?item_id=9566255260368865100&toc_style_id=video_default
&share_to=copy_url&track_id=b4e9cfcb-a29b-4248-9a1f-7328b3c53771
```

19.4 抓取指定连接的网页内容

在 19.3.4 中，控制台打印的抓取结果是爬虫程序通过限制域名、设置抓取深度、过滤 URL 后得到的。通过访问 http://news.baidu.com 发现该链接的网页内容很丰富，涉及方方面面的领域。那么，如何才能把 http://news.baidu.com 的网页内容全部抓取下来呢？代码如下。

```
package main

import (
	"log"

	"github.com/gocolly/colly"
)

func main() {
	getHref("https://news.baidu.com/")
}

/*
 * 抓取指定链接的网页内容
 * urls：指定链接
 */
func getHref(urls string) {
	//创建 Collector 对象
	c := colly.NewCollector()
	/*
	* 是否抓取指定链接的网页内容
	* 初始设置为不抓取指定链接的网页内容
	 */
	visited := false
	//使用 Collector 对象抓取 URL
	c.OnResponse(func(r *colly.Response) {
		if !visited {
			visited = true
			r.Request.Visit("/get?q=2")
		}
	})
	//对指定链接的网页内容进行处理
	c.OnHTML("a[href]", func(e *colly.HTMLElement) {
		href := e.Text                        //获取指定链接的网页内容
		log.Println(href)                     //打印指定链接的网页内容
	})
	c.Visit(urls)                             //访问指定链接
}
```

运行结果如下。

```
2023/03/10 16:45:53 网页
2023/03/10 16:45:53 贴吧
2023/03/10 16:45:53 知道
2023/03/10 16:45:53 音乐
2023/03/10 16:45:53 图片
2023/03/10 16:45:53 视频
2023/03/10 16:45:53 地图
```

```
2023/03/10 16:45:53 文库
2023/03/10 16:45:53
…… //省略部分运行结果

单击刷新，将会有未读推荐

2023/03/10 16:45:53 热点要闻
2023/03/10 16:45:53
2023/03/10 16:45:53 钟华论：民族复兴的领路人 亿万人民的主心骨
2023/03/10 16:45:53 人民日报社论：向着新目标，奋楫再出发
2023/03/10 16:45:53 用青春做词，谱时代之歌
2023/03/10 16:45:53 坚定不移推动高质量发展
2023/03/10 16:45:53 代表委员聚焦高质量发展 为增进民生福祉建言献策
2023/03/10 16:45:53 卫星视角下的中国大桥有多震撼
2023/03/10 16:45:53 实现第二个百年奋斗目标的战略抉择
2023/03/10 16:45:53 外媒：中国经济活力回归 提振全球乐观情绪
…
单击刷新，将会有未读推荐

2023/03/10 16:45:53 更多个性推荐新闻
…… //省略部分运行结果
```

19.5　将抓取的网页内容存储在文件中

通过 19.4 节的操作已经把 http://news.baidu.com 的网页内容全部抓取下来，并把这些内容打印在控制台上。但是，如何才能把抓取下来的网页内容存储在文件中呢？代码如下。

```
package main

import (
	"io"
	"os"

	"github.com/gocolly/colly"
)

func main() {
	getHref("https://news.baidu.com/")
}

/*
 * 抓取指定链接的网页内容
 * urls：指定链接
 */
func getHref(urls string) {
	//创建 Collector 对象
	c := colly.NewCollector()
	/*
	 * 是否抓取指定链接的网页内容
	 * 初始设置为不抓取指定链接的网页内容
	 */
	visited := false
	//使用 Collector 对象抓取 URL
	c.OnResponse(func(r *colly.Response) {
		if !visited {
```

```
            visited = true
            r.Request.Visit("/get?q=2")
        }
    })
    //对指定链接的网页内容进行处理
    c.OnHTML("a[href]", func(e *colly.HTMLElement) {
        href := e.Text                                                  //获取指定链接的网页内容
        filename := "news.txt"                                          //文件名
        var f *os.File
        if checkFileIsExist(filename) {                                 //如果文件存在
            f, _ = os.OpenFile(filename, os.O_APPEND, 0666)             //打开文件
        } else {
            f, _ = os.Create(filename)                                  //创建文件
        }
        n, _ := io.WriteString(f, href+"\n")                            //使用 io.WriteString 写入文件
        f.Close()                                                       //关闭文件
        if n == 0 {
            return
        }
    })
    c.Visit(urls)                                                       //访问指定链接
}

/*
 * 检测文件是否存在
 * filename：文件名
 */
func checkFileIsExist(filename string) bool {
    var exist = true
    if _, err := os.Stat(filename); os.IsNotExist(err) {
        exist = false
    }
    return exist
}
```

运行程序且待程序运行结束后，在当前项目目录下生成 news.txt 文件。单击 news.txt，即可看到从 http://news.baidu.com 抓取的全部网页内容（见图 19.7）。

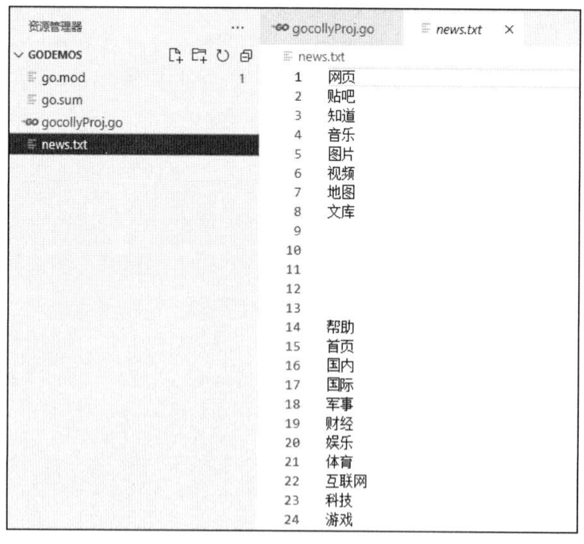

图 19.7　在文件中存储抓取的网页内容

19.6 把爬虫程序设置成 Web 服务

本节的目的是在 19.5 节的基础上继续修改爬虫程序，把爬虫程序设置成 Web 服务。具体修改如下：运行修改后的爬虫程序，打开浏览器，访问“本机 IP：端口”；当在网页上看到提示信息（“已经把 http://news.baidu.com 的网页内容全部抓取下来，请查看当前项目目录下的 news.txt 文件！”）时，说明已经把 http://news.baidu.com 的网页内容全部抓取下来，并存储在当前项目目录下的 news.txt 文件中。

为了满足上述的修改要求，需要下载第三方包 gin。如图 19.8 所示，下载 gin 包的步骤如下。

☑ 打开命令提示符对话框，输入 D:命令把 C:\Users\JisUser>修改为 D:\>。

☑ 输入 cd GoProject\GoDemos 命令把 D:\>修改为 D:\GoProject\GoDemos>。

☑ 输入 go get github.com/gin-gonic/gin 命令下载 gin 包。

☑ gin 框架下载并安装完成后，输入 exit 命令退出命令提示符对话框。

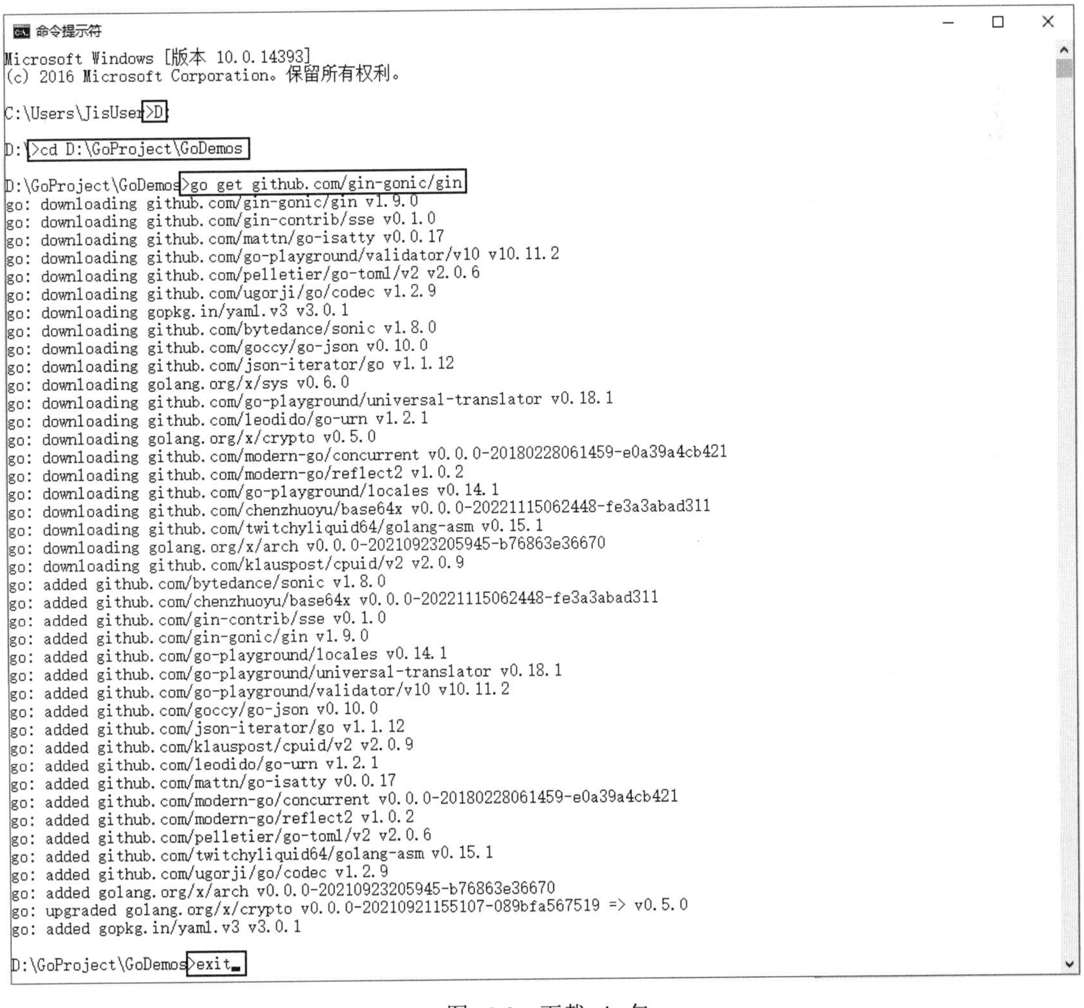

```
命令提示符
Microsoft Windows [版本 10.0.14393]
(c) 2016 Microsoft Corporation。保留所有权利。

C:\Users\JisUser>D:

D:\>cd D:\GoProject\GoDemos

D:\GoProject\GoDemos>go get github.com/gin-gonic/gin
go: downloading github.com/gin-gonic/gin v1.9.0
go: downloading github.com/gin-contrib/sse v0.1.0
go: downloading github.com/mattn/go-isatty v0.0.17
go: downloading github.com/go-playground/validator/v10 v10.11.2
go: downloading github.com/pelletier/go-toml/v2 v2.0.6
go: downloading github.com/ugorji/go/codec v1.2.9
go: downloading gopkg.in/yaml.v3 v3.0.1
go: downloading github.com/bytedance/sonic v1.8.0
go: downloading github.com/goccy/go-json v0.10.0
go: downloading github.com/json-iterator/go v1.1.12
go: downloading golang.org/x/sys v0.6.0
go: downloading github.com/go-playground/universal-translator v0.18.1
go: downloading github.com/leodido/go-urn v1.2.1
go: downloading golang.org/x/crypto v0.5.0
go: downloading github.com/modern-go/concurrent v0.0.0-20180228061459-e0a39a4cb421
go: downloading github.com/modern-go/reflect2 v1.0.2
go: downloading github.com/go-playground/locales v0.14.1
go: downloading github.com/chenzhuoyu/base64x v0.0.0-20221115062448-fe3a3abad311
go: downloading github.com/twitchyliquid64/golang-asm v0.15.1
go: downloading golang.org/x/arch v0.0.0-20210923205945-b76863e36670
go: downloading github.com/klauspost/cpuid/v2 v2.0.9
go: added github.com/bytedance/sonic v1.8.0
go: added github.com/chenzhuoyu/base64x v0.0.0-20221115062448-fe3a3abad311
go: added github.com/gin-contrib/sse v0.1.0
go: added github.com/gin-gonic/gin v1.9.0
go: added github.com/go-playground/locales v0.14.1
go: added github.com/go-playground/universal-translator v0.18.1
go: added github.com/go-playground/validator/v10 v10.11.2
go: added github.com/goccy/go-json v0.10.0
go: added github.com/json-iterator/go v1.1.12
go: added github.com/klauspost/cpuid/v2 v2.0.9
go: added github.com/leodido/go-urn v1.2.1
go: added github.com/mattn/go-isatty v0.0.17
go: added github.com/modern-go/concurrent v0.0.0-20180228061459-e0a39a4cb421
go: added github.com/modern-go/reflect2 v1.0.2
go: added github.com/pelletier/go-toml/v2 v2.0.6
go: added github.com/twitchyliquid64/golang-asm v0.15.1
go: added github.com/ugorji/go/codec v1.2.9
go: added golang.org/x/arch v0.0.0-20210923205945-b76863e36670
go: upgraded golang.org/x/crypto v0.0.0-20210921155107-089bfa567519 => v0.5.0
go: added gopkg.in/yaml.v3 v3.0.1

D:\GoProject\GoDemos>exit
```

图 19.8 下载 gin 包

gin 包下载并安装完成后，即可编写满足上述修改要求的代码。代码如下。

```
package main

import (
	"io"
	"net/http"
	"os"

	"github.com/gin-gonic/gin"
	"github.com/gocolly/colly"
)

func main() {
	//初始化引擎
	engine := gin.Default()
	//注册一个路由和处理函数
	engine.Any("/", WebRoot)
	//绑定端口
	engine.Run(":9200")
}

//处理路由的函数
func WebRoot(context *gin.Context) {
	//调用 getHref()函数
	getHref("https://news.baidu.com/")
	//设置网页上的文本内容
	context.String(http.StatusOK,
	"已经把 http://news.baidu.com 的网页内容全部抓取下来\n 请查看当前项目目录下的 news.txt 文本文件！")
}

/*
 * 抓取指定链接的网页内容
 * urls：指定链接
 */
func getHref(urls string) {
	//创建一个 Collector 对象
	c := colly.NewCollector()
	/*
	 * 是否抓取指定链接的网页内容
	 * 初始设置为不抓取指定链接的网页内容
	 */
	visited := false
	//使用 Collector 对象抓取 URL
	c.OnResponse(func(r *colly.Response) {
		if !visited {
			visited = true
			r.Request.Visit("/get?q=2")
		}
	})
	//对指定链接的网页内容进行处理
	c.OnHTML("a[href]", func(e *colly.HTMLElement) {
		href := e.Text                                    //获取指定链接的网页内容
		filename := "news.txt"                            //文件名
```

```
        var f *os.File
        if checkFileIsExist(filename) {                         //如果文件存在
            f, _ = os.OpenFile(filename, os.O_APPEND, 0666)     //打开文件
        } else {
            f, _ = os.Create(filename)                          //创建文件
        }
        n, _ := io.WriteString(f, href+"\n")                    //使用 io.WriteString 写入文件
        f.Close()                                               //关闭文件
        if n == 0 {
            return
        }
    })
    c.Visit(urls)                                               //访问指定链接
}

/*
 * 检测文件是否存在
 * filename：文件名
 */
func checkFileIsExist(filename string) bool {
    var exist = true
    if _, err := os.Stat(filename); os.IsNotExist(err) {
        exist = false
    }
    return exist
}
```

运行程序后，控制台打印如下信息（提示爬虫程序正在监听本地的 9200 端口）。

```
[GIN-debug] [WARNING] Creating an Engine instance with the Logger and Recovery middleware already attached.

[GIN-debug] [WARNING] Running in "debug" mode. Switch to "release" mode in production.
 - using env:    export GIN_MODE=release
 - using code:   gin.SetMode(gin.ReleaseMode)

[GIN-debug] GET      /                          --> main.WebRoot (3 handlers)
[GIN-debug] POST     /                          --> main.WebRoot (3 handlers)
[GIN-debug] PUT      /                          --> main.WebRoot (3 handlers)
[GIN-debug] PATCH    /                          --> main.WebRoot (3 handlers)
[GIN-debug] HEAD     /                          --> main.WebRoot (3 handlers)
[GIN-debug] OPTIONS /                           --> main.WebRoot (3 handlers)
[GIN-debug] DELETE /                            --> main.WebRoot (3 handlers)
[GIN-debug] CONNECT /                           --> main.WebRoot (3 handlers)
[GIN-debug] TRACE    /                          --> main.WebRoot (3 handlers)
[GIN-debug] [WARNING] You trusted all proxies, this is NOT safe. We recommend you to set a value.
Please check https://pkg.go.dev/github.com/gin-gonic/gin#readme-don-t-trust-all-proxies for details.
[GIN-debug] Listening and serving HTTP on :9200
```

此时，Windows 10 系统弹出如图 19.9 所示的 Windows 安全警报。选中“公用网络”复选框，单击“允许访问”按钮。

打开浏览器，访问“本机 IP：端口”（即 127.0.0.1:9200），即可看到如图 19.10 所示的提示信息。

这段程序在当前项目目录下生成 news.txt 文件。单击 news.txt，即可看到抓取的网页内容，如图 19.7 所示。

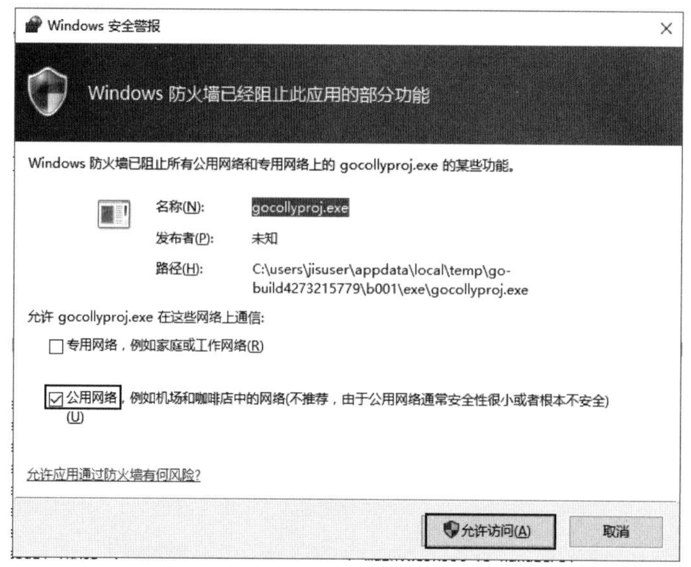

图 19.9　Windows 安全警报

图 19.10　访问“本机 IP：端口”

19.7 要点回顾

本章编写的程序是一个比较简单的爬虫程序。在使用 go-colly 框架编写爬虫程序的过程中，需明确 go-colly 框架的主体是 Collector 对象。只有具备了 Collector 对象，才能管理网络通信，并负责在收集任务运行时执行附加的回调函数，这也恰恰是 go-colly 框架的优势所在。如果读者对爬虫程序感兴趣，那么可以把本章的内容作为深入学习爬虫的基石。